《水电站典型作业危险点分析及控制措施》
编 委 会

主　　任　冯伊平

副 主 任　乐振春

主　　编　张亚武　李　华

副 主 编　张全胜　常玉红　宋绪国　朱兴兵　姜　丰

编写组成员　李建光　刘　福　宋旭峰　郝国文　宋湘辉

罗　涛　吴志峰　吴培枝　孔凡场　丛文博

刘宏利　徐　伟　赖江波　毕　扬　易承勇

李茂更　谷振富　董　波　付东成　赵　峰

刘　哲　栗庆龙　王春明　龙福海　张文新

王彦辉　李冬华　吕志强　王海涛　赵聚平

张维民　师敬民　李佳霖　王吉康　袁冰峰

王立勇　林文峰　孔令杰　王环东　肖勃祎

SHUIDIANZHAN DIANXING ZUOYE WEIXIANDIAN FENXI JI KONGZHI CUOSHI

水电站典型作业危险点分析及控制措施

本书编委会　编

中国电力出版社
CHINA ELECTRIC POWER PRESS

内 容 提 要

危险点分析预控，是对电力生产中的每项工作，根据作业内容、工作方法、作业环境、人员状况等进行关联分析，对可能引发事故的各种不安全因素进行分析判断、预测，并依据安全规程、制度，指定针对性的防范措施，使之程序化、规范化地落实于生产现场。

本书共分7章，主要包括：值守操作、主设备系统、电气一次系统、电气二次系统、水工金属结构、现场试验与检验、水电站典型重大安全风险作业参考表，详细、完整地阐述了值守业务、操作业务、安全工器具（工具）使用，发电电动机及其辅助设备、水泵水轮机及其辅助设备、开关站设备、高压电缆设备、主变压器系统、发电电动机电压设备、SFC及启动母线系统、厂用电设备、计算机监控系统、机组励磁系统、线路保护及自动装置设备、主变压器保护系统、机组继电保护、直流系统、机组状态监测系统、水工设施、闸门系统检修，机组检修后整机启动试验、高压试验、金属检测、电测热工等的危险点及预控措施。

本书适用于水电站运检工作的风险管理，并可供相关专业技术人员参考使用。

图书在版编目（CIP）数据

水电站典型作业危险点分析及控制措施 / 本书编委会编. —北京：中国电力出版社，2018.5
ISBN 978-7-5198-1960-6

Ⅰ.①水… Ⅱ.①冯… Ⅲ.①水力发电站－事故分析②水力发电站－安全措施 Ⅳ.①TV737

中国版本图书馆CIP数据核字（2018）第080036号

出版发行：中国电力出版社
地　　址：北京市东城区北京站西街19号
　　　　　（邮政编码100005）
网　　址：http://www.cepp.sgcc.com.cn
责任编辑：杨伟国　安小丹（010-63412367）
责任校对：李　楠
装帧设计：赵姗姗
责任印制：蔺义舟

印　刷：三河市百盛印装有限公司印刷
版　次：2018年5月第一版
印　次：2018年5月北京第一次印刷
开　本：880毫米×1230毫米 32开本
印　张：12.5
字　数：348千字
印　数：0001—2000册
定　价：75.00元

前　言

危险点分析预控，是对电力生产中的每项工作，根据作业内容、工作方法、作业环境、人员状况等进行关联分析，对可能引发事故的各种不安全因素进行分析判断、预测，并依据安全规程、制度，制定针对性的防范措施，使之程序化、规范化地落实于生产现场。

编写本书的目的在于明确安全生产风险评估预控管理要求，坚持“安全第一，预防为主，综合治理”，运用有效评估方法，对各类运检业务进行风险评估，确定风险等级，落实风险管控措施，从而有效控制安全事故的发生。本书是在总结国网新源控股有限公司多年来运检实践经验基础上编写的，并参考了该公司编制的抽水蓄能电站作业风险辨识手册，其内容涵盖水电站运行值班、倒闸操作、各类设备维护、检修、试验过程中存在的危险点，并提出了可行的预控措施，以确保现场安全生产。相信通过它的推广应用，对于水电站健全安全风险管理体系建设，实现安全管理“可控、能控、在控”具有重要的指导意义。

本书适用于水电站运检工作的风险管理，感谢广州健新科技股份有限公司对本书出版策划的支持。由于编者水平有限，书中难免存在一些不足和错漏之处，恳请业内专家批评指正。联系电话：010-60617278，918137278（微波）。

编　者

2018 年 1 月 18 日

目　录

前言

第一章　值守操作 …………………………… 1

第一节　值守业务危险点及预控措施 ………… 1

第二节　操作业务危险点及预控措施 ……… 12

第三节　安全工器具（工具）使用危险点及预控措施 ……………………… 70

第二章　主设备系统 ……………………… 79

第一节　发电电动机及其辅助设备检修工作危险点及预控措施 ……………… 79

第二节　水泵水轮机及其辅助设备检修工作危险点及预控措施 ……………… 110

第三章　电气一次系统 …………………… 164

第一节　开关站设备检修工作危险点及预控措施 ………………………… 164

第二节　高压电缆设备检修工作危险点及预控措施 …………………… 172

第三节　主变压器系统检修工作危险点及预控措施 …………………… 173

第四节　发电电动机电压设备检修工作危险点及预控措施 ……………… 176

第五节　SFC 及启动母线系统检修工作危险点及预控措施 ……………… 187

第六节　厂用电设备检修工作危险点及预控措施 ……………………… 196

第四章　电气二次系统 …………………… 205

第一节　计算机监控系统检修工作危险点及预控措施 …………………… 205

第二节　机组励磁系统检修工作危险点及预控措施 ……………………… 236

第三节　线路保护及自动装置设备检修工作

危险点及预控措施 …………………… 242
第四节　主变压器保护系统检修工作危险点及预控措施 ………………………… 256
第五节　机组继电保护检修工作危险点及预控措施 ………………………………… 267
第六节　直流系统检修工作危险点及预控措施 ………………………………… 284
第七节　机组状态监测系统检修工作危险点及预控措施 ………………………… 288
第五章　水工金属结构 …………………… 296
第一节　水工设施检修工作危险点及预控措施 ………………………………… 296
第二节　闸门系统检修工作危险点及预控措施 ………………………………… 304
第六章　现场试验与检验 ………………… 312
第一节　机组检修后整机启动试验危险点及预控措施 ………………………… 312
第二节　高压试验危险点及预控措施 ……… 324
第三节　金属检测危险点及预控措施 ……… 327
第四节　电测热工危险点及预控措施 ……… 333
第七章　水电站典型重大安全风险作业参考表 ……………………………… 369
附录　某公司作业风险管控体系介绍…… 386

第一章 值 守 操 作

第一节 值守业务危险点及预控措施

值守业务的日常工作，主要包括发电机组启停操作、设备监控报警监视、雷雨台风等恶劣天气下机组运行工况调整、上下水库水位监视、库容调整、突发事故处理、配合远方操作人员完成倒闸操作、接收调度指令、汇报现场信息等工作。值守业务工作涉及的工作面广，对事故处理的时效性和准确性要求严格，对设备状态监视和报警分析要求细致，对水库库容调节要求准确，对汇报内容要求规范、正确。工作过程中人员精神状态不佳、报警监视不到位、倒闸操作核对不准确、趋势查看不及时等易造成设备损坏、误操作事故。本部分内容主要对值守业务中可能导致的设备损坏或误操作的危险点进行分析，提出相应控制措施，通过危险点分析与控制把值守业务可能发生的人身伤害或者设备损坏控制在可控范围，从而保证人身及设备安全。对水电站值守工作的风险控制具有普遍的指导意义。

值守业务风险库				
序号	风险源	存在风险	风险等级	应对措施
1	值守人员	值守人员专业技能不足	一般	（1）严格执行专业上岗考核制度，严禁不合格的人员上岗。 （2）加强专业技能培训、考核和评价工作

续表

序号	风险源	存在风险	风险等级	应对措施
1	值守人员	不具备值守资格	一般	（1）值守人员应经上岗考试具备企业内部值守上岗资格。 （2）值守人员获得调度许可的上岗证
		身体状态欠佳	一般	（1）严格执行交接班管理手册。 （2）根据实际情况可考虑安排监护人员
		沟通不畅	一般	（1）严格执行运维负责人负责制。 （2）严格执行运维管理手册。 （3）加强运维人员沟通
2	特殊运行方式——厂用电系统非全接线运行方式	导致部分或全厂照明失电	一般	（1）现场放置厂用电失电运行现场处置方案。 （2）值班人员进/出地下厂房区域应按规定携带手电筒，厂房值班室应配备充足的应急照明设备供生产人员使用，生产区域和重要场所应配置事故照明。 （3）部分或全厂照明失电时，现场检查事故照明系统正常，尽快恢复全厂照明。 （4）加强事故照明系统的日常巡视工作及定期切换试验
		导致部分机组失去备用	一般	（1）根据输电线路、厂用电接线方式的变化及时与调度机构进行沟通，汇报机组可用状况。 （2）通过合理的线路或厂用电运行方式倒换，恢复机组正常备用。 （3）监视直流系统电压
		运行机组由于重要辅机失电导致相关设备温升高跳机	一般	（1）尽快恢复重要辅机电源。 （2）加强监盘及现场巡视，加强对机组各部瓦温、水温、油温以及机组振动的监视，如出现故障立即进行现场排查和事故处理，如影响机组安全运行，应及时向调度申请转移负荷。 （3）做好机组跳机事故预想

续表

序号	风险源	存在风险	风险等级	应对措施
2	特殊运行方式——厂用电系统非全接线运行方式	运行机组事故低油压导致运行机组跳机	一般	（1）厂用电全部失电时，做好设备监视，并尽快恢复厂用电系统，如厂用电暂时不能恢复，立即启动柴油发电机带厂用电，保证相关设备的供电安全。 （2）减少机组负荷调整，尽快停机。 （3）做好机组跳机事故预想。 （4）加强现场巡视力度，对调速器压力系统、球阀压力系统压力变化情况做好实时监视
3	特殊运行方式——电站机组小系统运行	小系统运行时机组不稳定	一般	严密监视小系统运行机组频率、电压，加强运行设备检查
		小系统运行时机组振动较大	一般	（1）加强监盘及现场巡视，加强对机组各部瓦温、水温、油温以及机组振动的监视，如出现故障立即进行现场排查和事故处理，如影响机组安全运行，则申请负荷转移。 （2）合理优化机组负荷分配，确保机组振动在安全范围内
		导致部分或全厂照明失电	一般	（1）现场放置厂用电失电运行现场处置方案。 （2）值班人员进出地下厂房区域应按规定携带手电筒，厂房值班室应配备充足的应急照明设备供生产人员使用，生产区域和重要场所应配置事故照明。 （3）部分或全厂照明失电时，现场检查事故照明系统，尽快恢复全厂照明。 （4）加强事故照明系统的日常巡视工作及定期切换试验

续表

序号	风险源	存在风险	风险等级	应对措施
4	特殊运行方式——水库水位非正常运行	抽水蓄能机组水库水位过高、过低时，可能导致机组跳机	一般	（1）加强监视水库水位变化，每日利用工业电视核对上下库水位，防止水位计出现故障或测量不准确；应考虑水位波动或水位监测装置异常造成机组跳机，做好事故预想；低水头机组发电振动过大，联系调度调整出力或停机。 （2）合理分配机组单机负荷，尽量保证机组振动在安全区内运行。 （3）做好日负荷计划的核算，避免因日负荷计划安排不合理导致上下库水位变幅较大。 （4）定期对上下库水位测量系统进行维护，并进行主备用切换试验，保证水位测量设备可靠、稳定运行
		汛期水电机组大发电，可能导致机组跳机	一般	（1）大发电机组长时间运行，对各部瓦温、水温、油温以及机组振动摆度等加强趋势分析，动态跟踪。 （2）增加针对性巡回次数，加强对相关运行设备的巡检和红外测温。 （3）做好机组跳机事故预想
		机组出力受限，不能按照调度机构要求进行顶峰、填谷、事故启动	一般	（1）机组运行时密切关注水库水位，提前向调度机构汇报机组可利用小时数。 （2）做好水库水位调度计划，向调度机构建议预留适当的水位裕度。 （3）遇有特殊原因导致机组出力受限，应及时与调度汇报沟通
5	特殊天气——冰冻	冰冻导致户外操作机构卡涩	一般	（1）线路结冰，立即汇报调度投入融冰装置融冰。 （2）加强对户外设备巡检，及时清除线路上、绝缘子、操作机构等处的冰雪。 （3）做好户外设备防寒保暖工作，根据气温变化及时增减加热器。 （4）线路结冰、损坏或断塔后立即联系线路检修工作人员对结冰损坏线路、断塔进行抢修

续表

序号	风险源	存在风险	风险等级	应对措施
5	特殊天气——冰冻	水库水面冰冻，闸门前结冰	一般	（1）进入极易冰冻天气，为防止结冰和影响水库安全运行，电站可联系调度，确保每天安排蓄能电站机组中至少1台机组抽水、发电两个循环，视情况运行一定时间。 （2）加强对大坝、上/下库闸门巡视检查，确保防结冰装置正常运行。 （3）提门时做好防止水封损坏的措施
		机组引水洞、调压井补气孔结冰	一般	（1）进入极易冰冻天气，为防止结冰和影响水库安全运行，电站可联系调度，确保每天安排蓄能电站机组中至少1台机组抽水、发电两个循环，视情况运行一定时间。 （2）加强对机组引水洞、调压井补气孔巡视检查，确保防结冰装置正常运行
		水库水面冰冻，存在机组无法正常发电或抽水以及上库面板损坏的风险	一般	（1）进入极易冰冻天气，为防止结冰和影响水库安全运行，电站可联系调度，确保每天安排蓄能电站机组中至少1台机组抽水、发电两个循环，视情况运行一定时间。 （2）加强对大坝、进水口巡视检查，确保防结冰装置正常运行。 （3）确保机组在正常水位下运行，当发现水面出现碎冰、机组运行声音及振动异常时，立即联系调度，停机处理
6	特殊天气——酷暑	机组长时间满出力运行，运行设备温度过高存在限制出力或跳机	一般	（1）加强对各瓦温、油温、绕组温度的监视，增加现场运行设备的巡视，及时做好户外设备红外测温工作，加强对高温部位监视，定期对各参数进行趋势分析，动态跟踪，一旦发现异常立即检查处理。 （2）出现设备温度高报警时，及时到现地查看，调出温度曲线，跟踪温度变化趋势，及时调整冷却水流量或压力、增加冷却器运行台数，必要时向调度申请相关机组降出力运行或停机。 （3）合理安排机组的启动顺序，避免机组长时间运行

续表

序号	风险源	存在风险	风险等级	应对措施
6	特殊天气——酷暑	变压器及其他重要电气设备接头、引线等处温度高	一般	（1）利用红外测温仪定期检测变压器接头、引线及其他重要电气设备等处温度，必要时降负荷运行。 （2）变压器温度高时增加冷却装置运行台数
		连续高温，人员户外工作中暑	一般	（1）高温天气，做好人员防暑工作，根据气温情况合理安排户外工作时间。 （2）工作场所配备充足的防暑药品
		连续高温，主变压器油位超高限	一般	（1）加强高温天气设备巡检工作。 （2）检查冷却装置是否全部投入运行。 （3）必要时通知检修人员及时打开放油阀排油至正常油位。 （4）适当降低主变压器负荷
7	特殊天气——暴雨或持续降雨	抽水蓄能机组上水库水位过高跳机	一般	（1）运行中的机组安全受到威胁时，立即与调度联系，改变机组运行方式，降低水位。 （2）根据负荷计划提前核算好上下库水位，必要时向调度申请调整负荷计划
		厂内过水区域部分电气开关拒动	一般	根据相关现场处置方案，提前对厂内过水设备停电
		排水泵启动过于频繁，出现过热	一般	（1）疏通排水沟，根据情况引流。 （2）设置挡雨板，对渗漏水进行引流处理。 （3）加强排水泵温度测量监视，及时了解排水泵运行状态，合理安排排水泵的启动顺序
		公路边坡塌方、泥石流等导致道路交通阻断，无法到达部分户外设备所在地	一般	（1）通知政府相关部门配合，并启动相应预案。 （2）通过工业电视对户外设备进行检查

续表

序号	风险源	存在风险	风险等级	应对措施
7	特殊天气——暴雨或持续降雨	地下厂房空气潮湿，易形成结露，电气设备绝缘易受影响	一般	（1）合理安排通风系统运行方式，开启除湿机控制厂房湿度，加强设备巡视，对绝缘可能受较大影响的设备盘柜定期检查，必要时投入除湿设备。 （2）每天安排人员对厂房温湿度数据进行检查、统计，发现异常后应及时汇报并启动风机等设备除湿
		室外二次端子箱门关闭不严漏雨引起主变压器、线路跳闸	一般	（1）加强室内外端子箱、配电箱、动力箱巡查，确保箱门关闭良好。 （2）发现箱门损坏，及时通知修复；一时修复不好，应立即采取临时措施，防止因漏雨导致设备发生异常情况。 （3）做好机组跳机及厂用电失电的事故预想
		机组技术供水有杂物引起过滤器阻塞	一般	（1）及时清理上下水库内杂物和栏污栅。 （2）及时清理过滤器。 （3）严格执行过滤器定期切换制度。 （4）做好机组跳机的事故预想
8	特殊天气——雷电	导致线路跳闸	一般	（1）做好线路跳闸的事故预想。 （2）视情况及时启动相关预案
		导致厂用电部分消失	一般	（1）做好厂用电部分消失的事故预想。 （2）视情况及时启动相关预案
		户外设备遭雷击损坏	一般	（1）加强对设备的监视充分利用工业电视系统巡查户外设备。 （2）雷电天气前切断容易遭受雷击损坏的户外辅助设备（如室外照明电源等）。 （3）雷电过后现场检查户外设备运行情况并记录避雷器动作次数及泄漏电流。 （4）做好防雷设备、设施维护，例如避雷针、避雷线、浪涌保护器等

续表

序号	风险源	存在风险	风险等级	应对措施
9	特殊天气——台风	导致线路跳闸	一般	（1）做好线路跳闸的事故预想。 （2）视情况及时启动相关预案
		导致厂用电部分消失	一般	（1）做好厂用电部分消失的事故预想。 （2）视情况及时启动相关预案
		暴雨导致水库水位快速上涨	一般	（1）加强水库水位动态监测及水情自动化系统巡视检查；与气象部门做好沟通联系，提前对雨情进行分析，及时安排泄洪。 （2）提前对厂外设备及水工建筑物巡视，检查各泄水闸门操作机构及电源供电情况，如发现异常及时排查处理。 （3）视情况及时启动相关预案
10	特殊天气——雾霾	由于大气湿度及污秽物增加易导致污闪，线路跳闸	一般	（1）做好线路跳闸的事故预想。 （2）视情况及时启动相关预案
11	设备特殊情况运行——新设备投运或主设备大修后投运初期	新设备投运初期处于磨合期，会出现设计与实际有偏差，设备运行参数不正常或达不到预计性能，不稳定，存在声音异常、温度、振动较大等，造成新设备损坏	一般	（1）做好新设备投运的交接工作，并做好新设备的培训工作。 （2）加强对新设备现场详细巡视检查，并记录温度、电流、电压、流量、压力等反应设备健康状况的各种数据，进行趋势分析，动态跟踪，若发现异常，立即排查处理。 （3）新设备投运及检修后运行均应制定设备特巡方案，按照要求严格执行。 （4）对重要新投运设备制定现场处置预案

续表

序号	风险源	存在风险	风险等级	应对措施
11	设备特殊情况运行——新设备投运或主设备大修后投运初期	机组检修后运行初期声音异常，振动、摆动较大，导轴承温度较高、运行参数不稳定等，造成机组损害或跳闸	一般	（1）机组检修后，应对检修过程中处理过的缺陷、反措、隐患进行重点排查和监视。 （2）加强对检修后机组及其辅助设备现场详细检查，监控监视机组运行参数变化情况，特别是对温度、振摆、电压、电流、功率等数据监视及报警信息、声音情况进行趋势分析；动态跟踪，发现异常汇报调度停机处理
		主变压器检修后投运异常出现温升过快，套管放电、本体漏油等现象，导致断路器跳闸	一般	（1）加强对检修后主变压器现场巡视检查，特别是对温度、声音、油位是否异常，进行趋势分析，动态跟踪，若发现异常，立即排查处理，必要时停电处理。 （2）主变压器充电后，应对其进行取油化验，确保主变压器内部无异常
12	设备带病运行	设备损坏	一般	加强设备缺陷、隐患发展趋势跟踪、分析，如有恶化趋势尽快停运处理
		设备故障退出运行	一般	（1）设备存在缺陷、隐患应及时消除，尽量避免带病运行。 （2）带病运行的设备应制定相应的特巡计划及临时措施，并按照标准严格执行，加强巡视。 （3）针对带病运行的设备应结合定检或者检修尽早提前谋划处理
		事故扩大，影响其他设备的正常运行	一般	（1）带病运行的设备应制定可靠的临时措施，如改变接线、切至备用设备等。 （2）如影响到其他设备的安全运行，应采取相应措施，切除设备的同时做好设备的紧急处理，做好隔离工作，防止事故扩大。 （3）带病运行设备必须严格执行相关规定，其性能必须满足基本运行要求且不影响其他设备的正常运行。 （4）带病运行的设备应制定相应的特巡计划及临时措施，并按照标准严格执行，加强巡视。 （5）针对带病运行的设备应结合定检或者检修尽早提前谋划处理

续表

序号	风险源	存在风险	风险等级	应对措施
13	设备特殊情况运行——设备异动后运行	设备故障退出运行	一般	（1）异动前做好充分论证。 （2）做好设备异动培训工作，及时更新相应图纸和参数，组织人员学习。 （3）设备异动后，应加强监视与分析，查看其性能是否达到预计要求，一旦发现运行异常停运处理
		造成设备损坏	一般	（1）异动前做好充分论证。 （2）做好设备异动培训工作，及时更新相应图纸和参数，组织人员学习。 （3）设备异动后，应加强监视与分析，查看其性能是否达到预计要求，一旦发现运行异常停运处理
		设备性能达不到运行要求	一般	（1）异动前做好充分的论证。 （2）做好设备异动培训工作，及时更新相应图纸和参数，组织人员学习。 （3）设备异动后，应加强监视与分析，查看其性能是否达到预计要求，一旦发现运行异常停运处理
14	设备特殊情况运行——设备限制或限额运行	设备限制或限额运行，突破限制，会导致设备启动失败，故障甚至跳闸	一般	（1）加强对相关设备的运行监视及巡视检查，严格执行限制运行要求。 （2）值守人员应对设备的参数进行熟记，包括最低值、正常值、报警值、跳机值等。 （3）对于设置限制运行的装置，应严格履行相关制度和手续，任何人不得无故改变设备本身的定值、参数等，解除限制设置密码，应执行审批手续。 （4）如确已突破运行限制，应认真监视设备的运行状况，是否满足运行的条件，如有异常立即进行相应的处理；若保护相应动作，则按照相应流程进行处理。 （5）在正常执行的过程中，有可能突破或者解除限制运行的操作尽量由两个人执行，一人执行操作，一人监护，确保不发生误操作

续表

序号	风险源	存在风险	风险等级	应对措施
15	设备特殊情况运行——超负荷运行	发电机定子绕组、转子绕组、定子铁心温度高报警，影响发电机定转子绝缘	一般	（1）监盘过程中应对定子绕组、定子铁心、转子磁极、空冷、滑环、整流子各温度测点进行严密监视，尤其是跳机量。 （2）在保证发电机稳定运行的条件下，适当降低有功功率和无功功率。 （3）适当增加空气冷却器冷却水流量
		发电机定转子绕组温度过高会导致绕组过热甚至烧损	一般	（1）出现发电机定转子温度高时，应及时检查冷却水流量、根据需要及时调节，检查机组负荷是否在允许范围内，必要时向调度申请降低或转移出力负荷； （2）在发电机检修过程中，加强对定子、转子回路的检查，及时发现问题并消缺
		发电机滑环放电、甚至损坏转子磁极	一般	降低发电机有功和无功功率，停机后对放电碳刷进行处理
		主变压器温度高加快，主变压器绝缘老化甚至损坏	一般	超负荷运行时加强对主变压器温度、声音的监视，并利用红外测温设备检查各处具体温度，及时增加冷却器台数，必要时向调度申请降低或转移负荷；做好台账记录，定期对各参数进行趋势分析，动态跟踪
		机组轴承温度过高跳机	一般	（1）出现轴承温度高时，应及时检查冷却水流量、根据需要及时调节。 （2）严密监视轴承温度，必要时申请调整机组负荷
16	洪水期间机组进水口堵塞	机组振动增大	一般	（1）调整机组负荷。 （2）打捞漂浮物。 （3）清理拦污栅
17	导叶异物卡住	机组振动增大，导叶无法关闭	一般	（1）调整导叶开度，看异物是否冲走，必要时联系调度进行停机处理。 （2）尾水管排水，进蜗壳将异物取出。 （3）检查导叶剪断销动作情况

第二节 操作业务危险点及预控措施

水电站通用操作，指倒闸操作中操作人员和监护人员手执审批合格的操作票，按操作票所填写的操作顺序逐项操作并在操作结束后检查核对，操作过程中监护人高声唱票，操作人手指设备大声复诵，监护人核对信息无误后，由操作人员执行操作。操作过程中，由于存在走错间隔、漏项、跳项、误操作、操作人员身心状态不佳等原因，会造成人身伤害或设备损坏。本部分内容主要对通用操作过程中可能导致的人员伤害、设备损坏的危险点进行分析，提出相应控制措施，通过危险点分析与控制把现场工作可能发生的风险控制在可控范围，从而保证人身安全、设备安全。对水电站通用操作过程中的风险控制具有一定的指导意义。

水电站具体操作，指水电站一次设备、二次设备、自动化设备等在检修维护前为保证检修人员的安全，对检修设备进行相应的隔离操作，切断检修设备的电源、水源、气源，保证检修设备在整个检修过程中无突然来电、来水、来气的风险，并在设备检修维护后对设备进行恢复正常运行状态所做的复役操作。具体操作过程中涉及手车开关的摇进、摇出，隔离开关、断路器的分合，接地隔离开关、地线的挂拆，供水、供气回路阀门的操作，保护压板的投退，厂用电供电方式的倒换等，操作过程中存在高处作业、触电伤害、设备损害、人身伤亡等风险。本部分内容主要对具体操作过程中可能导致的人员伤害、设备损坏的危险点进行分析，提出相应控制措施，通过危险点分析与控制把现场工作可能发生的风险控制在可控范围，从而保证人身安全、设备安全。对水电站具体操作过程中的风险控制具有一定的指导意义。

通用操作风险库			
序号	存在风险	风险等级	应对措施
1	走错间隔，误操作	一般	（1）操作前认真核对现场设备的双重编号。 （2）操作中认真履行监护复诵制度
2	漏项、跳项等误操作	一般	（1）操作过程中按照操作票顺序和内容操作。 （2）操作完毕后监护人打“√”，全部操作完毕后复查。 （3）操作中发生疑问时，应立即停止操作并向发令人报告。待发令人再行许可后，方可进行操作
3	无指令操作，误操作	一般	严格执行两票三制，操作票经过批准签字并经运维负责人同意后方可执行，涉及调度管辖的设备还应经过值班调度员批准
4	操作不当导致设备损坏	一般	（1）正确掌握设备操作方法及技巧。 （2）杜绝野蛮操作。 （3）出现异常情况，立即停止操作
5	操作票填写不正确导致操作错误	一般	（1）严格遵照《操作票管理手册》拟票、审核、模拟预演及审批程序执行。 （2）拟票过程中严格执行“三考虑，五对照”
6	接、发操作命令错误	一般	（1）接发令要用统一规范的调度术语。 （2）接、发命令前先要互报单位和姓名，受令完毕要进行复诵，双方确认无误，如有疑问必须及时询问清楚
7	受限空间内遗留物品	一般	（1）受限空间作业时做好物品登记。 （2）封门前需检查无遗留物品
8	操作人员身体和心理状况不适合当前操作工作	一般	（1）作业前，运维负责人对操作人员的身心状况进行检查。 （2）运维负责人合理安排作业强度和时间，对心理状况异常的人员，应进行心理疏导

具体操作风险					
操作项目	序号	主要步骤	存在风险	风险等级	应对措施
SFC输入变压器由备用转检修	1	操作人检查SFC滤波器断路器、输入断路器、输出断路器在分闸位置并摇至试验位置	断路器实际位置未分开，导致断路器拉弧损坏	一般	（1）摇进/出断路器前必须检查断路器三相确在分闸位置。 （2）无法看到实际位置时，应通过二元法进行检查。 （3）检查项应写入操作票。 （4）小车开关摇进/出过程中不能野蛮操作
			断路器操作电弧灼伤	一般	（1）高压断路器分/合操作应采取远方操作方式，避免现场正面操作断路器。 （2）断路器摇进/出前必须检查断路器确在分闸位置。 （3）断路器分/合闸操作时避免正面监视，无法看到实际位置时，应通过二元法进行检查。 （4）检查项应写入操作票。 （5）操作前确认断路器柜门关闭牢固
	2	操作人拉开SFC输入/输出隔离开关	高处坠落	一般	登高检查、操作无护栏扶手时要按要求系好安全带
			隔离开关实际位置未分开，导致人员触电或设备损坏	一般	（1）隔离开关位置需通过窥视孔检查确认已分开。 （2）无法看到实际位置时，应通过二元法进行检查。 （3）检查项应写入操作票
	3	操作人将SFC电压互感器摇至隔离位置	电压互感器实际位置未摇到位	一般	操作后检查电压互感器位置确已摇至隔离位置
	4	操作人验电后合上输入断路器输入变压器侧接地隔离开关，输入变压器与网桥间挂一组接地线	突然来电，导致操作人员受伤	一般	验电后立即合接地隔离开关、挂接地线，地线应先接接地端，后接导体端
			残压电荷放电伤人	一般	装设接地线先挂接地端并对导体端进行充分放电，然后再挂导体端

续表

操作项目	序号	主要步骤	存在风险	风险等级	应对措施
SFC输入变压器由备用转检修	4	操作人验电后合上输入断路器、输入变压器侧接地隔离开关，输入变压器与网桥间挂一组接地线	带电合接地隔离开关/挂接地线	较大	（1）合接地隔离开关/挂接地线前三相应逐相进行验电。 （2）合接地隔离开关无法直接验电的应通过二元法进行验电。 （3）检查项应写入操作票
			接地隔离开关实际位置未合，检修设备未接地，导致工作人员受伤害	一般	（1）对接地隔离开关实际位置通过观察孔进行检查。 （2）无法看到实际位置时，应通过二元法进行检查。 （3）检查项应写入操作票
			高处坠落	一般	登高检查、操作无护栏扶手时要按要求系好安全带
	5	操作人切除SFC输入变压器冷却水回路和油水泵电机电源	操作阀门导致管路破损	一般	（1）阀门操作，严格按照规范进行，使用合格工器具，严禁野蛮操作。 （2）阀门操作完毕后务必检查确认已操作到位。 （3）拉开油水泵电机电源时应确保电机在停止运行状态
	6	操作人切除SFC消防供水回路	操作阀门导致管路破损	一般	（1）阀门操作，严格按照规范进行，使用合格工器具，严禁野蛮操作。 （2）阀门操作完毕后务必检查确认已操作到位
SFC输入变压器由检修转备用	1	操作人恢复SFC消防供水回路	操作阀门导致管路破损	一般	（1）阀门操作，严格按照规范进行，使用合格工器具，严禁野蛮操作。 （2）阀门操作完毕后务必检查确认已操作到位

续表

操作项目	序号	主要步骤	存在风险	风险等级	应对措施
SFC输入变压器由检修转备用	2	操作人恢复SFC输入变压器冷却水回路和油水泵电机电源	操作阀门导致管路破损	一般	(1) 阀门操作，严格按照规范进行，使用合格工器具，严禁野蛮操作。 (2) 阀门操作完毕后务必检查确认已操作到位
	3	操作人拉开输入断路器、输入变压器侧接地隔离开关，拆除输入变压器与网桥间一组地线	突然来电，导致操作人员受伤	一般	拆接地线先拆导体端再拆接地端
			接地隔离开关实际位置未分，导致设备短路接地，人员伤害	较大	(1) 对接地隔离开关实际位置通过观察孔进行检查。 (2) 无法看到实际位置时，应通过二元法进行检查。 (3) 检查项应写入操作票
			高处坠落	一般	登高检查、操作无护栏扶手时要按要求系好安全带
	4	操作人将SFC输入电压互感器摇至工作位置	电压互感器实际位置未摇到位，造成送电后设备损坏	一般	操作后检查电压互感器位置确已摇至工作位置
	5	操作人合上SFC输入隔离开关/输出隔离开关操作电源断路器、合上SFC输入隔离开关	高空坠落	一般	登高检查、操作无护栏扶手时要按要求系好安全带
			隔离开关实际位置未合到位，导致设备损坏	一般	(1) 对隔离开关实际位置通过观察孔进行检查。 (2) 无法看到实际位置时，应通过二元法进行检查。 (3) 检查项应写入操作票

续表

操作项目	序号	主要步骤	存在风险	风险等级	应对措施
SFC输入变压器由检修转备用	6	操作人检查SFC输入断路器/输出断路器在分闸位置并摇至工作位置	断路器实际位置未分开，导致开关拉弧损坏	一般	(1) 摇进/出断路器前必须检查开关三相确在分闸位置。 (2) 无法看到实际位置时，应通过二元法进行检查。 (3) 检查项应写入操作票。 (4) 小车开关摇进/出过程中不能野蛮操作
			断路器实际位置未摇到位，导致断路器拉弧损坏	一般	严格按照操作流程操作，断路器摇进/出后必须检查断路器实际位置确已摇至到位
保护从跳闸改为信号	1	停用保护压板	误退出保护压板	一般	(1) 核对设备双重名称，对照操作票按步骤执行。 (2) 先退跳闸压板，后退功能压板
保护从信号改为跳闸	1	投入保护压板	误投压板	一般	(1) 核对设备双重名称，对照操作票按步骤执行。 (2) 投入压板前进行电压测量，无电压后方可投入压板。 (3) 投入出口压板前务必检查保护装置无报警，操作继电器箱无保护出口信号。 (4) 先投功能压板，后投跳闸出口压板
			保护出口压板接触不良	一般	(1) 投入出口压板、启动失灵压板、总跳闸出口压板、合闸压板以及远切、远跳、联切压板前应使用万用表检查下端有负电位，上端无电位。 (2) 压板投入后应使用万用表检查上、下端均应有负电位，压板导通良好

续表

操作项目	序号	主要步骤	存在风险	风险等级	应对措施
厂用变压器由检修改运行	1	操作人拉开厂用变压器低压侧接地隔离开关，拆除厂用变压器高压侧悬挂的一组接地线	突然来电，导致操作人员受伤	一般	（1）接地隔离开关位置需通过窥视孔检查确认已分开。 （2）无法看到实际位置时，应通过二元法进行检查。 （3）检查项应写入操作票。 （4）拆接地线先拆导体端再拆接地端
			接地隔离开关实际位置未分，导致设备短路接地，人员伤害	较大	（1）对接地隔离开关实际位置通过观察孔进行检查。 （2）无法看到实际位置时，应通过二元法进行检查。 （3）检查项应写入操作票
	2	操作人检查厂用变压器断路器在分闸位置并摇至工作位置，合上厂用变压器断路器	断路器操作电弧灼伤	一般	（1）高压断路器分/合操作应采取远方操作方式，避免现场正面操作断路器。 （2）断路器摇进/出前必须检查断路器确在分闸位置。 （3）断路器分/合闸操作时避免正面监视，无法看到实际位置时，应通过二元法进行检查。 （4）检查项应写入操作票。 （5）操作前确认断路器柜门关闭牢固
			送电操作，导致厂用变压器短路或者接地	较大	（1）检查厂用变压器高低压侧无异物，接线正常。 （2）厂用变压器合闸送电前应确保变压器柜内工完场清，柜门已关闭并上锁

续表

操作项目	序号	主要步骤	存在风险	风险等级	应对措施
厂用变压器由运行改检修	1	操作人拉开厂用变压器断路器并摇至隔离位置	断路器操作电弧灼伤	一般	（1）高压断路器分/合操作应采取远方操作方式，避免现场正面操作断路器。 （2）断路器摇进/出前必须检查开关确在分闸位置。 （3）断路器分/合闸操作时避免正面监视，无法看到实际位置时，应通过二元法进行检查。 （4）检查项应写入操作票。 （5）操作前确认断路器柜门关闭牢固
			断路器实际位置未分开，导致开关拉弧损坏	一般	（1）摇进/出断路器前必须检查断路器三相确在分闸位置。 （2）无法看到实际位置时，应通过二元法进行检查。 （3）检查项应写入操作票。 （4）小车开关摇进/出过程中不能野蛮操作
	2	操作人检查母线进线断路器在分闸位置并摇至隔离位置	断路器操作电弧灼伤	一般	（1）高压断路器分/合操作应采取远方操作方式，避免现场正面操作断路器。 （2）断路器摇进/出前必须检查断路器确在分闸位置。 （3）断路器分/合闸操作时避免正面监视，无法看到实际位置时，应通过二元法进行检查。 （4）检查项应写入操作票。 （5）操作前确认断路器柜门关闭牢固
	3	操作人验电后合接地隔离开关或装设接地线	断路器实际位置未分开，导致断路器拉弧损坏	一般	（1）摇进/出断路器前必须检查断路器三相确在分闸位置。 （2）无法看到实际位置时，应通过二元法进行检查。 （3）检查项应写入操作票。 （4）小车开关摇进/出过程中不能野蛮操作

续表

操作项目	序号	主要步骤	存在风险	风险等级	应对措施
厂用变压器由运行改检修	3	操作人验电后合接地隔离开关或装设接地线	突然来电，导致操作人员受伤	一般	验电后立即合接地隔离开关、挂接地线，地线应先接接地端，后接导体端
			残压电荷放电伤人	一般	装设接地线先挂接地端并对导体端进行充分放电，然后再挂导体端
			带电合接通地隔离开关/挂接地线	较大	（1）合接地隔离开关/挂接地线前三相应逐相进行验电。 （2）合接地隔离开关无法直接验电的应通过二元法进行验电。 （3）检查项应写入操作票
			接地隔离开关实际位置未合，检修设备未接地，导致工作人员受伤害	一般	（1）对接地隔离开关实际位置通过观察孔进行检查。 （2）无法看到实际位置时，应通过二元法进行检查。 （3）检查项应写入操作票
厂用电方式倒换	1	操作人拉开需倒换母线的厂用变压器断路器	断路器操作电弧灼伤	一般	（1）高压断路器分/合操作应采取远方操作方式，避免现场正面操作断路器。 （2）断路器摇进/出前必须检查断路器确在分闸位置。 （3）断路器分/合闸操作时避免正面监视，无法看到实际位置时，应通过二元法进行检查。 （4）检查项应写入操作票。 （5）操作前确认断路器柜门关闭牢固

续表

操作项目	序号	主要步骤	存在风险	风险等级	应对措施
厂用电方式倒换	1	操作人拉开需倒换母线的厂用变压器断路器	断路器实际位置未分开，导致断路器拉弧损坏	一般	（1）摇进/出断路器前必须检查断路器三相确在分闸位置。 （2）无法看到实际位置时，应通过二元法进行检查。 （3）检查项应写入操作票。 （4）小车开关摇进/出过程中不能野蛮操作
	2	操作人检查母线进线断路器在分闸位置	断路器实际位置未分开，导致断路器拉弧损坏	一般	（1）摇进/出断路器前必须检查断路器三相确在分闸位置。 （2）无法看到实际位置时，应通过二元法进行检查。 （3）检查项应写入操作票。 （4）小车开关摇进/出过程中不能野蛮操作
厂用电系统母线从检修改为运行	1	操作人拉开厂用变压器低压侧接地隔离开关，拆除母线母排上悬挂的接地线	突然来电，导致操作人员受伤	一般	（1）接地隔离开关位置需通过窥视孔检查确认已分开。 （2）无法看到实际位置时，应通过二元法进行检查。 （3）检查项应写入操作票。 （4）拆接地线先拆导体端再拆接地端
			接地隔离开关实际位置未分，导致设备短路接地，人员受伤害	较大	（1）对接地隔离开关实际位置通过观察孔进行检查。 （2）无法看到实际位置时，应通过二元法进行检查。 （3）检查项应写入操作票
	2	将母线电压互感器摇至工作位置，合上停役母线电压互感器二次侧断路器	电压互感器实际位置未摇到位	一般	操作后检查电压互感器位置确已摇至工作位置

续表

操作项目	序号	主要步骤	存在风险	风险等级	应对措施
厂用电系统母线从检修改为运行	3	检查厂用变压器断路器在分闸位置并摇至工作位置，检查母线进线断路器在分闸位置并摇至工作位置，合上厂用变压器断路器	断路器操作电弧灼伤	一般	(1) 高压断路器分/合操作应采取远方操作方式，避免现场正面操作断路器。 (2) 断路器摇进/出前必须检查断路器确在分闸位置。 (3) 断路器分/合闸操作时避免正面监视，无法看到实际位置时，应通过二元法进行检查。 (4) 检查项应写入操作票。 (5) 操作前确认断路器柜门关闭牢固
	4	将停役母线的所有负荷断路器和母联断路器摇至工作位置，恢复下级负荷正常供电	断路器操作电弧灼伤	一般	(1) 高压断路器分/合操作应采取远方操作方式，避免现场正面操作断路器。 (2) 断路器摇进/出前必须检查开关确在分闸位置。 (3) 断路器分/合闸操作时避免正面监视，无法看到实际位置时，应通过二元法进行检查。 (4) 检查项应写入操作票。 (5) 操作前确认断路器柜门关闭牢固
厂用电系统母线从运行改为检修	1	操作人拉开停役母线的所有负荷断路器和母联断路器并摇至隔离位置	断路器操作电弧灼伤	一般	(1) 高压断路器分/合操作应采取远方操作方式，避免现场正面操作断路器。 (2) 断路器摇进/出前必须检查断路器确在分闸位置。 (3) 断路器分/合闸操作时避免正面监视，无法看到实际位置时，应通过二元法进行检查。 (4) 检查项应写入操作票。 (5) 操作前确认断路器柜门关闭牢固

续表

操作项目	序号	主要步骤	存在风险	风险等级	应对措施
厂用电系统母线从运行改为检修	1	操作人拉开停役母线的所有负荷断路器和母联断路器并摇至隔离位置	断路器实际位置未分开，导致断路器拉弧损坏	一般	（1）摇进/出断路器前必须检查断路器三相确在分闸位置。 （2）无法看到实际位置时，应通过二元法进行检查。 （3）检查项应写入操作票。 （4）小车开关摇进/出过程中不能野蛮操作
	2	操作人拉开厂用变压器断路器并摇至隔离位置	断路器操作电弧灼伤	一般	（1）高压断路器分/合操作应采取远方操作方式，避免现场正面操作断路器。 （2）断路器摇进/出前必须检查断路器确在分闸位置。 （3）断路器分/合闸操作时避免正面监视，无法看到实际位置时，应通过二元法进行检查。 （4）检查项应写入操作票。 （5）操作前确认断路器柜门关闭牢固
			断路器实际位置未分开，导致断路器拉弧损坏	一般	（1）摇进/出断路器前必须检查断路器三相确在分闸位置。 （2）无法看到实际位置时，应通过二元法进行检查。 （3）检查项应写入操作票。 （4）小车开关摇进/出过程中不能野蛮操作
	3	操作人检查母线进线断路器在分闸位置并摇至试验位置	断路器操作电弧灼伤	一般	（1）高压断路器分/合操作应采取远方操作方式，避免现场正面操作断路器。 （2）断路器摇进/出前必须检查断路器确在分闸位置。 （3）断路器分/合闸操作时避免正面监视，无法看到实际位置时，应通过二元法进行检查。 （4）检查项应写入操作票。 （5）操作前确认断路器柜门关闭牢固

续表

操作项目	序号	主要步骤	存在风险	风险等级	应对措施
厂用电系统母线从运行改为检修	3	操作人检查母线进线断路器在分闸位置并摇至试验位置	断路器实际位置未分开，导致断路器拉弧损坏	一般	（1）摇进/出断路器前必须检查断路器三相确在分闸位置。 （2）无法看到实际位置时，应通过二元法进行检查。 （3）检查项应写入操作票。 （4）小车开关摇进/出过程中不能野蛮操作
	4	操作人拉开停役母线电压互感器二次侧断路器，将母线电压互感器摇出至隔离位置	电压互感器实际位置未摇到位	一般	操作后检查电压互感器位置确已摇至隔离位置
	5	操作人验电后合上厂用变压器低压侧接地隔离开关，在母线母排上悬挂一组接地线	突然来电，导致操作人员受伤	一般	验电后立即合接地隔离开关、挂接地线，地线应先接接地端，后接导体端
			残压电荷放电伤人	一般	装设接地线先挂接地端并对导体端进行充分放电，然后再挂导体端
			带电合接地隔离开关/挂接地线	较大	（1）合接地隔离开关/挂接地线前三相应逐相进行验电。 （2）合接地隔离开关无法直接验电的应通过二元法进行验电。 （3）检查项应写入操作票
			接地隔离开关实际位置未合，检修设备未接地，导致工作人员受伤害	一般	（1）对接地隔离开关实际位置通过观察孔进行检查。 （2）无法看到实际位置时，应通过二元法进行检查。 （3）检查项应写入操作票

续表

操作项目	序号	主要步骤	存在风险	风险等级	应对措施
电缆线从检修改为冷备用	1	操作人拉开电缆线接地隔离开关	接地隔离开关实际位置未分，导致设备短路接地，人员受伤害	一般	(1) 对接地隔离开关实际位置通过观察孔进行检查。 (2) 无法看到实际位置时，应通过二元法进行检查。 (3) 检查项应写入操作票
	2	操作人确认电缆线处于冷备用状态	高处坠落	一般	登高检查、操作无护栏扶手时要按要求系好安全带
电缆线从冷备用改为检修	1	操作人确认电缆线处于冷备用状态	隔离开关实际位置未分开，导致人员触电或设备损坏	一般	(1) 隔离开关位置需通过窥视孔检查确认已分开。 (2) 无法看到实际位置时，应通过二元法进行检查。 (3) 检查项应写入操作票
			高处坠落	一般	登高检查、操作无护栏扶手时要按要求系好安全带
	2	操作人合上电缆线接地隔离开关	接地隔离开关实际位置未合，检修设备未接地，导致工作人员受伤害	一般	(1) 对接地隔离开关实际位置通过观察孔进行检查。 (2) 无法看到实际位置时，应通过二元法进行检查。 (3) 检查项应写入操作票
			高处坠落	一般	登高检查、操作无护栏扶手时要按要求系好安全带
合上电缆线隔离开关	1	操作人确认电缆线处于冷备用状态	接地隔离开关实际位置未分，导致设备短路接地，人员受伤害	一般	(1) 对接地隔离开关实际位置通过观察孔进行检查。 (2) 无法看到实际位置时，应通过二元法进行检查。 (3) 检查项应写入操作票

续表

操作项目	序号	主要步骤	存在风险	风险等级	应对措施
合上电缆线隔离开关	1	操作人确认电缆线处于冷备用状态	高处坠落	一般	登高检查、操作无护栏扶手时要按要求系好安全带
	2	操作人合上电缆线隔离开关	隔离开关实际位置未合上，造成设备损坏	一般	（1）隔离开关位置需通过窥视孔检查确认已合上。 （2）无法看到实际位置时，应通过二元法进行检查。 （3）检查项应写入操作票
			高处坠落	一般	登高检查、操作无护栏扶手时要按要求系好安全带
机组断路器由备用转检修	1	操作人检查机组换相隔离开关/拖动隔离开关/被拖动隔离开关/中性点隔离开关在分闸位置，并拉开其操作电源断路器	高处坠落	一般	登高检查、操作无护栏扶手时要按要求系好安全带
			隔离开关实际位置未分开，导致人员触电或设备损坏	一般	（1）隔离开关位置需通过窥视孔检查确认已分开。 （2）无法看到实际位置时，应通过二元法进行检查。 （3）检查项应写入操作票
	2	操作人拉开机组励磁变压器低压侧断路器及直流起励电源断路器	断路器操作电弧灼伤	一般	（1）高压断路器分/合操作应采取远方操作方式，避免现场正面操作断路器。 （2）断路器摇进/出前必须检查断路器确在分闸位置。 （3）断路器分/合闸操作时避免正面监视，无法看到实际位置时，应通过二元法进行检查。 （4）检查项应写入操作票。 （5）操作前确认断路器柜门关闭牢固

续表

操作项目	序号	主要步骤	存在风险	风险等级	应对措施
机组断路器由备用转检修	2	操作人拉开机组励磁变压器低压侧断路器及直流起励电源断路器	断路器实际位置未分开，导致断路器拉弧损坏	一般	(1) 摇进/出断路器前必须检查断路器三相确在分闸位置。 (2) 无法看到实际位置时，应通过二元法进行检查。 (3) 检查项应写入操作票。 (4) 小车开关摇进/出过程中不能野蛮操作
			误碰带电部位	一般	在对断路器位置检查时应注意安全，防止误碰带电部位，与带电设备保持安全距离，必要时使用绝缘防护挡板
	3	操作人验电后合上机组断路器两侧接地隔离开关	突然来电，导致操作人员受伤	一般	验电后立即合接地隔离开关
			接地隔离开关实际位置未合，检修设备未接地，导致工作人员受伤害	一般	(1) 对接地隔离开关实际位置通过观察孔进行检查。 (2) 无法看到实际位置时，应通过二元法进行检查。 (3) 检查项应写入操作票
			带电合接地隔离开关	一般	合接地隔离开关前必须进行验电，确认无电压
机组断路器由开关检修转备用	1	操作人拉开机组断路器两侧接地隔离开关	接地隔离开关实际位置未分，导致设备短路接地，人员受伤害	一般	(1) 对接地隔离开关实际位置通过观察孔进行检查。 (2) 无法看到实际位置时，应通过二元法进行检查。 (3) 检查项应写入操作票

续表

操作项目	序号	主要步骤	存在风险	风险等级	应对措施
机组断路器由检修转备用	2	操作人将机组励磁变压器低压侧断路器摇至工作位置，并合上直流起励电源断路器	断路器操作电弧灼伤	一般	（1）高压断路器分/合操作应采取远方操作方式，避免现场正面操作断路器。 （2）断路器摇进/出前必须检查断路器确在分闸位置。 （3）断路器分/合闸操作时避免正面监视，无法看到实际位置时，应通过二元法进行检查。 （4）检查项应写入操作票。 （5）操作前确认断路器柜门关闭牢固
			断路器实际位置未分开，导致断路器拉弧损坏	一般	（1）摇进/出断路器前必须检查断路器三相确在分闸位置。 （2）无法看到实际位置时，应通过二元法进行检查。 （3）检查项应写入操作票。 （4）小车开关摇进/出过程中不能野蛮操作
			误碰带电部位	一般	在对断路器位置检查时应注意安全，防止误碰带电部位，与带电设备保持安全距离，必要时使用绝缘防护挡板
机组由备用改检修（电气部分）	1	操作人检查机组换相隔离开关/拖动隔离开关/被拖动隔离开关/中性点隔离开关在分闸位置，并拉开其操作电源断路器	高处坠落	一般	登高检查、操作无护栏扶手时要按要求系好安全带
			隔离开关实际位置未分开，导致设备损坏	一般	（1）隔离开关位置需通过窥视孔检查确认已分开。 （2）无法看到实际位置时，应通过二元法进行检查。 （3）检查项应写入操作票

续表

操作项目	序号	主要步骤	存在风险	风险等级	应对措施
机组由备用改检修（电气部分）	2	操作人拉开机组励磁变压器低压侧断路器及直流起励电源断路器	断路器操作电弧灼伤	一般	（1）高压断路器分/合操作应采取远方操作方式，避免现场正面操作断路器。 （2）断路器摇进/出前必须检查开关确在分闸位置。 （3）断路器分/合闸操作时避免正面监视，无法看到实际位置时，应通过二元法进行检查。 （4）检查项应写入操作票。 （5）操作前确认断路器柜门关闭牢固
			断路器实际位置未分开，导致断路器拉弧损坏	一般	（1）摇进/出断路器前必须检查断路器三相确在分闸位置。 （2）无法看到实际位置时，应通过二元法进行检查。 （3）检查项应写入操作票。 （4）小车开关摇进/出过程中不能野蛮操作
			误碰带电部位	一般	在对断路器位置检查时应注意安全，防止误碰带电部位，与带电设备保持安全距离，必要时使用绝缘防护挡板
	3	操作人验电后合上机组定子侧接地隔离开关、转子侧挂一组地线	突然来电，导致操作人员受伤	一般	验电后立即合接地隔离开关、挂接地线，地线应先接地端，后接导体端
			残压电荷放电伤人	一般	装设接地线先挂接地端并对导体端进行充分放电，然后再挂导体端
			带电合接地隔离开关/挂接地线	一般	（1）合接地隔离开关/挂接地线前三相应逐相进行验电。 （2）合接地隔离开关无法直接验电的应通过二元法进行验电。 （3）检查项应写入操作票

续表

操作项目	序号	主要步骤	存在风险	风险等级	应对措施
机组由备用改检修（电气部分）	3	操作人验电后合上机组定子侧接地隔离开关、转子侧挂一组地线	接地隔离开关实际位置未合，检修设备未接地，导致工作人员受伤害	一般	（1）对接地隔离开关实际位置通过观察孔进行检查。 （2）无法看到实际位置时，应通过二元法进行检查。 （3）检查项应写入操作票
机组由检修改备用（电气部分）	1	操作人拉开机组定子侧接地隔离开关、拆除转子侧接地线	接地隔离开关实际位置未分，导致设备短路接地，人员受伤害	一般	（1）对接地隔离开关实际位置通过观察孔进行检查。 （2）无法看到实际位置时，应通过二元法进行检查。 （3）检查项应写入操作票
			突然来电，导致操作人员受伤	一般	（1）接地隔离开关位置需通过窥视孔检查确认已分开。 （2）无法看到实际位置时，应通过二元法进行检查。 （3）检查项应写入操作票。 （4）拆接地线先拆导体端再拆接地端
	2	操作人将机组励磁变压器低压侧断路器摇至工作位置，并合上直流起励电源断路器	断路器操作电弧灼伤	一般	（1）高压断路器分/合操作应采取远方操作方式，避免现场正面操作断路器。 （2）断路器摇进/出前必须检查断路器确在分闸位置。 （3）断路器分/合闸操作时避免正面监视，无法看到实际位置时，应通过二元法进行检查。 （4）检查项应写入操作票。 （5）操作前确认断路器柜门关闭牢固

续表

操作项目	序号	主要步骤	存在风险	风险等级	应对措施
机组由检修改备用（电气部分）	2	操作人将机组励磁变压器低压侧断路器摇至工作位置，并合上直流起励电源断路器	断路器实际位置未分开，导致断路器拉弧损坏	一般	（1）摇进/出断路器前必须检查断路器三相确在分闸位置。 （2）无法看到实际位置时，应通过二元法进行检查。 （3）检查项应写入操作票。 （4）小车开关摇进/出过程中不能野蛮操作
			误碰带电部位	一般	在对断路器位置检查时应注意安全，防止误碰带电部位，与带电设备保持安全距离，必要时使用绝缘防护挡板
机组由备用改检修（风洞工作）	1	操作人检查机组换相隔离开关/拖动隔离开关/被拖动隔离开关/中性点隔离开关在分闸位置，并拉开其操作电源断路器	高处坠落	一般	登高检查、操作无护栏扶手时要按要求系好安全带
			隔离开关实际位置未分开，导致设备损坏	一般	（1）隔离开关位置需通过窥视孔检查确认已分开。 （2）无法看到实际位置时，应通过二元法进行检查。 （3）检查项应写入操作票
	2	操作人拉开机组励磁变压器低压侧断路器及直流起励电源断路器	断路器操作电弧灼伤	一般	（1）高压断路器分/合操作应采取远方操作方式，避免现场正面操作断路器。 （2）断路器摇进/出前必须检查断路器确在分闸位置。 （3）断路器分/合闸操作时避免正面监视，无法看到实际位置时，应通过二元法进行检查。 （4）检查项应写入操作票。 （5）操作前确认断路器柜门关闭牢固

续表

操作项目	序号	主要步骤	存在风险	风险等级	应对措施
机组由备用改检修（风洞工作）	2	操作人拉开机组励磁变压器低压侧断路器及直流起励电源断路器	断路器实际位置未分开，导致断路器拉弧损坏	一般	（1）摇进/出断路器前必须检查断路器三相确在分闸位置。 （2）无法看到实际位置时，应通过二元法进行检查。 （3）检查项应写入操作票。 （4）小车开关摇进/出过程中不能野蛮操作
			误碰带电部位	一般	在对断路器位置检查时应注意安全，防止误碰带电部位，与带电设备保持安全距离，必要时使用绝缘防护挡板
	3	操作人切断机组调速器及导叶供油回路，并投入导叶机械锁定	水车室滑倒、摔倒	一般	穿防滑鞋、及时清除油渍，注意脚下行走路线
			操作阀门导致管路破损	一般	（1）阀门操作，严格按照规范进行，使用合格工器具，严禁野蛮操作。 （2）阀门操作完毕后务必检查确认已操作到位
	4	操作人检查球阀在关闭位置，工作密封投入，将球阀工作旁通阀锁在关闭位置	落物伤人	一般	操作期间球阀工作旁通阀下方禁止人员通行，做好人员监护
			高处坠落	一般	登高检查、操作无护栏扶手时要按要求系好安全带
	5	操作人验电后合上机组定子侧接地隔离开关、转子侧挂一组地线	突然来电，导致操作人员受伤	一般	验电后立即合接地隔离开关、挂接地线，地线应先接接地端，后接导体端
			残压电荷放电伤人	一般	装设接地线先挂接地端并对导体端进行充分放电，然后再挂导体端

续表

操作项目	序号	主要步骤	存在风险	风险等级	应对措施
机组由备用改检修（风洞工作）	5	操作人验电后合上机组定子侧接地隔离开关、转子侧挂一组地线	带电合接地隔离开关/挂接地线	一般	(1) 合接地隔离开关/挂接地线前三相应逐相进行验电。 (2) 合接地隔离开关无法直接验电的应通过二元法进行验电。 (3) 检查项应写入操作票
			接地隔离开关实际位置未合，检修设备未接地，导致工作人员受伤害	一般	(1) 对接地隔离开关实际位置通过观察孔进行检查。 (2) 无法看到实际位置时，应通过二元法进行检查。 (3) 检查项应写入操作票
机组由检修改备用（风洞工作）	1	操作人拉开机组定子侧接地隔离开关、拆除转子侧所挂地线	突然来电，导致操作人员受伤	一般	(1) 接地隔离开关位置需通过窥视孔检查确认已分开。 (2) 无法看到实际位置时，应通过二元法进行检查。 (3) 检查项应写入操作票。 (4) 拆接地线先拆导体端再拆接地端
			接地隔离开关实际位置未分，导致设备短路接地，人员受伤害	一般	(1) 对接地隔离开关实际位置通过观察孔进行检查。 (2) 无法看到实际位置时，应通过二元法进行检查。 (3) 检查项应写入操作票
	2	操作人将机组励磁变压器低压侧断路器摇至工作位置，并合上直流起励电源断路器	断路器操作电弧灼伤	一般	(1) 高压断路器分/合操作应采取远方操作方式，避免现场正面操作断路器。 (2) 断路器摇进/出前必须检查断路器确在分闸位置。 (3) 断路器分/合闸操作时避免正面监视，无法看到实际位置时，应通过二元法进行检查。 (4) 检查项应写入操作票。 (5) 操作前确认断路器柜门关闭牢固

续表

操作项目	序号	主要步骤	存在风险	风险等级	应对措施
机组由检修改备用（风洞工作）	2	操作人将机组励磁变压器低压侧断路器摇至工作位置，并合上直流起励电源断路器	断路器实际位置未分开，导致断路器拉弧损坏	一般	（1）摇进/出断路器前必须检查断路器三相确在分闸位置。 （2）无法看到实际位置时，应通过二元法进行检查。 （3）检查项应写入操作票。 （4）小车开关摇进/出过程中不能野蛮操作
			误碰带电部位	一般	在对断路器位置检查时应注意安全，防止误碰带电部位，与带电设备保持安全距离，必要时使用绝缘防护挡板
	3	操作人连通机组调速器和导叶供油回路，并退出导叶机械锁定	水车室滑倒、摔倒	一般	穿防滑鞋、及时清除油渍，注意脚下行走路线
			操作阀门导致管路破损	一般	（1）阀门操作，严格按照规范进行，使用合格工器具，严禁野蛮操作。 （2）阀门操作完毕后务必检查确认已操作到位
	4	操作人检查球阀在关闭位置，工作密封投入，将球阀工作旁通阀解锁	落物伤人	一般	操作期间球阀工作旁通阀下方禁止人员通行，做好人员监护
			高处坠落	一般	登高检查、操作无护栏扶手时要按要求系好安全带
机组自用变压器及自用盘Ⅰ段母线由检修改运行	1	操作人拉开自用变压器高压侧接地隔离开关、在自用变压器低压侧拆除接地线	突然来电，导致操作人员受伤	一般	（1）接地隔离开关位置需通过窥视孔检查确认已分开。 （2）无法看到实际位置时，应通过二元法进行检查。 （3）检查项应写入操作票。 （4）拆接地线先拆导体端再拆接地端
			接地隔离开关实际位置未分，导致设备短路接地，人员受伤害	一般	（1）对接地隔离开关实际位置通过观察孔进行检查。 （2）无法看到实际位置时，应通过二元法进行检查。 （3）检查项应写入操作票

续表

操作项目	序号	主要步骤	存在风险	风险等级	应对措施
机组自用变压器及自用盘Ⅰ段母线由检修改运行	2	操作人将自用变压器高低压侧断路器/自用盘母联断路器摇至工作位置，并合上自用变压器高低压侧断路器	断路器操作电弧灼伤	一般	（1）高压断路器分/合操作应采取远方操作方式，避免现场正面操作断路器。 （2）断路器摇进/出前必须检查断路器确在分闸位置。 （3）断路器分/合闸操作时避免正面监视，无法看到实际位置时，应通过二元法进行检查。 （4）检查项应写入操作票。 （5）操作前确认断路器柜门关闭牢固
			断路器实际位置未分开，导致断路器拉弧损坏	一般	（1）摇进/出断路器前必须检查断路器三相确在分闸位置。 （2）无法看到实际位置时，应通过二元法进行检查。 （3）检查项应写入操作票。 （4）小车开关摇进/出过程中不能野蛮操作
			误碰带电部位	一般	在对断路器位置检查时应注意安全，防止误碰带电部位，与带电设备保持安全距离，必要时使用绝缘防护挡板
机组自用变压器及自用盘Ⅰ段母线由运行改检修	1	操作人拉开并摇出自用变压器高/低压侧断路器、自用盘母联断路器	断路器操作电弧灼伤	一般	（1）高压断路器分/合操作应采取远方操作方式，避免现场正面操作断路器。 （2）断路器摇进/出前必须检查断路器确在分闸位置。 （3）断路器分/合闸操作时避免正面监视，无法看到实际位置时，应通过二元法进行检查。 （4）检查项应写入操作票。 （5）操作前确认断路器柜门关闭牢固
			断路器实际位置未分开，导致断路器拉弧损坏	一般	（1）摇进/出断路器前必须检查断路器三相确在分闸位置。 （2）无法看到实际位置时，应通过二元法进行检查。 （3）检查项应写入操作票。 （4）小车开关摇进/出过程中不能野蛮操作

续表

操作项目	序号	主要步骤	存在风险	风险等级	应对措施
机组自用变压器及自用盘Ⅰ段母线由运行改检修	1	操作人拉开并摇出自用变压器高/低压侧断路器、自用盘母联断路器	误碰带电部位	一般	在对断路器位置检查时应注意安全，防止误碰带电部位，与带电设备保持安全距离，必要时使用绝缘防护挡板
	2	操作人验电后在自用变压器高/低压侧合接地隔离开关或装设接地线	突然来电，导致操作人员受伤	一般	验电后立即合接地隔离开关、挂接地线，地线应先接接地端，后接导体端
			残压电荷放电伤人	一般	装设接地线先挂接地端并对导体端进行充分放电，然后再挂导体端
			带电合接地隔离开关/挂接地线	一般	（1）合接地隔离开关/挂接地线前三相应逐相进行验电。 （2）合接地隔离开关无法直接验电的应通过二元法进行验电。 （3）检查项应写入操作票
			接地隔离开关实际位置未合，检修设备未接地，导致工作人员受伤害	一般	（1）对接地隔离开关实际位置通过观察孔进行检查。 （2）无法看到实际位置时，应通过二元法进行检查。 （3）检查项应写入操作票
机组自用盘Ⅱ母线由检修改运行	1	操作人在自用盘Ⅱ段母线上拆除所挂接地线	突然来电，导致操作人员受伤	一般	拆除接地线时应先拆除导体端，后拆接地端

续表

操作项目	序号	主要步骤	存在风险	风险等级	应对措施
机组自用盘Ⅱ母线由检修改运行	2	操作人将机组自用盘Ⅱ段母线进线断路器/母联断路器摇至工作位置，并合上Ⅱ段母线进线断路器	断路器操作电弧灼伤	一般	（1）高压断路器分/合操作应采取远方操作方式，避免现场正面操作断路器。 （2）断路器摇进/出前必须检查断路器确在分闸位置。 （3）断路器分/合闸操作时避免正面监视，无法看到实际位置时，应通过二元法进行检查。 （4）检查项应写入操作票。 （5）操作前确认断路器柜门关闭牢固
			断路器实际位置未分开，导致断路器拉弧损坏	一般	（1）摇进/出断路器前必须检查断路器三相确在分闸位置。 （2）无法看到实际位置时，应通过二元法进行检查。 （3）检查项应写入操作票。 （4）小车开关摇进/出过程中不能野蛮操作
			误碰带电部位	一般	在对断路器位置检查时应注意安全，防止误碰带电部位，与带电设备保持安全距离，必要时使用绝缘防护挡板
机组自用盘Ⅱ段母线由运行改检修	1	操作人拉开并摇出机组自用盘Ⅱ段母线进线断路器/母联断路器	断路器操作电弧灼伤	一般	（1）高压断路器分/合操作应采取远方操作方式，避免现场正面操作断路器。 （2）断路器摇进/出前必须检查断路器确在分闸位置。 （3）断路器分/合闸操作时避免正面监视，无法看到实际位置时，应通过二元法进行检查。 （4）检查项应写入操作票。 （5）操作前确认断路器柜门关闭牢固

续表

操作项目	序号	主要步骤	存在风险	风险等级	应对措施
机组自用盘Ⅱ段母线由运行改检修	1	操作人拉开并摇出机组自用盘Ⅱ段母线进线断路器/母联断路器	断路器实际位置未分开，导致断路器拉弧损坏	一般	(1) 摇进/出断路器前必须检查断路器三相确在分闸位置。 (2) 无法看到实际位置时，应通过二元法进行检查。 (3) 检查项应写入操作票。 (4) 小车开关摇进/出过程中不能野蛮操作
			误碰带电部位	一般	在对断路器位置检查时应注意安全，防止误碰带电部位，与带电设备保持安全距离，必要时使用绝缘防护挡板
	2	操作人验电后在自用盘Ⅱ段母线上装设接地线一组	突然来电，导致操作人员受伤	一般	验电后立即挂接地线，地线应先接接地端，后接导体端
			残压电荷放电伤人	一般	装设接地线先挂接地端并对导体端进行充分放电，然后再挂导体端
			带电装设接地线	一般	装设接地线前必须进行验电，确认无电压
断路器从检修改为冷备用	1	操作人确认断路器处于检修状态	高处坠落	一般	登高检查、操作无护栏扶手时要按要求系好安全带
	2	按调度令，操作人将断路器由检修改冷备用	接地隔离开关实际位置未分，导致设备短路接地，人员受伤害	一般	(1) 对接地隔离开关实际位置通过观察孔进行检查。 (2) 无法看到实际位置时，应通过二元法进行检查。 (3) 检查项应写入操作票

续表

操作项目	序号	主要步骤	存在风险	风险等级	
断路器从冷备用改为检修	1	操作人确认断路器处于冷备用状态	高处坠落	一般	登高检查、操作无护栏扶手时要按要求系好安全带
	2	按调度令，操作人将断路器由冷备用改检修	带电合接地隔离开关	一般	(1) 合接地隔离开关前必须进行验电，确认无电压。 (2) 无法直接验电的应通过二元法进行验电。 (3) 检查项应写入操作票
			接地隔离开关实际位置未合，检修设备未接地，导致工作人员受伤害	一般	(1) 对接地隔离开关实际位置通过观察孔进行检查。 (2) 无法看到实际位置时，应通过二元法进行检查。 (3) 检查项应写入操作票
断路器从冷备用改为热备用	1	操作人确认断路器处于冷备用状态	高处坠落	一般	登高检查、操作无护栏扶手时要按要求系好安全带
	2	操作人将断路器由冷备用改为热备用	高处坠落	一般	登高检查、操作无护栏扶手时要按要求系好安全带
			刀闸实际位置未合上，造成设备损坏	一般	(1) 刀闸位置需通过窥视孔检查确认已合上。 (2) 无法看到实际位置时，应通过二元法进行检查。 (3) 检查项应写入操作票
断路器从热备用改为冷备用	1	操作人确认断路器处于热备用状态	高处坠落	一般	登高检查、操作无护栏扶手时要按要求系好安全带

续表

操作项目	序号	主要步骤	存在风险	风险等级	应对措施
断路器从热备用改为冷备用	2	操作人将断路器由热备用改为冷备用	高处坠落	一般	登高检查、操作无护栏扶手时要按要求系好安全带
			刀闸实际位置未分开，导致人员触电或设备损坏	一般	（1）刀闸位置需通过窥视孔检查确认已分开。 （2）无法看到实际位置时，应通过二元法进行检查。 （3）检查项应写入操作票
断路器从热备用改为运行	1	操作人确认断路器处于热备用状态	高处坠落	一般	登高检查、操作无护栏扶手时要按要求系好安全带
	2	操作人将断路器由热备用改为运行	断路器位置检查不到位，导致设备损坏	一般	（1）对于断路器位置逐项进行检查确已合上。 （2）无法看到实际位置时，应通过二元法进行检查。 （3）检查项应写入操作票
断路器从运行改为热备用	1	操作人将断路器由运行改为热备用	断路器位置检查不到位，导致设备损坏	一般	（1）对于断路器位置逐项进行检查确已分开。 （2）无法看到实际位置时，应通过二元法进行检查。 （3）检查项应写入操作票
断路器重合闸从投入改为退出	1	操作人停用重合闸保护压板	误退出保护压板	一般	（1）核对设备双重名称，对照操作票按步骤执行。 （2）先退跳闸压板，后退功能压板
断路器重合闸从退出改为投入	1	操作人投入重合闸保护压板	误投压板	一般	（1）核对设备双重名称，对照操作票按步骤执行。 （2）投入压板前进行电压测量，无电压后方可投入压板。 （3）投入出口压板前务必检查保护装置无报警，操作继电器箱无保护出口信号。 （4）先投功能压板，后投跳闸出口压板

续表

操作项目	序号	主要步骤	存在风险	风险等级	应对措施
拉开电缆线隔离开关	1	操作人确认相应断路器在带电冷备用或冷备用	高处坠落	一般	登高检查、操作无护栏扶手时要按要求系好安全带
			隔离开关实际位置未分开，导致人员触电或设备损坏	一般	(1) 隔离开关位置需通过窥视孔检查确认已分开。 (2) 无法看到实际位置时，应通过二元法进行检查。 (3) 检查项应写入操作票
	2	操作人拉开电缆线隔离开关	高处坠落	一般	登高检查、操作无护栏扶手时要按要求系好安全带
			隔离开关实际位置未分开，导致人员触电或设备损坏	一般	(1) 隔离开关位置需通过窥视孔检查确认已分开。 (2) 无法看到实际位置时，应通过二元法进行检查。 (3) 检查项应写入操作票
励磁通道切换	1	操作人在机组励磁控制盘上将励磁切至另一通道	误操作设备	一般	操作前认真核对设备名称和编号，操作后认真检查设备状态
			通道参数不一致	一般	检查两个通道参数一致后，方可切换
母线（或桥引线）从检修改为冷备用	1	操作人拉开母线（或桥引线）接地隔离开关	接地隔离开关实际位置未分，导致设备短路接地，人员受伤害	一般	(1) 对接地隔离开关实际位置通过观察孔进行检查。 (2) 无法看到实际位置时，应通过二元法进行检查。 (3) 检查项应写入操作票
	2	操作人确认母线（或桥引线）处于冷备用状态	高处坠落	一般	登高检查、操作无护栏扶手时要按要求系好安全带
			接地隔离开关实际位置未分开，导致人员触电或设备损坏	一般	(1) 隔离开关位置需通过窥视孔检查确认已分开。 (2) 无法看到实际位置时，应通过二元法进行检查。 (3) 检查项应写入操作票

续表

操作项目	序号	主要步骤	存在风险	风险等级	应对措施
母线（或桥引线）从冷备用改为检修	1	操作人确认母线（或桥引线）处于冷备用状态	高处坠落	一般	登高检查、操作无护栏扶手时要按要求系好安全带
			隔离开关实际位置未分开，导致人员触电或设备损坏	一般	（1）隔离开关位置需通过窥视孔检查确认已分开。 （2）无法看到实际位置时，应通过二元法进行检查。 （3）检查项应写入操作票
	2	按调度令，操作人将母线（或桥引线）由冷备用改为检修	带电合接地隔离开关	一般	（1）合接地隔离开关前必须进行验电，确认无电压。 （2）无法直接验电的应通过二元法进行验电。 （3）检查项应写入操作票
			接地隔离开关实际位置未合，检修设备未接地，导致工作人员受伤害	一般	（1）对接地隔离开关实际位置通过观察孔进行检查。 （2）无法看到实际位置时，应通过二元法进行检查。 （3）检查项应写入操作票
			高处坠落	一般	登高检查、操作无护栏扶手时要按要求系好安全带
线路从检修改为冷备用	1	操作人拆除线路三相短路接地线	突然来电，导致操作人员受伤	一般	拆除接地线时应先拆除导体端，后拆接地端
			高处坠落	一般	登高检查、操作无护栏扶手时要按要求系好安全带
			落物伤人，误碰、误伤周围设备	一般	保持安全距离，下方禁止人员站立、通行，下方设专人监护

续表

操作项目	序号	主要步骤	存在风险	风险等级	应对措施
线路从检修改为冷备用	2	操作人拉开线路接地隔离开关	接地隔离开关实际位置未分，导致设备短路接地，人员受伤害	一般	（1）对接地隔离开关实际位置通过观察孔进行检查。 （2）无法看到实际位置时，应通过二元法进行检查。 （3）检查项应写入操作票
线路从冷备用改为检修	1	操作人确认线路处于冷备用状态	高处坠落	一般	登高检查、操作无护栏扶手时要按要求系好安全带
			隔离开关实际位置未分开，导致人员触电或设备损坏	一般	（1）隔离开关位置需通过窥视孔检查确认已分开。 （2）无法看到实际位置时，应通过二元法进行检查。 （3）检查项应写入操作票
	2	按调度令，操作人合上线路接地隔离开关	带电合接地隔离开关	一般	（1）合隔离开关前必须进行验电，确认无电压。 （2）无法直接验电的应通过二元法进行验电。 （3）检查项应写入操作票
			接地隔离开关实际位置未合，检修设备未接地，导致工作人员受伤害	一般	（1）对接地隔离开关实际位置通过观察孔进行检查。 （2）无法看到实际位置时，应通过二元法进行检查。 （3）检查项应写入操作票
	3	操作人在线路出线场挂三相短路接地线	突然来电，导致操作人员受伤	一般	验电后立即装设接地线

续表

操作项目	序号	主要步骤	存在风险	风险等级	应对措施
线路从冷备用改为检修	3	操作人在线路出线场挂三相短路接地线	残压电荷放电伤人	一般	装设接地线先挂接地端并对导体端进行充分放电，然后再挂导体端
			带电装设接地线	一般	装设接地线前必须进行验电，确认无电压
			高空坠落	一般	登高检查、操作无护栏扶手时要按要求系好安全带
			落物伤人，误碰、误伤周围设备	一般	保持安全距离，下方禁止人员站立、通行，下方设专人监护
主变压器由检修改运行	1	操作人拉开主变压器高低压侧接地隔离开关	接地隔离开关实际位置未分，导致设备短路接地，人员受伤害	一般	（1）对接地隔离开关实际位置通过观察孔进行检查。 （2）无法看到实际位置时，应通过二元法进行检查。 （3）检查项应写入操作票
	2	操作人合上主变压器高压侧隔离开关	隔离开关实际位置未合上，造成设备损坏	一般	（1）隔离开关位置需通过窥视孔检查确认已合上。 （2）无法看到实际位置时，应通过二元法进行检查。 （3）检查项应写入操作票
	3	操作人合上主变压器高压侧断路器	断路器位置检查不到位，导致设备损坏	一般	（1）对于断路器位置逐项进行检查确已合上。 （2）无法看到实际位置时，应通过二元法进行检查。 （3）检查项应写入操作票
	4	操作人投入主变压器消防控制装置	误触发消防装置	一般	（1）监护人员监护到位。 （2）操作人得到监护人的许可后方可操作

续表

操作项目	序号	主要步骤	存在风险	风险等级	应对措施
主变压器由运行改检修	1	操作人拉开主变压器高压侧断路器	断路器位置检查不到位，导致设备损坏	一般	(1) 对于断路器位置逐项进行检查确已合上。 (2) 无法看到实际位置时，应通过二元法进行检查。 (3) 检查项应写入操作票
			主变压器中性点隔离开关未合	一般	操作前确认主变压器中性点隔离开关在合闸位，严格执行监护制度
	2	操作人拉开主变压器高压侧断路器	隔离开关实际位置未分开，导致人员触电或设备损坏	一般	(1) 隔离开关位置需通过窥视孔检查确认已分开。 (2) 无法看到实际位置时，应通过二元法进行检查。 (3) 检查项应写入操作票
	3	操作人拉开并摇出与主变压器低压侧关联的断路器（励磁变压器、厂用变压器等）	断路器操作电弧灼伤	一般	(1) 高压断路器分/合操作应采取远方操作方式，避免现场正面操作断路器。 (2) 断路器摇进/出前必须检查断路器确在分闸位置。 (3) 断路器分/合闸操作时避免正面监视，无法看到实际位置时，应通过二元法进行检查。 (4) 检查项应写入操作票。 (5) 操作前确认断路器柜门关闭牢固
			断路器实际位置未分开，导致断路器拉弧损坏	一般	(1) 摇进/出断路器前必须检查断路器三相确在分闸位置。 (2) 无法看到实际位置时，应通过二元法进行检查。 (3) 检查项应写入操作票。 (4) 小车开关摇进/出过程中不能野蛮操作

续表

操作项目	序号	主要步骤	存在风险	风险等级	应对措施
主变压器由运行改检修	3	操作人拉开并摇出与主变压器低压侧关联的断路器（励磁变压器、厂用变压器等）	误碰带电部位	一般	在对断路器位置检查时应注意安全，防止误碰带电部位，与带电设备保持安全距离，必要时使用绝缘防护挡板
	4	操作人在主变压器高低压侧验明无电压后合上高低压侧接地隔离开关	带电合接地隔离开关	一般	（1）合接地隔离开关前必须进行验电，确认无电压。 （2）无法直接验电的应通过二元法进行验电。 （3）检查项应写入操作票
			接地隔离开关实际位置未合，检修设备未接地，导致工作人员受伤害	一般	（1）对接地隔离开关实际位置通过观察孔进行检查。 （2）无法看到实际位置时，应通过二元法进行检查。 （3）检查项应写入操作票
	5	操作人退出主变压器消防控制装置	误触发消防装置	一般	（1）监护人员监护到位。 （2）操作人得到监护人的许可后方可操作
主变压器冷却器启动优先级切换	1	操作人对冷却器启动优先切换断路器进行切换	误碰设备	一般	操作后认真检查设备状态
		操作人将主变压器冷却水控制方式切至自动	控制方式漏切换	一般	（1）严格按照操作卡执行。 （2）操作完成后进行复查

续表

操作项目	序号	主要步骤	存在风险	风险等级	应对措施
空气压缩气机（高、中、低压气机）由备用改检修	1	操作人检查高（低、中）压气机在停机备用状态，将控制方式切至“切除”并拉开高（低、中）压气机电源断路器	断路器操作电弧灼伤	一般	（1）避免现场正面操作断路器。 （2）断路器摇进/出前必须检查断路器确在分闸位置。 （3）断路器分/合闸操作时避免正面监视，无法看到实际位置时，应通过二元法进行检查。 （4）检查项应写入操作票。 （5）操作前确认断路器柜门关闭牢固
			断路器实际位置未分开，导致断路器拉弧损坏	一般	（1）摇进/出断路器前必须检查断路器三相确在分闸位置。 （2）无法看到实际位置时，应通过二元法进行检查。 （3）检查项应写入操作票。 （4）小车开关摇进/出过程中不能野蛮操作
	2	操作人关闭高（低、中）压气机出口隔离阀	隔离阀未操作到位	一般	隔离阀操作完毕应检查确认已操作到位
			操作阀门导致管路破损	一般	（1）阀门操作，严格按照规范进行，使用合格工器具，严禁野蛮操作。 （2）阀门操作完毕后务必检查确认已操作到位
			压缩气体伤人	一般	卸载阀锁定在常开位置，确保压力卸至“零”
	3	操作人进入气机室	噪声危害	一般	进入高分贝噪声区域时带防护耳塞
空气压缩气机（高、中、低压气机）由检修转备用	1	操作人打开高（低、中）压气机出口隔离阀	隔离阀未操作到位	一般	隔离阀操作完毕应检查确认操作到位
			操作阀门导致管路破损	一般	（1）阀门操作，严格按照规范进行，使用合格工器具，严禁野蛮操作。 （2）阀门操作完毕后务必检查确认已操作到位

续表

操作项目	序号	主要步骤	存在风险	风险等级	应对措施
空气压缩气机（高、中、低压气机）由检修转备用	2	操作人合上高（低、中）压气机电源断路器；将控制方式切至“Auto”；启动并检查运行正常	断路器操作电弧灼伤	一般	（1）高压断路器分/合操作应采取远方操作方式，避免现场正面操作断路器。 （2）断路器摇进/出前必须检查断路器确在分闸位置。 （3）断路器分/合闸操作时避免正面监视，无法看到实际位置时，应通过二元法进行检查。 （4）检查项应写入操作票。 （5）操作前确认断路器柜门关闭牢固
			断路器实际位置未分开，导致断路器拉弧损坏	一般	（1）摇进/出断路器前必须检查断路器三相确在分闸位置。 （2）无法看到实际位置时，应通过二元法进行检查。 （3）检查项应写入操作票。 （4）小车开关摇进/出过程中不能野蛮操作
	3	操作人进入气机室	噪声危害	一般	进入高分贝噪声区域时带防护耳塞
调速器压力油泵主备用切换	1	操作人启动预切换为主用的调速器压力油泵	油泵运行异常	一般	（1）启动油泵后检查运行声音正常，检查相应管接头无漏油、泵转向正确、油罐压力正常上升。 （2）若发现油泵运行异常，应立即停止操作，恢复隔离，检查异常原因
	2	操作人停下泵，并将调速器压力油泵控制方式切回自动位置	油泵控制方式未切回正确位置	一般	（1）监护人员监护到位。 （2）操作完成后进行复查

续表

操作项目	序号	主要步骤	存在风险	风险等级	应对措施
机组调速器复役（压力油罐建压）	1	操作人关闭机组调速器压力油罐泄压阀、排油阀	操作阀门导致管路破损	一般	（1）阀门操作，严格按照规范进行，使用合格工器具，严禁野蛮操作。 （2）阀门操作完毕后务必检查确认已操作到位
	2	操作人合上机组调速器压力油泵电源断路器	断路器操作电弧灼伤	一般	（1）高压断路器分/合操作应采取远方操作方式，避免现场正面操作断路器。 （2）断路器摇进/出前必须检查断路器确在分闸位置。 （3）断路器分/合闸操作时避免正面监视，无法看到实际位置时，应通过二元法进行检查。 （4）检查项应写入操作票。 （5）操作前确认断路器柜门关闭牢固
			断路器实际位置未分开，导致断路器拉弧损坏	一般	（1）摇进/出断路器前必须检查断路器三相确在分闸位置。 （2）无法看到实际位置时，应通过二元法进行检查。 （3）检查项应写入操作票。 （4）小车开关摇进/出过程中不能野蛮操作
	3	操作人打开调速器补气阀建压	操作阀门导致高压管路破损	一般	阀门操作，严格按照规范进行，使用合格工器具，严禁野蛮操作
			补气过程中调速器压力油罐管路及阀门破裂	一般	建压时缓慢开启补气阀，发现异常及时停止补气建压

续表

<table>
<tr><th>操作项目</th><th>序号</th><th>主要步骤</th><th>存在风险</th><th>风险等级</th><th>应对措施</th></tr>
<tr><td rowspan="3">机组调速器复役（压力油罐建压）</td><td rowspan="2">3</td><td rowspan="2">操作人打开调速器补气阀建压</td><td>建压完成后手动补气回路阀门未关严，自动补气阀未在全关导致油罐压力一直上升，安全阀动作</td><td>一般</td><td>建压后应再次检查确认阀门关闭到位，监视油罐压力不再异常上升</td></tr>
<tr><td>压力油泵运行异常</td><td>一般</td><td>若发现油泵运行异常，应立即停止操作，进行隔离，检查异常原因</td></tr>
<tr><td>4</td><td>操作人打开机组调速器及导叶供油回路阀门</td><td>操作阀门导致管路破损</td><td>一般</td><td>（1）阀门操作，严格按照规范进行，使用合格工器具，严禁野蛮操作。
（2）阀门操作完毕后务必检查确认已操作到位</td></tr>
<tr><td rowspan="2">机组调速器停役（压力油罐泄压）</td><td rowspan="2">1</td><td rowspan="2">操作人拉开机组调速器压力油泵、循环油泵电源断路器</td><td>断路器操作电弧灼伤</td><td>一般</td><td>（1）高压断路器分/合操作应采取远方操作方式，避免现场正面操作断路器。
（2）断路器摇进/出前必须检查断路器确在分闸位置。
（3）断路器分/合闸操作时避免正面监视，无法看到实际位置时，应通过二元法进行检查。
（4）检查项应写入操作票。
（5）操作前确认断路器柜门关闭牢固</td></tr>
<tr><td>断路器实际位置未分开，导致断路器拉弧损坏</td><td>一般</td><td>（1）摇进/出断路器前必须检查断路器三相确在分闸位置。
（2）无法看到实际位置时，应通过二元法进行检查。
（3）检查项应写入操作票。
（4）小车开关摇进/出过程中不能野蛮操作</td></tr>
</table>

续表

操作项目	序号	主要步骤	存在风险	风险等级	应对措施
机组调速器停役（压力油罐泄压）	2	操作人切断机组调速器及导叶供油回路	操作阀门导致管路破损	一般	（1）阀门操作，严格按照规范进行，使用合格工器具，严禁野蛮操作。 （2）阀门操作完毕后务必检查确认已操作到位
	3	操作人切断机组调速器补气回路，打开机组调速器泄压阀、排油阀	操作阀门导致高压管路破损	一般	阀门操作，严格按照规范进行，使用合格工器具，严禁野蛮操作，缓慢开启泄压阀
			打开泄压排气阀，高压气伤人	一般	打开泄压排气阀前应装上消音器，缓慢打开泄压排气阀，泄压排气阀不要正对人员站立的方向
机组调相压水气罐建压	1	操作人将控制方式切除	误操作	一般	对切换断路器操作后进行检查
	2	操作人关闭其他调相压水气罐进气阀	操作阀门导致管路破损	一般	（1）阀门操作，严格按照规范进行，使用合格工器具，严禁野蛮操作。 （2）阀门操作完毕后务必检查确认已操作到位
	3	操作人关闭机组调相压水气罐泄压阀，打开机组调相压水气罐进气阀	操作阀门导致管路破损	一般	（1）阀门操作，严格按照规范进行，使用合格工器具，严禁野蛮操作。 （2）阀门操作完毕后务必检查确认已操作到位
	4	操作人逐台启动高压气机建压	被建压的气罐存在异常，发生漏气现象，或安全阀动作	一般	（1）派专人监护，发现异常立即停止建压操作，停止运行中的高压气机。 （2）确保安全的情况下，关闭被建压气罐进气阀，打开排气阀

续表

操作项目	序号	主要步骤	存在风险	风险等级	应对措施
机组调相压水气罐建压	5	操作人检查高压气系统压力正常后，打开其他机组调相压水气罐进气阀	操作阀门导致管路破损	一般	（1）阀门操作，严格按照规范进行，使用合格工器具，严禁野蛮操作。 （2）阀门操作完毕后务必检查确认已操作到位
机组调相压水气罐泄压	1	操作人切断机组调相压水气罐进、出口阀，打开机组调相压水气罐泄压阀	操作阀门导致管路破损	一般	（1）阀门操作，严格按照规范进行，使用合格工器具，严禁野蛮操作。 （2）阀门操作完毕后务必检查确认已操作到位
机组由备用改检修（机械部分）	1	操作人检查球阀在关闭位置，工作密封投入，将球阀工作旁通阀锁在关闭位置	落物伤人	一般	操作期间球阀工作旁通阀下方禁止人员通行，做好人员监护
			高处坠落	一般	登高检查、操作无护栏扶手时要按要求系好安全带
	2	操作人操作相关的油水回路阀门	操作阀门导致管路破损	一般	（1）阀门操作，严格按照规范进行，使用合格工器具，严禁野蛮操作。 （2）阀门操作完毕后务必检查确认已操作到位
	3	操作人拉开机组技术供水泵、主轴密封增压泵电源断路器	断路器操作电弧灼伤	一般	（1）高压断路器分/合操作应采取远方操作方式，避免现场正面操作断路器。 （2）断路器摇进/出前必须检查断路器确在分闸位置。 （3）断路器分/合闸操作时避免正面监视，无法看到实际位置时，应通过二元法进行检查。 （4）检查项应写入操作票。 （5）操作前确认断路器柜门关闭牢固

续表

操作项目	序号	主要步骤	存在风险	风险等级	应对措施
机组由备用改检修（机械部分）	3	操作人拉开机组技术供水泵、主轴密封增压泵电源断路器	断路器实际位置未分开，导致断路器拉弧损坏	一般	（1）摇进/出断路器前必须检查断路器三相确在分闸位置。 （2）无法看到实际位置时，应通过二元法进行检查。 （3）检查项应写入操作票。 （4）小车开关摇进/出过程中不能野蛮操作
	4	操作人对机组主轴密封供气回路泄压	操作阀门导致管路破损	一般	（1）阀门操作，严格按照规范进行，使用合格工器具，严禁野蛮操作。 （2）阀门操作完毕后务必检查确认已操作到位
机组由检修改备用（机械部分）	1	操作人操作相关的油水回路阀门	操作阀门导致管路破损	一般	（1）阀门操作，严格按照规范进行，使用合格工器具，严禁野蛮操作。 （2）阀门操作完毕后务必检查确认已操作到位
	2	操作人打开尾水管旁通阀，对尾水管充水	发电机及水轮机内部漏水	一般	充水过程中密切监视充水过程，安排专人检查漏水情况，发现异常立即停止充水
			主轴密封抬起	一般	充水前检查主轴密封供气压力正常
	3	操作人合上机组技术供水泵、主轴密封增压泵电源断路器	断路器操作电弧灼伤	一般	（1）高压断路器分/合操作应采取远方操作方式，避免现场正面操作断路器。 （2）断路器摇进/出前必须检查断路器确在分闸位置。 （3）断路器分/合闸操作时避免正面监视，无法看到实际位置时，应通过二元法进行检查。 （4）检查项应写入操作票。 （5）操作前确认断路器柜门关闭牢固

续表

操作项目	序号	主要步骤	存在风险	风险等级	应对措施
机组由检修改备用（机械部分）	3	操作人合上机组技术供水泵、主轴密封增压泵电源断路器	断路器实际位置未分开，导致断路器拉弧损坏	一般	（1）摇进/出断路器前必须检查断路器三相确在分闸位置。 （2）无法看到实际位置时，应通过二元法进行检查。 （3）检查项应写入操作票。 （4）小车开关摇进/出过程中不能野蛮操作
	4	操作人给球阀本体充水并将球阀工作旁通阀锁定退出	落物伤人	一般	操作期间球阀工作旁通阀下方禁止人员通行，做好人员监护
			高处坠落	一般	登高检查、操作无护栏扶手时要按要求系好安全带
			操作阀门导致管路破损	一般	（1）阀门操作，严格按照规范进行，使用合格工器具，严禁野蛮操作。 （2）阀门操作完毕后务必检查确认已操作到位
	5	操作人充水完毕后，提起机组尾水闸门	闸门卡涩，闸门冲顶	一般	（1）提门过程中密切监视闸门下腔压力及现场情况，发现异常立即停止提门操作。 （2）提门过程中密切监视闸门开度及闸门全开信号反馈情况，发现闸门冲顶立即停止闸门提门操作，切除油泵
			提门过程中防止锁定误投入	一般	提门时应确认锁定在退出位置，并打开退锁定手动阀
	6	操作人将机组控制方式切至远方并合上安全锁定断路器	机组各设备状态尚未满足远方控制要求	一般	在机组控制方式切换前，应对设备的状态、控制方式、告警及保护进行检查，确认满足远方启动条件后切换到远方

续表

操作项目	序号	主要步骤	存在风险	风险等级	应对措施
机组球阀复役（压力油罐建压）	1	操作人关闭机组球阀压力油罐泄压阀、排油阀	操作阀门导致管路破损	一般	（1）阀门操作，严格按照规范进行，使用合格工器具，严禁野蛮操作。 （2）阀门操作完毕后务必检查确认已操作到位
	2	操作人合上机组球阀压力油泵电源隔离断路器	断路器操作电弧灼伤	一般	（1）高压断路器分/合操作应采取远方操作方式，避免现场正面操作断路器。 （2）断路器摇进/出前必须检查断路器确在分闸位置。 （3）断路器分/合闸操作时避免正面监视，无法看到实际位置时，应通过二元法进行检查。 （4）检查项应写入操作票。 （5）操作前确认断路器柜门关闭牢固
			断路器实际位置未分开，导致断路器拉弧损坏	一般	（1）摇进/出断路器前必须检查断路器三相确在分闸位置。 （2）无法看到实际位置时，应通过二元法进行检查。 （3）检查项应写入操作票。 （4）小车开关摇进/出过程中不能野蛮操作
	3	操作人打开机组球阀压力油罐补气回路阀	操作阀门导致管路破损	一般	（1）阀门操作，严格按照规范进行，使用合格工器具，严禁野蛮操作。 （2）阀门操作完毕后务必检查确认已操作到位
			压力油罐进气回路带高压	一般	建压时缓慢开启补气阀，补气阀打开至合适位置，以防补气过快

续表

操作项目	序号	主要步骤	存在风险	风险等级	应对措施
机组球阀复役（压力油罐建压）	3	操作人打开机组球阀压力油罐补气回路阀	建压完成后手动补气回路阀门未关严，自动补气阀未在全关导致油罐压力一直上升，安全阀动作	一般	(1) 建压后应确认阀门关闭到位，监视油罐压力不再上升。 (2) 补气过程中设专人监护，出现异常立即停泵
			压力油泵运行异常	一般	若发现油泵运行异常，应立即停止操作，进行隔离，检查异常原因
	4	操作人打开机组球阀供油回路阀门	操作阀门导致管路破损	一般	(1) 阀门操作，严格按照规范进行，使用合格工器具，严禁野蛮操作。 (2) 阀门操作完毕后务必检查确认已操作到位
机组球阀由运行改检修	1	操作人操作相关的油水回路阀门	操作阀门导致管路破损	一般	(1) 阀门操作，严格按照规范进行，使用合格工器具，严禁野蛮操作。 (2) 阀门操作完毕后务必检查确认已操作到位
	2	操作人检查球阀在关闭位置，工作密封投入，将球阀工作旁通阀锁在关闭位置	落物伤人	一般	操作期间球阀工作旁通阀下方禁止人员通行，做好人员监护
			高处坠落	一般	登高检查、操作无护栏扶手时要按要求系好安全带
	3	投入球阀检修密封及其锁定	检修密封投入不到位，漏水量大	一般	球阀检修密封投入后检查密封投入腔压力信号，位置信号动作正确

续表

操作项目	序号	主要步骤	存在风险	风险等级	应对措施
机组球阀由检修改运行	1	操作人操作相关的油水回路阀门	操作阀门导致高压管路破损	一般	操作人操作阀门时防止用力过猛，操作时禁止踩踏油水管路
	2	操作人检查球阀在关闭位置，工作密封投入、球阀工作旁通阀在关闭位置	落物伤人	一般	操作期间球阀工作旁通阀下方禁止人员通行，做好人员监护
			高处坠落	一般	登高检查、操作无护栏扶手时要按要求系好安全带
	3	退出球阀检修密封及其锁定	检修密封退出不到位	一般	球阀检修密封退出后检查密封投入腔、退出腔压力信号，位置信号动作正确
			检修密封锁定退出不到位	一般	锁定螺栓做好位置标示，锁定螺栓退出后逐个进行检查
	4	操作人给球阀本体充水并将球阀工作旁通阀锁定退出	落物伤人	一般	操作期间球阀工作旁通阀下方禁止人员通行，做好人员监护
			高处坠落	一般	登高检查、操作无护栏扶手时要按要求系好安全带
			操作阀门导致管路破损	一般	(1) 阀门操作，严格按照规范进行，使用合格工器具，严禁野蛮操作。 (2) 阀门操作完毕后务必检查确认已操作到位
			球阀阀体排气阀处漏水	一般	球阀充水过程中设专人监护

续表

操作项目	序号	主要步骤	存在风险	风险等级	应对措施
机组球阀停役（压力油罐泄压）	1	操作人拉开机组球阀压力油泵、循环油泵电源断路器	断路器操作电弧灼伤	一般	（1）高压断路器分/合操作应采取远方操作方式，避免现场正面操作断路器。 （2）断路器摇进/出前必须检查断路器确在分闸位置。 （3）断路器分/合闸操作时避免正面监视，无法看到实际位置时，应通过二元法进行检查。 （4）检查项应写入操作票。 （5）操作前确认断路器柜门关闭牢固
			断路器实际位置未分开，导致断路器拉弧损坏	一般	（1）摇进/出断路器前必须检查断路器三相确在分闸位置。 （2）无法看到实际位置时，应通过二元法进行检查。 （3）检查项应写入操作票。 （4）小车开关摇进/出过程中不能野蛮操作
	2	操作人切断机组球阀压力油罐供油回路	操作阀门导致管路破损	一般	（1）阀门操作，严格按照规范进行，使用合格工器具，严禁野蛮操作。 （2）阀门操作完毕后务必检查确认已操作到位
	3	操作人切断机组球阀补气回路，打开机组球阀压力油罐泄压阀、排油阀	操作阀门导致高压管路	一般	操作阀门防止用力过猛，泄压时缓慢开启泄压阀
技术供水泵主备用切换	1	操作人启动预切换为主用的技术供水泵	水泵运行异常	一般	启动水泵后检查运行声音正常；检查相应管接头无漏水、泵转向正确、压力开关指示正常、压差正确

续表

操作项目	序号	主要步骤	存在风险	风险等级	应对措施
技术供水泵主备用切换	2	操作人停下泵，并将技术供水泵控制方式切回自动位置	水泵控制方式未切回正确位置	一般	操作后认真检查设备状态，监护人员监护到位
球阀压力油泵主备用切换	1	操作人启动预切换为主用的球阀压力油泵	油泵运行异常	一般	启动油泵后检查运行声音正常，检查相应管接头无漏油、泵转向正确、油罐压力正常上升
	2	操作人停下泵，并将球阀压力油泵控制方式切回自动位置	油泵控制方式未切回正确位置	一般	操作后认真检查设备状态，监护人员监护到位
投入机组导叶液压锁定	1	操作人打开机组调速器液压锁定供油回路阀门	操作阀门导致管路破损	一般	（1）阀门操作，严格按照规范进行，使用合格工器具，严禁野蛮操作。 （2）阀门操作完毕后务必检查确认已操作到位
	2	操作人投入机组调速器液压锁定端子	误投端子	一般	监护人员监护到位，端子号进行仔细确认
	3	操作人关闭机组调速器液压锁定供油回路阀门	操作阀门导致管路破损	一般	（1）阀门操作，严格按照规范进行，使用合格工器具，严禁野蛮操作。 （2）阀门操作完毕后务必检查确认已操作到位
	4	操作人操作环境欠佳	照明不足，滑到摔伤	一般	携带手电筒，必要时增设其他临时照明工具

续表

操作项目	序号	主要步骤	存在风险	风险等级	应对措施
退出机组导叶液压锁定	1	操作人检查球阀在关闭位置，工作密封投入，将球阀工作旁通阀锁在关闭位置	落物伤人	一般	操作期间球阀工作旁通阀下方禁止人员通行，做好人员监护
			高处坠落	一般	登高检查、操作无护栏扶手时要按要求系好安全带
	2	操作人打开机组调速器液压锁定供油回路阀门	操作阀门导致管路破损	一般	（1）阀门操作，严格按照规范进行，使用合格工器具，严禁野蛮操作。 （2）阀门操作完毕后务必检查确认已操作到位
	3	操作人退出导叶机械锁定	水车室滑倒、摔倒	一般	穿防滑鞋、及时清除油渍，注意脚下行走路线
			操作阀门导致管路破损	一般	（1）阀门操作，严格按照规范进行，使用合格工器具，严禁野蛮操作。 （2）阀门操作完毕后务必检查确认已操作到位
	4	操作人解开机组调速器液压锁定端子	误解端子	一般	监护人员监护到位，端子号进行仔细确认
	5	操作人关闭机组调速器液压锁定供油回路阀门	操作阀门导致管路破损	一般	（1）阀门操作，严格按照规范进行，使用合格工器具，严禁野蛮操作。 （2）阀门操作完毕后务必检查确认已操作到位
	6	操作人操作环境欠佳	照明不足，滑到摔伤	一般	携带手电筒，必要时增设其他临时照明工具

续表

操作项目	序号	主要步骤	存在风险	风险等级	应对措施
尾闸从检修改运行	1	操作人操作相关的油水回路阀门	操作阀门导致管路破损	一般	（1）阀门操作，严格按照规范进行，使用合格工器具，严禁野蛮操作。 （2）阀门操作完毕后务必检查确认已操作到位
	2	操作人打开尾水管旁通阀，对尾水管充水	发电机及水轮机内部漏水	一般	充水过程中密切监视充水过程，安排专人检查漏水情况，发现异常立即停止充水
			主轴密封抬起	一般	充水前检查主轴密封供气压力正常
	3	操作人充水完毕后，提起机组尾水闸门	闸门卡涩，闸门冲顶	一般	（1）提门过程中密切监视闸门下腔压力及现场情况，发现异常立即停止提门操作。 （2）提门过程中密切监视闸门开度及闸门全开信号反馈情况，发现闸门冲顶立即停止闸门提门操作，切除油泵
			提门过程中防止锁定误投入	一般	提门时应确认锁定在退出位置，并打开退锁定手动阀
尾闸从运行改检修	1	操作人检查球阀在关闭位置，工作密封投入，将球阀工作旁通阀锁在关闭位置	落物伤人	一般	操作期间球阀工作旁通阀下方禁止人员通行，做好人员监护
			高处坠落	一般	登高检查、操作无护栏扶手时要按要求系好安全带
	2	操作人操作相关的油水回路阀门	操作阀门导致管路破损	一般	（1）阀门操作，严格按照规范进行，使用合格工器具，严禁野蛮操作。 （2）阀门操作完毕后务必检查确认已操作到位

续表

操作项目	序号	主要步骤	存在风险	风险等级	应对措施
尾闸从运行改检修	3	操作人落机组尾水闸门	误采用泵控落门	一般	应采用事故落门，严禁泵控落门
	4	操作人对机组主轴密封供气回路泄压	操作阀门导致高压管路破损	一般	操作阀门防止用力过猛，泄压时缓慢开启泄压阀
主轴密封增压泵主备用切换	1	启动预切换为主用的主轴密封增压泵	主轴密封增压泵运行异常	一般	启动水泵后检查运行声音正常；检查相应管接头无漏水、泵转向正确、压力开关指示正常
	2	停泵并将主轴密封增压泵控制方式切回自动位置	主轴密封增压泵控制方式未切回正确位置	一般	（1）监护人员监护到位。 （2）操作完成后进行复查
机组复役（尾水充水前检查）	1	操作人对机组所有供/排水阀及相关隔离阀的实际状态、控制方式检查在正确位置（尤其是相关检修排水阀及尾水管排水阀、蜗壳排水阀）	检查不到位，漏水	一般	检查阀体确在正确位置，无法看到实际位置时，应通过二元法进行检查，实际位置＋远方信号
	2	操作人检查机组水系统相关设备正常	意外伤害、坠落、磕碰	一般	注意观察周围环境及相关警示标志，不跨越遮栏，当心井、坑、孔、洞，按规定做好个人安全防护，不误踩、误碰带压设备，高处检查系好安全带

续表

操作项目	序号	主要步骤	存在风险	风险等级	应对措施
机组复役检查	1	操作人检查机组所挂地线均已拆除，所合接地隔离开关均已拉开	检查不到位，机组启动不成功	一般	（1）现场检查确认并与地线登记本仔细核对，同时检查地线柜中所装设接地线已收回。 （2）检查确认接地隔离开关一次设备的实际位置并与远方、现地信号进行对比
	2	操作人对机组所有断路器、隔离开关、阀门的实际状态、控制方式检查在正确位置	检查不到位，机组启动不成功	一般	检查设备确在正确位置，无法看到实际位置时，应通过二元法进行检查，实际位置＋远方信号
	3	操作人检查机组油气、水、设备运行正常	意外伤害、坠落、磕碰	一般	注意观察周围环境及相关警示标志，不跨越遮栏，当心井、坑、孔、洞，按规定做好个人安全防护，不误踩、误碰带压设备，高处检查系好安全带
黑启动	1	操作人对厂用电供电方式进行倒换，检查机组励磁盘状态正常，检查黑启动机组线路充电工况启动条件满足	厂用电倒换过程中误操作	一般	严格执行监护复诵制，现场认真核对设备双重名称
			机组励磁工作在不对应工作模式，导致黑启动不成功	一般	检查机组励磁盘状态正常，模式选择正确
			黑启动机组开机条件不满足，导致黑启动不成功	一般	检查确认黑启动机组开机条件，及时检查处理

续表

操作项目	序号	主要步骤	存在风险	风险等级	应对措施
黑启动	2	按调度令，操作人启动黑启动机组进行线路充电	无调度令操作	一般	严格按照调度指令进行操作
	3	操作人控制黑启动机组机端电压和频率，并监视系统电压，使其达到规定数值	机端电压控制不好，出现过电压现象	一般	监视调节电压
	4	小系统建压完成后，按调度令，启动系统内部分电源，并带上部分负荷	启动系统内部分电源，并带上部分负荷过程中，内部电源启动异常，导致运行机组跳机	一般	认真监视黑启动机组运行情况，做好事故预想，发现异常及时处理，系统内部分电源逐步逐级启动
			在建压过程中出现频率、电压波动	一般	在建压过程中要保证系统电压、频率稳定，特别是较小系统时，要防止再次失压
	5	按网调令，逐步扩大系统建压范围，直至系统恢复全网正常运行	在建压过程中出现频率、电压波动，导致失压	一般	在建压过程中要保证系统电压、频率稳定，特别是较小系统时，要防止再次失压

续表

操作项目	序号	主要步骤	存在风险	风险等级	应对措施
黑启动	6	系统恢复正常运行后，黑启动机组可以按网调令选择发电或停机	操作执行错误，出现误操作	一般	严格执行调度令的接令、复诵、录音程序，与调度充分沟通，清楚了解调度要求，认真执行，精心操作
	7	操作人恢复厂用电正常供电，停下柴油发电机	厂用电恢复过程中倒换不成功，无法恢复黑启动机组自用盘正常供电	一般	严格执行监护复诵制，现场认真核对设备双重名称，监护人监护到位，做好操作失败事故预想
			非同期环并	一般	厂用电倒换过程中，先将柴油机解列停机再对厂用电系统恢复
	8	操作人恢复黑启动前所做的临时措施	临时措施恢复不彻底，遗留隐患，导致设备异常	一般	做好临时措施登记，仔细检查，认真执行
抽水蓄能电站引水道充水	1	检修结束后，操作人进行无水关/启球阀操作	关闭过程中导致球阀密封损坏	一般	球阀关闭时，应确保球阀的检修及工作密封完全处于退出位
			引水隧道内遗留物件（包括机组压力钢管水平段），导致设备损坏	一般	球阀关闭前仔细检查输水管道及机组压力钢管水平段无人员和工器具遗漏，各级验收合格

续表

操作项目	序号	主要步骤	存在风险	风险等级	应对措施
抽水蓄能电站引水道充水	2	操作人检查机组尾水检修闸门已提起，蜗壳及尾水管的进人孔已关闭	蜗壳及尾水管内有人和物体遗留	一般	关闭蜗壳及尾水管前仔细检查确认，各级验收合格
	3	利用尾水将压力钢管水位充至与下水库齐平水位	设备、水工建筑漏水	较大	（1）充水过程中仔细检查各设备及水工建筑的渗漏情况，发现漏水停止充水及时处理。 （2）充水过程中严格控制充水速率
	4	操作人切换球阀工作及检修密封操作水源	球阀密封因操作水压丢失，导致异常退出	一般	（1）操作前接好备用水源，视充水进度切换操作水源，确保球阀密封正常投入。 （2）密切监视工作及检修密封的投入腔水压指示情况
	5	利用上水库闸门充水阀进行充水	引水隧道之间存在较大的压差而导致输水系统破坏	重大	充水速率控制，保持引水隧道间水位基本平齐
抽蓄电站引水道排水	1	操作人检查引水隧道排水流道上相应机组的尾闸关闭并可靠隔离，尾水管排空	相应机组尾闸关闭不严或异常开启，导致下库水进入	一般	（1）认真核对设备双重名称，严格执行监护复诵制。 （2）认真检查尾闸实际位置，确保在全关位置（远方信号、现地重锤），将尾闸的操作油源及操作电源可靠隔离，确保尾闸不会异常开启
			自流排水洞内有人，排水对其造成伤害	一般	排水前检查确认自留排水洞门在关闭并锁上位置，检查确认自流排水洞无相关工作面（工作票、任务单）开展并告知水工班

续表

操作项目	序号	主要步骤	存在风险	风险等级	应对措施
抽水蓄能电站引水道排水	2	操作人检查上库进出水口闸门关闭并可靠隔离	上库闸门关闭不严或异常开启，导致上库水进入	一般	认真检查上库闸门实际位置，确保在全关位置（远方信号、现地重锤），将上库闸门的操作油源及操作电源可靠隔离，确保上库闸门不会异常开启
	3	操作人进行排水时球阀工作及检修密封操作水源切换	球阀密封因操作水压丢失，导致异常退出	一般	（1）操作前接好备用水源，视排水进度切换操作水源，确保球阀密封正常投入。 （2）密切监视工作及检修密封的投入腔水压指示情况
	4	操作人打开压力钢管手动排水针阀进行排水	排水过程中压力钢管排水针阀发生空蚀	一般	打开排水针阀下游侧上、下方位的手动补气阀，以防压力钢管排水针阀发生空蚀
			放水速度过快，压力钢管或混凝土因其内部残压过大导致混凝土开裂或压力钢管变形	重大	放水速度控制应严格按照水工设计要求控制
			两条输水管道不同时进行排水，两条引水隧道之间存在较大的压差而导致输水系统破坏	较大	两条输水管道系统同时进行排水，并控制速度相当

续表

操作项目	序号	主要步骤	存在风险	风险等级	应对措施
抽水蓄能电站引水道排水	5	操作人进行排水后无水开启球阀操作	开启过程中密封退不到位，导致密封损坏	一般	球阀开启时，应确保球阀的检修及工作密封完全处于退出位
			全开后，球阀异常关闭	一般	待球阀全开后，用支撑杆将球阀主接力器配重块支起，并做好有关安全措施及支撑杆的固定措施，对球阀关闭侧的油源及二次关闭命令回路进行隔离
机组（蜗壳）尾水管充水	1	操作人对主轴密封辅助气压复役或检查确认	检查不到位或忘记检查，充水后主轴密封抬起	一般	充水前检查确认相关阀门在正确位置，确认辅助气压正常
	2	操作人关闭蜗壳排水电动阀，尾水管排水电动阀	阀门电动关闭不到位	一般	仔细检查阀门确在关闭位置，二元法检查，实际位置+远方信号，充水时现场查看（听有无漏水声音），检查冷却水系统压力上升是否正常，计算尾水管充水时间是否在正常的范围内
	3	操作人对尾水管充水	尾闸自动排气阀未开，导致空气无法排出	一般	检查确认尾水管排气阀在全开位置，在充水初期再次确认其阀顶部有气排出
			旁通阀开启过程中爆裂	一般	开启尾闸靠下库侧旁通阀时先进行平压，平压后再进行开启，先开启靠下库侧旁通阀，然后再开启靠机组侧的旁通，若开启靠机组侧旁通阀的过程中出现爆裂及时关闭靠下库侧旁通阀，防止下库水涌出
			发电机及水轮机内部漏水	一般	充水过程中密切监视充水过程，安排专人检查漏水情况，发现异常立即停止充水

续表

操作项目	序号	主要步骤	存在风险	风险等级	应对措施
机组（蜗壳）尾水管排水	1	操作人对球阀部分隔离	高压水阀操作困难，使用不当工具操作容易造成水阀损坏，甚至破裂，高压水喷出伤人	一般	严格按照规范进行操作，若手动操作困难，应使用专业工具进行，不得使用蛮力进行，水阀正面禁止站人
	2	操作人对气系统部分隔离	因两侧存在气压差问题，导致相关隔离阀很难操作，使用加力杆操作，会造成阀门损坏、爆裂	一般	能进行两侧平压的阀门，两侧平压后再进行操作，无法进行两侧平压的阀门，严格按照规范进行操作，不得使用蛮力进行操作
	3	操作人对水系统部分隔离	部分阀门在高处，操作时高处意外坠落	一般	操作时做好个人安全防护，监护人监护到位，高处作业系好安全带
	4	操作人对主变压器冷却水切换	切换不当，导致主变压器空载冷却水流量丢失	一般	操作前后仔细检查，确认主变压器空载冷却水流量的变化情况

续表

操作项目	序号	主要步骤	存在风险	风险等级	应对措施
机组（蜗壳）尾水管排水	5	操作人落尾闸，关闭尾闸旁通阀	码盘显示开度与现地实际开度不一致，导致误判断	一般	现地重锤显示开度与码盘显示开度进行认真对比核对
	6	操作人打开蜗壳排水电动阀、尾水管排水电动阀	自流排水洞内有人，排水对其造成伤害	一般	排水前检查确认自留排水洞门在关闭并锁上位置，检查确认自流排水洞无相关工作面（工作票、任务单）开展并告知水工班

第三节　安全工器具（工具）使用危险点及预控措施

水电站安全工器具（工具），主要包括携带型接地线、绝缘用具、验电器、安全带、安全绳、移动梯子、操作平台、移动电源、机械工具、万用表、电动工具、绝缘电阻（摇）表、钳形电流表等。安全工器具（工具）在使用过程中因电压等级选用不规范、量程选择错误、接线错误、工具使用前未进行外观检查、工具使用方法不当等因素，易造成设备损坏或人员伤亡。本部分内容主要对安全工器具（工具）使用中可能导致的人员伤害、设备损坏等主要危险点进行分析，提出相应控制措施，通过危险点分析与控制把安全工器具（工具）在使用中可能发生的风险控制在可控范围，从而保证人身及设备安全。对水电站安全工器具（工具）使用中的风险控制具有普遍的指导意义。

安全工器具风险库				
序号	风险源	存在风险	风险等级	应对措施
1	携带型接地线	使用不合格的接地线，造成触电伤害	一般	(1) 使用前应检查接地线合格标识中的检验是否合格，是否在有效期内。 (2) 使用前应对接地线外观进行检查，禁止使用接地线散股或断股、绝缘护套破损、护套与接地线固定螺丝松动、操作杆破损、接地夹、导线夹接触不良的接地线，严禁带缺陷使用。 (3) 使用前确认接地线编号、电压等级正确
		接地点接地性能不良，造成触电伤害	一般	(1) 挂接地线前应检查接地点是否有锈蚀、断裂、导通性不良等现象，发现上述情况应及时调整到合格的接地点。 (2) 接地前对接地点位置进行核实，确认是否是专用接地点
		未经验电进行挂接操作，造成触电伤害	较大	接地线挂接前必须逐相进行验电，确认无电后立即进行地线挂接
		接地线挂接或拆除未按规定顺序操作，造成触电伤害	较大	挂地线应先接接地端，再接导体端。拆地线应先拆导体端，再拆接地端
		装拆接地线未正确使用安全防护用具，造成触电伤害	较大	(1) 装拆接地线应正确使用绝缘杆和绝缘手套。 (2) 装拆接地线必须由两人进行，一人操作，一人监护。 (3) 作业人员在进行接地作业时应与带电设备保持安全距离

续表

序号	风险源	存在风险	风险等级	应对措施
2	绝缘用具	使用不合格的绝缘用具，造成触电伤害	一般	（1）使用前应检查绝缘工具合格标识中的检验是否合格，是否在有效期内。 （2）使用前应对绝缘用具外观进行检查，禁止使用破损、有裂纹、老化、绝缘手杆松动的绝缘用具，严禁带缺陷使用。 （3）使用前确认绝缘用具（如绝缘手套、绝缘鞋/靴、绝缘垫、绝缘挡板等）编号、电压等级正确
3	验电器	使用不合格的验电器，导致验电不准确	一般	（1）使用前应检查验电器合格标识中的检验是否合格，是否在有效期内。 （2）使用前应确认验电器连接部分牢固、指示器密封、验电器表面光滑、绝缘杆表面清洁、自检功能正常，严禁带缺陷使用。 （3）使用接触式验电器，使用前应在有电设备或使用信号发生器确认验电器是否正常
		电压等级不符合要求，造成触电伤害	一般	（1）使用前应按照作业设备的电压等级选择合适的验电器，禁止使用与电压等级不符的验电器。 （2）验电器操作杆绝缘性能不符的验电器应停止使用，立即更换，严禁降压使用
		作业防护不当，造成触电伤害	一般	（1）高压验电必须有两人进行，一人操作，一人监护，操作在前，监护在后。 （2）操作人员应戴绝缘手套、穿绝缘靴（绝缘等级相当），防止跨步电压或接触电压对人体伤害。 （3）验电器伸缩式绝缘棒长度应拉足，验电时手应握在手柄处不得超过护环。 （4）验电时身体所有部位不能超过验电器护环，且验电器伸缩杆应拉伸到位，避免因安全距离不够造成伤害

续表

序号	风险源	存在风险	风险等级	应对措施
4	安全带、安全绳	使用前未经外观检查，使用不合格的安全带、安全绳，造成伤害	一般	（1）使用前首先应检查安全带和安全绳是否有合格证，合格证是否在有效期内。 （2）使用前应对作业防护工具外观进行检查，以下情况严禁使用： ——组件伤残破损； ——绳索、编带脆裂、断股、扭结； ——金属配件、焊接有裂纹、锈蚀； ——钟钉偏位、不平整； ——钩舌咬口错位、不平整； ——保险装置有缺陷的安全带，严禁带缺陷使用
		未定期检查和校验，不能安全使用，使用过程中造成伤害	一般	使用前应检查安全带、安全绳检验是否合格，是否在有效使用期内
		安全带防坠性能不符	一般	作业人员在作业前应对安全带、安全绳、防坠器本身进行检查，严禁使用安全钩无法可靠锁定的安全带、制动失效的防坠器
		安全带、安全绳使用不当，造成伤害	一般	（1）应按照规范悬挂安全带、安全绳、防坠器。 （2）作业前应对安全带、绳悬挂处的坚固性、悬挂的可靠性进行检查，严禁悬挂在有锋利棱角、有锈蚀、有裂痕、松动的固定物上。 （3）安全带固定处应高于或平行作业点，严禁安全带、防坠器低挂高用。 （4）对固定的高空作业点应设置固定且牢固的防坠装置，并定期检查。 （5）对无法有效防坠的应采用其他梯子、升降台、脚手架等高处作业安全防护手段

续表

序号	风险源	存在风险	风险等级	应对措施
5	移动梯子、操作平台	未经外观检查，使用不合格工器具，造成伤害	一般	（1）使用前首先应检查梯子是否有合格证，合格证是否在有效期内。 （2）使用前应对梯子外观进行检查，禁止使用活动部件连接松动、结构松动、梯阶有易滑物、防滑橡胶垫破损、无限开设施或设施失效的梯子。 （3）软梯应检查固定部分是否坚固，绳索是否有断股、裂痕，梯阶是否牢固。 （4）若使用绝缘梯凳进行带电工作，务必工作前确认梯子电压等级是否正确
		梯子无最大承重标识，超负荷限制使用梯子，使用异常造成伤害	一般	发现梯子无最大承重标识或标识不清应禁止使用并立即更换
		梯子安放不当，造成伤害	一般	使用前应对梯子安放地进行检查，对地面高低不平、湿滑、地面松软的应采取特殊的加垫、防滑措施，并采取专人防护措施
		梯子开限失效或铝合金梯子锁定失效，造成伤害	一般	严禁使用开限或锁定失效的梯子
		软梯使用不当，造成伤害	一般	使用软梯应按照供货商提供的使用说明进行，软梯使用人员应使用安全绳和防坠器
		作业防护不当，造成伤害	一般	（1）登梯前应检查是否穿着防滑鞋，作业人员及工具是否超过梯子的最大承重。 （2）登梯作业必须由两人进行，一人登梯作业，一人监护。 （3）金属梯应避免靠近带电场所使用。 （4）梯子与地面的斜角度控制在60°左右。 （5）人在梯子上时，禁止移动梯子

续表

序号	风险源	存在风险	风险等级	应对措施
6	移动电源	使用前，未检查合格标识，未作外观检查，使用不合格工器具，造成触电伤害	一般	（1）使用前应检查确认低压临时电源是否有合格标识，合格标识是否在有效期内。 （2）除了合格标识外，使用低压临时电源前必须对电源线、插头、插座、MCB开关以及电源信号指示进行检查，外观检查不合格的应及时更换，严禁带缺陷使用
		低压临时电源箱（盒）接地和保护性能不良，造成触电伤害	一般	对长期搁置、存放在潮湿环境的、未经检验、检验超期或使用过程中受到任何机械或电气损伤的低压临时电源应立即予以标识，重新进行检验，严禁带缺陷使用
		临时电源接地方式（接零）不符合，造成触电伤害	一般	禁止使用随意拆接或更改临时电源进线、出线、接地线、漏电保护的低压临时电源
		临时电源漏电保护及过流保护失效	一般	（1）使用前必须对低压临时电源接地及保护进行检查，禁止使用接地方式（接零）不符合要求、外壳未接地、无漏电保护的电源。 （2）禁止使用随意更换部件、擅自提高过流保护和漏电保护能力的低压临时电源
7	常用工具（机械工具）	使用前，未检查合格标识，未作外观检查，使用不合格工器具，造成伤害	一般	（1）使用前应对手持工具的外观进行检查，对手持工具手柄松动、有明显机械损伤等应停止使用，特别是在受限区域作业及高处作业。 （2）高处作业应正确使用和佩戴工具袋。 （3）外观检查不合格的工器具应及时更换

续表

序号	风险源	存在风险	风险等级	应对措施
8	常用工具（万用表及电笔）	使用前，未检查合格标识，未作外观检查，使用不合格工器具，造成触电伤害	一般	（1）使用前应检查电笔和万用表外观完整与否，检验是否合格，是否在校验有效期内。 （2）使用前可利用电源对电笔和万用表的测量性能进行检查，发现异常应立即封存使用。 （3）使用前，应确认电压等级是否合适，万用表和电笔只能测量低压设备，禁止对高压设备进行测量，严格按照设备使用说明进行使用，禁止超量程使用
		使用过程中，档位使用错误，造成设备误动及人员伤害	一般	使用前，应认真核对万用表档位是否为所需要的工作档位
9	电动工具	未检查电动工具检验是否合格，是否在有效期内，使用不合格工器具，造成触电伤害	一般	使用前应检查确认电动工具是否有合格标识，合格标识是否在有效期内
		未经外观检查使用，使用不合格工器具，造成触电伤害	一般	使用前应对电动工具的外观进行检查，禁止使用电源线、电源插头、外壳破损、裸露的电动工具，禁止使用手柄、机械部分松动、裂纹、转动卡件无法卡紧的电动工具，严禁带缺陷使用
		电动工具未经通电测试或通电测试性能不良，造成伤害	一般	作业前应对工具进行通电测试，发现转动部分有阻滞、卡涩、晃动缺陷应立即检查，严禁带缺陷使用
		电动工具的接地和漏电保护性能不良，造成触电伤害	一般	（1）使用前对电动工具接地及保护进行检查，禁止使用工具接地方式（接零）不符合要求、外壳未接地、无漏电保护的电动工具。 （2）禁止随意拆接和更改电动工具的接地和保护设施。 （3）禁止使用漏电保护失效的电动工具，特别是在潮湿和金属容器环境

续表

序号	风险源	存在风险	风险等级	应对措施
9	电动工具	使用电动工具，个人安全防护不当，造成触电伤害	一般	（1）使用金属外壳电动工具时应戴绝缘手套，穿绝缘鞋，必要时在绝缘板上进行操作。 （2）使用电动工具时，不准提着电动工具的导线或转动部分
10	绝缘电阻（摇）表	使用不合格的绝缘电阻（摇）表，导致测量不准确	一般	（1）使用前应检查绝缘电阻（摇）表合格标识中的检验是否合格，是否在有效期内。 （2）使用前应对绝缘电阻（摇）表外观进行检查，禁止使用接线、外壳破损、摇柄松动的绝缘电阻（摇）表，严禁带缺陷使用。 （3）使用前确认绝缘电阻（摇）表电压等级正确
		绝缘电阻（摇）表未进行开路、短路测试使用，导致测量不准确	一般	测量前应对绝缘电阻（摇）表进行一次开路和短路试验，检查绝缘电阻（摇）表是否良好
		未切断测试设备电源使用，造成触电伤害	一般	（1）测量前必须将被测设备电源切断，并对地短路放电。 （2）禁止在雷电时或高压设备附近测绝缘电阻，只能在设备不带电，也没有感应电的情况下测试。 （3）测量前需检测被测设备确无电压
		接线错误，使用不当，造成设备损坏，人员受伤害	一般	（1）一般有三个接线柱，其中 L 接在被测物和大地绝缘的导体部分，E 接被测物的外壳或大地，G 接在被测物的屏蔽上或不需要测量的部分。测量绝缘电阻时，一般只用“L”和“E”端。 （2）摇动速度由慢而快，当转速达到 120r/min 左右时，保持匀速转动。 （3）读数结束时，先拆下导体接线才能停止摇动，电子绝缘电阻表拆线前应进行充分放电

续表

序号	风险源	存在风险	风险等级	应对措施
11	钳形电流表	使用不合格的钳形电流表，导致测量不准确	一般	（1）使用前应检查钳形电流表合格标识中的检验是否合格，是否在有效期内。 （2）使用前应对钳形电流表外观进行检查，禁止使用接线、外壳破损的钳形电流表，严禁带缺陷使用。 （3）使用前确认钳形电流表电压等级正确
		钳形电流表量程选择错误，导致测量不准，甚至钳形电流表损坏	一般	（1）测量时，应先估计被测电流大小，选择适当量程。若无法估计，可先选较大量程，然后逐档减少，转换到合适的档位。 （2）转换量程档位时，必须在不带电情况下或者在钳口张开情况下进行
		使用不当，导致设备损坏，人员受伤	一般	（1）应在无雷雨和干燥的天气下使用钳形表进行测量，可由两人进行，一人操作一人监护。 （2）测量时应注意佩戴个人防护用品，注意人体与带电部分保持足够的安全距离

第二章 主设备系统

第一节 发电电动机及其辅助设备检修工作危险点及预控措施

发电电动机及其辅助设备由转子、定子、机架、轴瓦等组成，是水电站的重要核心设备。为保证设备可靠运行，电站定期安排对发电电动机进行维护与检修，但因其结构复杂，检修工艺要求较高，且其检修过程往往涉及有限空间、大件起吊等作业，风险点较多，人身及设备安全面临严峻考验。为保证发电电动机及其辅助设备检修工作中人身及设备的安全，特针对作业过程中存在的危险点进行风险辨识，并分级、分类，制定预防及控制措施。通过检修作业前的危险点分析预控，能够有效促进检修作业过程中的风险管控，从而保证人身及设备安全。

发电电动机及其辅助设备主要检修内容为转子、定子吊出与回装、磁极铁芯、线圈紧固检查及处理、轴瓦及油盆检查清扫、定子线棒密封环清扫检查等，存在人身触电、物品遗留、高压油伤人、人员磕碰伤等风险。

本部分针对以上危险点进行分析，提出进出风洞时随身物品应登记，无关物品应取出放在指定地点，防止工器具遗留等具体的预控措施。通过对发电电动机及其辅助设备检修作业风险的分析，能够清晰地掌握作业过程中存在的各类风险，从而针对不同风除类型及风险等级，采取有效的预控措施，提升检修作业中安全管控水平，大大降低检修作业中的不安全因素，防止造成重要设备设施损坏和人身伤亡事故，巩固安全生产基础。

发电电动机及其辅助设备风险库						
序号	类型	设备系统	检修项目	存在风险	风险等级	应对措施
1	发电电动机及其辅助设备	转子	磁极标高测定及调整	调整时损伤磁极绕组绝缘	较大	工作时可能碰伤磁极绕组时要加以防护
2	发电电动机及其辅助设备	转子	通风槽清扫检查及处理	使用清洗剂引起火灾	一般	（1）严禁作业人员携带火种，现场配备灭火器。 （2）进出风洞随身物品应登记，无关物品应取出放在风洞外指定地点处，防止清洗剂遗留
3	发电电动机及其辅助设备	转子	发电机磁极间支撑挡块检查及处理磁极键、磁极接头、阻尼环、转子风扇检查	物品遗留	一般	进出风洞随身物品应登记，无关物品应取出放在风洞外指定地点处，防止工器具遗留
4	发电电动机及其辅助设备	转子	发电机磁极间支撑挡块检查及处理磁极键、磁极接头、阻尼环、转子风扇检查	高处坠落	一般	（1）在转子上面作业时轮辐孔要封堵或装设临时盖板。 （2）必要时需要系安全带
5	发电电动机及其辅助设备	转子	发电机磁极间支撑挡块检查及处理磁极键、磁极接头、阻尼环、转子风扇检查	机械伤害	一般	（1）多专业交叉工作时要做好协调，防止有人员工作时，转子转动。 （2）人员在进入狭小空间作业前要分析风险

续表

序号	类型	设备系统	检修项目	存在风险	风险等级	应对措施
6	发电电动机及其辅助设备	转子	转子回装	回装时遗漏引线	较大	仔细检查所有引线已被回装
7	发电电动机及其辅助设备	转子	转子回装	螺栓、销钉未被全部回装	重大	逐一检查所有螺栓、销钉
8	发电电动机及其辅助设备	转子	转子回装	平衡梁水平度不够或调整不到位导致定转子相碰	重大	（1）检查平衡梁水平度，防止另转子过程中定转子相碰。 （2）转子进入定子内径时安排适量人员用木质间隙板在空气间隙内抽动间隙板，如遇卡住立即报告
9	发电电动机及其辅助设备	转子	转子回装	起吊过程中转子滑车造成人员伤害、设备损坏	重大	（1）吊起前检查天车的制动系统。 （2）天车上安排有专人全程监视。 （3）发现有滑车的先兆要实施人为制动。 （4）起吊下方严禁站人
10	发电电动机及其辅助设备	转子	转子回装	行进过程中转子晃动	重大	（1）吊起的转子按指定路线匀速行走直至机坑，保证不与其他设备相碰。 （2）天车的大车行走前检查确认转子最低处至少高出其路径上最高物顶端 1m 以上
11	发电电动机及其辅助设备	转子	机组轴线调整	人员磕碰伤	一般	（1）盘车过程由一人统一指挥，人员在工作前应做好安全交底。 （2）工作现场人员入口设置警示牌
12	发电电动机及其辅助设备	转子	机组轴线调整	大轴绝缘被破坏	一般	调整用薄铜箔不得接触镜板或使用绝缘材料制造的调整垫

续表

序号	类型	设备系统	检修项目	存在风险	风险等级	应对措施
13	发电电动机及其辅助设备	转子	阻尼环紧固检查及处理	物品遗留	一般	进出风洞随身物品应登记，无关物品应取出放在风洞外指定地点处，防止工器具遗留
14	发电电动机及其辅助设备	转子	阻尼环紧固检查及处理	紧固力矩不当	一般	严格按照安装说明的力矩要求进行紧固检查
15	发电电动机及其辅助设备	转子	磁极固定键紧固检查	物品遗留	一般	进出风洞随身物品应登记，无关物品应取出放在风洞外指定地点处，防止工器具遗留
16	发电电动机及其辅助设备	转子	磁极固定键紧固检查	锤子滑脱砸伤磁极或定子线棒	一般	（1）使用大锤时不得戴手套。 （2）必要时做好周围设备的防护
17	发电电动机及其辅助设备	转子	通风槽清扫检查及处理	人身触电	一般	（1）使用带漏电保护的电源盘，人员带个人防护用品。 （2）所用电源盘、电动工具使用前检查引线绝缘良好、检验合格，电源盘触电保安器动作试验正常
18	发电电动机及其辅助设备	转子	发电机磁极间支撑挡块检查及处理磁极键、磁极接头、阻尼环、转子风扇检查	内窥镜镜头脱落	一般	检查前确保镜头安装到位，使用时不得强行进入、强拉硬拽
19	发电电动机及其辅助设备	转子	发电机磁极间支撑挡块检查及处理磁极键、磁极接头、阻尼环、转子风扇检查	拆除零件时损伤转子磁极匝间绝缘	一般	用绝缘挡板加以防护

续表

序号	类型	设备系统	检修项目	存在风险	风险等级	应对措施
20	发电电动机及其辅助设备	转子	转子与主轴等固定部件的分解	物品遗留	一般	进出风洞随身物品应登记，无关物品应取出放在风洞外指定地点处，防止工器具遗留
21	发电电动机及其辅助设备	转子	转子与主轴等固定部件的分解	高处坠落	较大	高处作业正确佩戴安全带
22	发电电动机及其辅助设备	转子	转子与主轴等固定部件的分解	人身伤害	较大	（1）正确使用液压工具。 （2）搭设牢固严密的检修平台。 （3）做好防止螺栓等部件掉落的措施
23	发电电动机及其辅助设备	转子	转子与主轴等固定部件的分解	酸性物质腐蚀大轴	一般	确保大轴周围没有酸性物质
24	发电电动机及其辅助设备	转子	转子吊出	损坏设备	重大	（1）转子吊出前应检查核对与转子相连接部件已拆除。 （2）转子吊出应按照大件吊装方案执行。 （3）大车行走应按指定路线到指定地点，天车的大车行走前检查确认转子最低处至少高出其路径上最高物顶端 1m 以上。 （4）桥机应经过检查、试验，过程中有专人监护
25	发电电动机及其辅助设备	转子	转子吊出	螺栓、销钉未被全部拆除	重大	逐一检查所有螺栓、销钉
26	发电电动机及其辅助设备	转子	转子吊出	平衡梁水平度不够	重大	（1）检查平衡梁水平度，防止员转子过程中定转子相碰。 （2）转子吊出时安排适量人员用木质间隙板在空气间隙内抽动间隙板，如遇卡住立即报告期中正指挥停止起吊

续表

序号	类型	设备系统	检修项目	存在风险	风险等级	应对措施
27	发电电动机及其辅助设备	转子	转子吊出	起吊过程中转子滑车造成设备损坏	重大	(1) 吊起前检查天车的制动系统。 (2) 天车上安排有专人全程监视。 (3) 发现有滑车的先兆要实施人为制动
28	发电电动机及其辅助设备	转子	转子吊出	人身伤害	重大	(1) 安装吊具时防止高处坠落。 (2) 进入定子上部区域时注意防跌倒。 (3) 起吊转子时下方严禁站人
29	发电电动机及其辅助设备	转子	转子吊出	行进过程中转子晃动	重大	(1) 吊起的转子按指定路线匀速行走直至装配间，保证不与其他设备相碰。 (2) 天车的大车行走前检查确认转子最低处至少高出其路径上最高物顶端 1m 以上
30	发电电动机及其辅助设备	转子	转子吊出	转子倾斜	重大	(1) 确保转子支墩水平及高程满足要求。 (2) 支墩之间用角钢连接（必要时）
31	发电电动机及其辅助设备	转子	转子圆度测量及调整转子制动环磨损、变形及固定情况检查	人身伤害	一般	(1) 做好测圆架的固定牢固的措施。 (2) 人员上下转子时防止坠落。 (3) 转子轮辐孔要铺盖严密、固定牢固。 (4) 正确使用液压工具
32	发电电动机及其辅助设备	转子	转子支架焊缝及螺栓、磁轭卡键检查	人员磕碰伤	一般	(1) 狭窄空间内作业更要做好个人防护。 (2) 准备充足的安全照明用具
33	发电电动机及其辅助设备	转子	磁极铁芯、线圈、引线绝缘、紧固检查及处理	使用内窥镜检查时内窥镜探头卡在狭小缝隙处	一般	工作前做好预想，进入间隙内检查时不得强行进入、强力拉拽

续表

序号	类型	设备系统	检修项目	存在风险	风险等级	应对措施
34	发电电动机及其辅助设备	转子	磁极铁芯、线圈、引线绝缘、紧固检查及处理	检查螺栓时工具跌落进入狭小空间内	一般	工具存在跌落风险时需要系在手上
35	发电电动机及其辅助设备	转子	磁极铁芯、线圈、引线绝缘、紧固检查及处理	磁极连接线损伤	一般	不得踩踏磁极连接线
36	发电电动机及其辅助设备	集电环	滑环碳刷装置及引线检查、调整	物品遗留	一般	工器具应系在手上，零件应放在盒子内，工器具或材料工作完毕及时取出
37	发电电动机及其辅助设备	集电环	滑环碳刷装置及引线检查、调整	碳粉洒落造成刷架绝缘下降	一般	工作前先用吸尘器清扫碳粉
38	发电电动机及其辅助设备	消防系统	发电机消防控制回路检查	发电机消防控制回路漏检	一般	工作前要有详细的验收表格，工作时完成后逐项打勾
39	发电电动机及其辅助设备	消防系统	系统整体功能测试	消防装置误动，损坏其他设备	一般	工作前做好策划，将消防装置动作回路端子解除，关闭消防水管路阀门
40	发电电动机及其辅助设备	消防系统	管路、阀门清扫、检查	清扫时不注意对清扫设备或附近设备的保护，损坏设备	一般	清扫时注意对清扫设备和附近设备的保护

续表

序号	类型	设备系统	检修项目	存在风险	风险等级	应对措施
41	发电电动机及其辅助设备	消防系统	管路、阀门清扫、检查	对漏水处进行检查、处理时水喷到电气设备上或流到地面上	一般	处理前先做好防护措施，卸压时将漏出的水收集到准备的容器内，避免水流喷溅或乱流，工作中仔细认真
42	发电电动机及其辅助设备	消防系统	发电机消防控制屏清扫、端子紧固	人身触电	一般	（1）工作前了解带电部位。 （2）使用绝缘工器具，必要时戴绝缘手套
43	发电电动机及其辅助设备	消防系统	模块设备检查	误动无关模块，导致系统故障	一般	工作前明确模块位置，结束后做好标示
44	发电电动机及其辅助设备	消防系统	发电机消防控制系统试验	消防装置动作，损坏其他设备	一般	工作前做好策划，将消防装置动作回路端子解除，关闭消防水管路阀门
45	发电电动机及其辅助设备	消防系统	感温点型探测器报警功能试验	探测器损坏	一般	选择绝缘合格专用的热风枪，工作时注意与设备保持规定的距离
46	发电电动机及其辅助设备	消防系统	感温点型探测器报警功能试验	高处坠落	一般	高处作业时必须有固定的梯子或脚手架，人员要做好个人防护。必要时使用安全带，安全带的挂钩或绳子应挂在结实牢固的构件上，高挂低用
47	发电电动机及其辅助设备	消防系统	感烟点型探测器报警功能试验	消防设备误动	一般	（1）试验过程中对多点组合动作逻辑要逐一检查防止消防误动。 （2）工作前要将探头内部清扫干净
48	发电电动机及其辅助设备	消防系统	感烟点型探测器报警功能试验	工作完成后未复归报警	一般	工作完成后要将探头内部烟雾吹散，以免误报警

续表

序号	类型	设备系统	检修项目	存在风险	风险等级	应对措施
49	发电电动机及其辅助设备	消防系统	发电机消防水管渗漏、固定检查与处理	对消防水管漏水处进行检查、处理时水喷到电气设备上	一般	处理前先做好防护措施，卸压时将漏出的水收集到准备的容器内，避免水流喷溅或乱流，工作中仔细认真
50	发电电动机及其辅助设备	推力轴承	推力油盆、瓦基座、挡油环检查及处理	污损设备和环境	一般	排油时，检查各个阀门的位置正确
51	发电电动机及其辅助设备	推力轴承	推力油盆、瓦基座、挡油环检查及处理	高处坠落	一般	高处作业时必须有固定的梯子或脚手架，人员要做好个人防护。必要时使用安全带，安全带的挂钩或绳子应挂在结实牢固的构件上，高挂低用
52	发电电动机及其辅助设备	推力轴承	推力油盆、瓦基座、挡油环检查及处理	人员磕碰伤	一般	（1）工作时做好个人防护，尤其是头部防护。 （2）拆解、搬运时人员做好协调
53	发电电动机及其辅助设备	推力轴承	推力冷却器清扫检查、耐压实验，油滤过器清扫、检查	试验管路连接错误	一般	按照图纸连接油管，并做好周围设备和环境的防护
54	发电电动机及其辅助设备	推力轴承	推力冷却器清扫检查、耐压实验，油滤过器清扫、检查	试验爆管	一般	（1）正确使用加压工具，避免长时间过压。 （2）管路两侧应各安装一块合格表计。 （3）试验时缓慢升压
55	发电电动机及其辅助设备	推力轴承	推力冷却器清扫检查、耐压实验，油滤过器清扫、检查	材料或零件遗漏在设备内部	一般	工作完毕后需认真检查，清理干净后立刻进行封堵

续表

序号	类型	设备系统	检修项目	存在风险	风险等级	应对措施
56	发电电动机及其辅助设备	推力轴承	发电机推力油槽油位计检查	损坏油位计	一般	对已拆卸的油位计做好防护措施
57	发电电动机及其辅助设备	推力轴承	油位调整及油化验	油位调整不当	一般	油位调整时需要等油位稳定后，方可确认。调整时需要考虑温度的因素
58	发电电动机及其辅助设备	推力轴承	推力轴承镜板表面检查研磨处理	使用清洗剂引起火灾	一般	严禁作业人员携带火种，现场配置适量灭火器材
59	发电电动机及其辅助设备	推力轴承	推力油盆、瓦基座、挡油环检查及处理	清理时刮伤设备	一般	清理污垢时，做好设备防护
60	发电电动机及其辅助设备	推力轴承	推力油盆、瓦基座、挡油环检查及处理	使用清洗剂引起火灾	一般	严禁作业人员携带火种，现场配置适量灭火器材
61	发电电动机及其辅助设备	推力轴承	推力头及卡环分解	推力头损坏	较大	（1）推力头加热后膨胀量满足要求后方能拔出。 （2）利用桥机拔出推力头时注意不能强行拔出
62	发电电动机及其辅助设备	推力轴承	推力头及卡环分解	机械伤害	较大	（1）卡环拆装过程做好卡环保护，防止坠落砸人。 （2）使用大锤时不得戴手套。 （3）做好防止磕碰、滑跌措施
63	发电电动机及其辅助设备	推力轴承	推力头及卡环分解	人身触电	一般	（1）加热工具使用合格的漏电保护器。 （2）设置安全围栏
64	发电电动机及其辅助设备	推力轴承	推力头及卡环检查处理	工器具损伤推力头或镜板	一般	工器具按要求摆放，推力头或镜板表面做好防护措施

续表

序号	类型	设备系统	检修项目	存在风险	风险等级	应对措施
65	发电电动机及其辅助设备	推力轴承	推力轴承及绝缘垫清扫、检查处理	表面处理时损坏绝缘垫	一般	用合格工器具，工作时注意做好对绝缘垫的保护
66	发电电动机及其辅助设备	推力轴承	轴瓦厚度测量/瓦面处理	轴瓦瓦面受伤	一般	（1）禁止用硬物划轴瓦瓦面，轴瓦处理结束后做好防护。 （2）工作时要做好对瓦面的防护，防止其他物品碰伤瓦面
67	发电电动机及其辅助设备	推力轴承	推力冷却器清扫检查、耐压实验，油滤过器清扫、检查	耐压试验完后未擦拭干净，带入水分	一般	耐压试验后冷却器外表面吹干
68	发电电动机及其辅助设备	推力轴承	油和水管路清扫及水压试验	高处坠落	一般	高处作业时必须有固定的梯子或脚手架，人员要做好个人防护。必要时使用安全带，安全带的挂钩或绳子应挂在结实牢固的构件上，高挂低用
69	发电电动机及其辅助设备	推力轴承	油和水管路清扫及水压试验	试验爆管	一般	（1）正确使用加压工具，避免长时间过压。 （2）管路两侧应各安装一块合格表计。 （3）试验时缓慢升压
70	发电电动机及其辅助设备	推力轴承	油和水管路清扫及水压试验	试验压力不足，未达到规定压力要求	一般	耐压试验前设备要进行检查，压力表要检定合格
71	发电电动机及其辅助设备	推力轴承	油和水管路清扫及水压试验	油管连接不当，污损环境和设备	一般	严格按照图纸连接油管，并做好周围设备和环境的防护

续表

序号	类型	设备系统	检修项目	存在风险	风险等级	应对措施
72	发电电动机及其辅助设备	推力轴承	推力轴承绝缘测试	人身触电	一般	（1）绝缘测量时规范作业，严禁触碰带电试验端子，正确佩戴好合格的个人防护用品。 （2）严禁无关人员进入工作现场
73	发电电动机及其辅助设备	推力轴承	高压油顶起装置油过滤器更换	油污染地面	一般	更换时要做好防护，工作完毕要及时清理
74	发电电动机及其辅助设备	推力轴承	推力油箱、油槽检查	物品遗留	一般	进出风洞随身物品应登记，无关物品应取出放在风洞外指定地点处，防止工器具遗留
75	发电电动机及其辅助设备	推力轴承	发电机推力油槽油位计检查	物品遗留	一般	进出随身物品应登记，无关物品应取出放在机坑外，油槽盖板封闭前应做好检查
76	发电电动机及其辅助设备	推力轴承	发电机推力油槽油混水监测装置检修试验	拆卸时损坏装置	一般	如装置难以拆卸应查明原因后再拆，不得强力拆除
77	发电电动机及其辅助设备	推力轴承	发电机推力油槽油混水监测装置检修试验	回装后漏油	一般	回装后检查装置与管路连接处密封性
78	发电电动机及其辅助设备	推力轴承	发电机推力流量元件检查	损坏流量元件	一般	对已拆卸的流量元件做好防护措施
79	发电电动机及其辅助设备	推力轴承	发电机推力流量元件检查	定值设置错误	一般	检查、调整流量元件定值时，需要与批准版定值单核对
80	发电电动机及其辅助设备	推力轴承	发电机推力流量元件检查	有安装方向要求的流量元件回装时方向不正或装反	一般	回装时要认真检查时方向是否与水流方向一致

续表

序号	类型	设备系统	检修项目	存在风险	风险等级	应对措施
81	发电电动机及其辅助设备	推力轴承	推力油泵解体检查	设备损坏	一般	拆解时应当按照说明书的要求和步骤进行
82	发电电动机及其辅助设备	推力轴承	推力油泵电动机检查试验	人身触电	一般	（1）认真核对设备名称及编号，防止误碰带电设备。 （2）试验前用万用表测量，确认被试设备确已无电压
83	发电电动机及其辅助设备	推力轴承	推力油泵电动机检查试验	人身触电	一般	（1）绝缘测量时规范作业，严禁触碰带电试验端子，正确佩戴好合格的个人防护用品。 （2）严禁无关人员进入工作现场
84	发电电动机及其辅助设备	推力轴承	吸油雾装置清扫检查	人身触电	一般	（1）绝缘测量时规范作业，严禁触碰带电试验端子，正确佩戴好合格的个人防护用品。 （2）严禁无关人员进入工作现场
85	发电电动机及其辅助设备	推力轴承	吸油雾装置清扫检查	损伤高压发生器的放电针等脆弱部件	一般	使用合格工器具，拆装时轻拿轻放，防止碰到放电针
86	发电电动机及其辅助设备	推力轴承	吸油雾装置清扫检查	污油污染地面	一般	作业前在作业场所地面铺设塑料布或彩条布
87	发电电动机及其辅助设备	推力轴承	交直流注油泵检查试验	人身触电	一般	测量中规范作业，严禁触碰带电试验端子，正确佩戴好合格的个人防护用品
88	发电电动机及其辅助设备	推力轴承	交直流注油泵电机检查试验	人身触电	一般	（1）绝缘测量时规范作业，严禁触碰带电试验端子，正确佩戴好合格的个人防护用品。 （2）严禁无关人员进入工作现场

续表

序号	类型	设备系统	检修项目	存在风险	风险等级	应对措施
89	发电电动机及其辅助设备	推力轴承	交直流注油泵电动机检查试验	电动机损坏	一般	绝缘测试仪电压等级选择合适的档位进行测量
90	发电电动机及其辅助设备	推力轴承	推力油泵电动机检查试验	电动机损坏	一般	绝缘测试仪电压等级选择合适的档位进行测量
91	发电电动机及其辅助设备	推力轴承	清扫、检查油冷却器并进行水压试验	油冷却器水压试验完后未擦拭干净，带入水分	一般	工作完毕，必须等冷却器内部晾干或者用热风将其烘干
92	发电电动机及其辅助设备	推力轴承	处理、更换透平油	油管接头未装好，透平油渗漏，污染设备	一般	使用合格管道连接，并做好周围设备防护
93	发电电动机及其辅助设备	推力轴承	处理、更换透平油	人员摔伤	一般	及时擦去地面油污，穿防滑鞋
94	发电电动机及其辅助设备	推力轴承	处理、更换透平油	滤油机抽油现场无人看护，电气故障	一般	保持滤油机滤油现场有人看守
95	发电电动机及其辅助设备	推力轴承	处理、更换透平油	火灾	一般	严禁作业人员携带火种，现场配置适量灭火器材
96	发电电动机及其辅助设备	推力轴承	处理、更换透平油	跑油或漫油	一般	（1）做好充油侧和油位计侧专人监护。 （2）缓慢加油，过程中不间断人工测量油位。 （3）检查测量油位计功能良好，连通阀门全开
97	发电电动机及其辅助设备	空气冷却系统	空冷器分解、清扫检查、防腐处理、耐压试验	检查过程中，内窥镜镜头卡入内部无法拔出或内窥镜镜头未旋紧，掉入空冷器内部	一般	（1）检查前熟悉空冷器管理结构。 （2）工作前，检查内窥镜镜头是否旋紧

续表

序号	类型	设备系统	检修项目	存在风险	风险等级	应对措施
98	发电电动机及其辅助设备	空气冷却系统	空冷器分解、清扫检查、防腐处理、耐压试验	用高压气对空冷器内部时异物吹出伤人	一般	冷却器管路开口用石棉布遮挡
99	发电电动机及其辅助设备	空气冷却系统	空冷器分解、清扫检查、防腐处理、耐压试验	试验爆管	一般	（1）正确使用加压工具，避免长时间过压。 （2）管路两侧应各安装一块合格表计。 （3）试验时缓慢升压
100	发电电动机及其辅助设备	空气冷却系统	空冷器管路、阀门检查处理	对漏水处进行检查、处理时水喷到电气设备上或流到地面上	一般	处理前先做好防护措施，将漏出的水收集到准备的容器内，避免水流喷溅或乱流，工作中仔细认真。周围有电气设备的，应对电气设备做好防护
101	发电电动机及其辅助设备	空气冷却系统	保温层、风洞盖板和挡风板等通风系统检查	高处坠落	一般	高处作业时必须使用合格的梯子平台，人员要系安全带，不得攀爬管路、设备
102	发电电动机及其辅助设备	空气冷却系统	保温层、风洞盖板和挡风板等通风系统检查	物品遗留	一般	进出风洞随身物品应登记，无关物品应取出放在风洞外指定地点处，防止工器具遗留
103	发电电动机及其辅助设备	空气冷却系统	保温层、风洞盖板和挡风板等通风系统检查	损坏定子线棒、汇流排的绝缘	一般	（1）在可能存在工具跌落或者操作时碰到定子绝缘部件时必须做好防护，方可进行工作。 （2）进入风洞内部禁止踩踏线棒
104	发电电动机及其辅助设备	加热装置	加热器检查及处理	人员烫伤	一般	（1）提前断开加热器电源。 （2）待温度降低后再进入相关部位进行检查

续表

序号	类型	设备系统	检修项目	存在风险	风险等级	应对措施
105	发电电动机及其辅助设备	加热装置	加热器检查及处理	照明不足	一般	进入空间作业准备好安全照明电源
106	发电电动机及其辅助设备	加热装置	加热器检查及处理	人身触电	一般	（1）工作前确认安全措施到位。 （2）工作时戴绝缘手套
107	发电电动机及其辅助设备	加热装置	加热器检查及处理	高处坠落	一般	周围有孔洞时应临时装设盖板，必要时系安全带
108	发电电动机及其辅助设备	机械制动装置	测量与调整制动器闸板与制动环间隙	机械伤害	一般	避免误投制动器，工作时做好配合协调，安全措施到位
109	发电电动机及其辅助设备	机械制动装置	测量与调整制动器闸板与制动环间隙	物品遗留	一般	进出下机架随身物品应登记，无关物品应取出放在机坑外指定地点处，防止工器具遗留
110	发电电动机及其辅助设备	机械制动装置	测量与调整制动器闸板与制动环间隙	调整不当造成设备运行时损坏或失效	一般	调整完毕后，要进行复测
111	发电电动机及其辅助设备	机械制动装置	测量与调整制动器闸板与制动环间隙	设备损坏	一般	正确使用工器具
112	发电电动机及其辅助设备	机械制动装置	分解、检修制动器并进行耐压试验	设备损坏	一般	正确使用工器具
113	发电电动机及其辅助设备	机械制动装置	分解、检修制动器并进行耐压试验	高压气伤人	较大	（1）耐压试验应在人员应远离制动器后进行。 （2）严禁使用高压气体耐压，必须使用液体。如必须使用高压气体应做好防范措施

续表

序号	类型	设备系统	检修项目	存在风险	风险等级	应对措施
114	发电电动机及其辅助设备	机械制动装置	分解、检修制动器并进行耐压试验	物品遗留	一般	进出下机架随身物品应登记，无关物品应取出放在机坑外指定地点处，防止工器具遗留
115	发电电动机及其辅助设备	机械制动装置	分解、检修制动器并进行耐压试验	重物砸伤人员	一般	（1）人工搬运时，工作人员要做好配合。 （2）制动器的零配件必须摆放在合适的位置，防止碰掉砸伤人员
116	发电电动机及其辅助设备	机械制动装置	制动闸板、制动环磨损变形检查，闸板更换	人员受伤	一般	工作前检查工器具有无防护装置，人员要佩戴合格的防护装置
117	发电电动机及其辅助设备	机械制动装置	制动闸板、制动环磨损变形检查，闸板更换	使用清洗剂引起火灾	一般	严禁作业人员携带火种，现场配置适量灭火器材
118	发电电动机及其辅助设备	机械制动装置	制动闸板、制动环磨损变形检查，闸板更换	重物砸伤人员	一般	（1）搬运重物时作业人员要配合好，几人搬运时要明确由一人指挥。 （2）如使用起吊工具或作业平台，确保固定牢靠
119	发电电动机及其辅助设备	机械制动装置	风闸动作情况检查，活塞及管路检查处理	物品遗留	一般	工作开始或结束前后应清点工器具和个人物品，确保没有异物遗留
120	发电电动机及其辅助设备	机械制动装置	发电机风闸位置开关检查调整	人员磕碰伤	一般	在下机架工作时佩戴安全帽，走动时防止碰伤
121	发电电动机及其辅助设备	机械制动装置	发电机风闸位置开关检查调整	位置开关位置调整错误	一般	（1）一人调整，一人复查。 （2）调整完毕，需要观察现地位置和监控显示位置一致

续表

序号	类型	设备系统	检修项目	存在风险	风险等级	应对措施
122	发电电动机及其辅助设备	机械制动装置	发电机风闸压力开关检查及校验	高压气伤人	一般	拆卸压力开关前确认已可靠隔离气源及泄压
123	发电电动机及其辅助设备	机械制动装置	储气罐管路拆装、封闭、水压试验	高压气伤人	较大	(1) 拆装管路时必须在确认气罐管路压力已经为0时方可操作。确保来气方向的阀门已经关闭并加锁。 (2) 检查排气阀在全开位置。 (3) 拆除进人孔螺栓时应先拆除远离身体侧的
124	发电电动机及其辅助设备	机械制动装置	储气罐管路拆装、封闭、水压试验	机械伤害	一般	进人孔门拆装过程应做好防坠落措施
125	发电电动机及其辅助设备	机械制动装置	储气罐管路拆装、封闭、水压试验	试验爆管	一般	(1) 正确使用加压工具，避免长时间过压。 (2) 管路两侧应各安装一块合格表计。 (3) 试验时缓慢升压
126	发电电动机及其辅助设备	机械制动装置	安全阀校验	人身伤害	一般	(1) 拆装管路时必须在确认气罐管路压力已经为0时方可操作。确保来气方向的阀门已经关闭并加锁。 (2) 检查排气阀在全开位置
127	发电电动机及其辅助设备	机械制动装置	安全阀校验	高处坠落	一般	(1) 正确使用梯子。 (2) 正确佩戴安全带
128	发电电动机及其辅助设备	上（下）机架	上下机架水平、中心、高程测量调整	人身伤害	一般	(1) 上、下机架防止坠落跌倒。 (2) 使用大锤时不得戴手套
129	发电电动机及其辅助设备	上（下）机架	机架拆/装	设备损坏	较大	拆装过程中发电机定子/转子气隙、定子上端部做好遮盖措施
130	发电电动机及其辅助设备	上（下）机架	机架拆/装	人身伤害	较大	(1) 转子轮辐孔敷设盖板。 (2) 起吊时机架下方禁止站人

续表

序号	类型	设备系统	检修项目	存在风险	风险等级	应对措施
131	发电电动机及其辅助设备	定子	中心高程调整	物品遗留	一般	进出风洞随身物品应登记，无关物品应取出放在风洞外指定地点处，防止工器具遗留
132	发电电动机及其辅助设备	定子	定子吊出	螺栓、销钉未被全部拆除；起吊过程中定子滑车造成人员伤害、设备损坏；吊运行进过程中定子晃动；定子倾斜	重大	（1）制定定子吊出方案，该方案应包括吊前、吊中、吊运到位后的工作流程、指挥流程、吊运注意事项、人员职责及安排、应急处置措施等。 （2）吊出前对所有参与吊运的人员进行宣贯，使之明确吊运步骤、指挥流程、危险点、应急处置措施。 （3）起吊前检查天车的制动系统工作正常，并在天车上安排专人全程监视，发现有滑车的先兆要实施人为制动。 （4）起吊前检查平衡梁水平度，水平度满足要求后才能进行定子试吊；防止定子吊出过程中定转子相碰。 （5）定子吊出前应逐一检查核对所有与转子相连接部件的螺栓、销钉已拆除，无影响吊出的部件。 （6）吊起的定子按指定路线匀速行进，行进路线上确保无障碍物，检查确认定子最低处高于其行进路线上最高物顶端。 （7）装、拆吊具时应系安全带，防止高处坠落；起吊定子时下方严禁人员站立行走。 （8）确保定子支墩与定子接触面水平及高程满足要求；必要时支墩之间用角钢连接。 （9）严格执行管理人员到岗到位制度，管理人员到岗到位后应就现场存在的风险和预控措施逐项检查、落实，履行好自身应承担的职责

续表

序号	类型	设备系统	检修项目	存在风险	风险等级	应对措施
133	发电电动机及其辅助设备	定子	定子回装	起吊过程中定子滑车造成人员伤害、设备损坏；吊运行进过程中定子晃动	重大	（1）制定定子回装吊运方案，该方案应包括吊前、吊运过程中、吊运到位后的工作流程、指挥流程、吊运注意事项、人员职责及安排、应急处置措施等。 （2）吊运前对所有参与吊运的人员进行宣贯，使之明确吊运步骤、指挥流程、危险点、应急处置措施。 （3）起吊前检查天车的制动系统工作正常，并在天车上安排专人全程监视，发现有滑车的先兆要实施人为制动。 （4）起吊前检查平衡梁水平度，水平度满足要求后才能进行定子试吊；防止定子回装过程中定转子相碰。 （5）吊起的定子按指定路线匀速行进，行进路线上确保无障碍物，检查确认定子最低处高于其行进路线上最高物顶端。 （6）起吊物体下方严禁人员站立和行走。 （7）严格执行管理人员到岗到位制度，管理人员到岗到位后应就现场存在的风险和预控措施逐项检查、落实，履行好自身应承担的职责
134	发电电动机及其辅助设备	定子	上下挡风板、支架及螺栓检查	拆除/安装挡风板过程中的螺栓遗落在机坑	一般	（1）螺栓拆除后即装在工具盒内。 （2）应清点螺栓、螺母、垫片的数量并记录
135	发电电动机及其辅助设备	定子	上下挡风板、支架及螺栓检查	螺栓把合不牢运行时松脱	一般	按照规定的螺栓锁固方式固定
136	发电电动机及其辅助设备	定子	分瓣定子合缝检查处理	损坏绝缘	一般	工作可能碰伤线棒时对临近区域用绝缘挡板加强防护

续表

序号	类型	设备系统	检修项目	存在风险	风险等级	应对措施
137	发电电动机及其辅助设备	定子	发电机空气间隙测量	物品遗留	一般	进出风洞随身物品应登记，无关物品应取出放在风洞外指定地点处，防止工器具遗留
138	发电电动机及其辅助设备	定子	发电机空气间隙测量	拆除/安装挡风板过程中的螺栓遗落在机坑	一般	螺栓拆除后即装在工具盒内
139	发电电动机及其辅助设备	定子	端部接头、垫块及绑线检查处理	损坏绝缘	一般	工作可能碰伤线棒时临近的线棒用绝缘挡板加以防护
140	发电电动机及其辅助设备	定子	端部接头、垫块及绑线检查处理	人员磕碰伤	一般	正确佩戴安全帽等防护用品，注意周围环境，防止磕碰
141	发电电动机及其辅助设备	定子	端部接头、垫块及绑线检查处理	物品遗留	一般	进出风洞随身物品应登记，无关物品应取出放在风洞外指定地点处，防止工器具遗留
142	发电电动机及其辅助设备	定子	定子圆度测量	人身伤害	一般	（1）测量人员应站在牢固的平台上工作，必要时使用安全带。 （2）上、下机架防止人员坠落。 （3）定子机坑内需装有专用平台
143	发电电动机及其辅助设备	定子	定子圆度测量	钢琴线割伤人体	一般	（1）使用钢琴线时严禁无关人员靠近工作区域。 （2）作业人员要防止跌倒碰到钢琴线
144	发电电动机及其辅助设备	定子	定子压紧螺栓紧固检查、绝缘测试	人身触电	一般	（1）测量中规范作业，严禁触碰带电试验端子，正确佩戴好合格的个人防护用品。 （2）严禁无关人员进入工作现场

续表

序号	类型	设备系统	检修项目	存在风险	风险等级	应对措施
145	发电电动机及其辅助设备	定子	定子压紧螺栓紧固检查、绝缘测试	使用液压拉伸工具时操作不当使螺栓受损	一般	使用液压工具前要检查压力表正常，在有效期内，操作时要缓慢加压到规定值
146	发电电动机及其辅助设备	定子	定子压紧螺栓紧固检查、绝缘测试	液压工具未进行维护导致液压油渗漏，拉伸力过大或不足	一般	液压工具使用前要经过检查维修，采用拉伸力检查的，必要时要对压力表进行校验
147	发电电动机及其辅助设备	定子	定子压紧螺栓紧固检查、绝缘测试	高压油伤人	一般	（1）紧固检查使用液压工具试验时必须保证管路连接可靠，软管外观检查无起皮、鼓包等现象。 （2）必要时要戴护目镜
148	发电电动机及其辅助设备	定子	定子线棒在线局放监测耦合电容器检查	人身触电	一般	（1）工作前对电容充分放电。 （2）工作期间，正确佩戴好合格的个人防护用品
149	发电电动机及其辅助设备	定子	定子线棒在线局放监测耦合电容器检查	物品遗留	一般	工作期间工器具定置摆放，工作完成后清理现场，检查设备内部，清点工器具
150	发电电动机及其辅助设备	定子	定子线棒密封环清扫检查及处理	清洗剂选择不当绝缘受损	一般	应使用设备制造厂推荐的清洗剂，不得使用可能损伤绝缘的有机溶剂
151	发电电动机及其辅助设备	定子	定子线棒密封环清扫检查及处理	工器具选择或使用不当导致绝缘受损	一般	使用吸尘器、吹风枪时风嘴不得使用金属材料，工作时操作人员应防止工具磕碰绝缘部分
152	发电电动机及其辅助设备	定子	定子线棒密封环清扫检查及处理	物品遗留	一般	使用工具时注意，如有卡塞应小心取出
153	发电电动机及其辅助设备	定子	定子线棒密封环清扫检查及处理	碰伤绝缘	一般	选择的工具应没有尖锐部分

续表

序号	类型	设备系统	检修项目	存在风险	风险等级	应对措施
154	发电电动机及其辅助设备	定子	定子线棒、铁芯测温回路检查	物品遗留	一般	进出风洞随身物品应登记，无关物品应取出放在风洞外指定地点处，防止工器具遗留
155	发电电动机及其辅助设备	定子	定子线棒、上下端部绝缘盒、汇流排和引线检查、清扫及处理	拆除/安装挡风板过程中的螺栓遗落在机坑	一般	螺栓拆除后即装在工具盒内，及时清点数量
156	发电电动机及其辅助设备	定子	定子线棒、上下端部绝缘盒、汇流排和引线检查、清扫及处理	人身伤害	一般	（1）进入定子区域防止跌倒坠落。 （2）使用电气清洗剂应做好现场通风措施和个人防护。 （3）上下端部交叉作业时，防止落物伤人
157	发电电动机及其辅助设备	定子	定子线棒、上下端部绝缘盒、汇流排和引线检查、清扫及处理	上下端部绝缘受损	一般	（1）进入发电机不得穿带钉子的鞋，鞋底无异物。 （2）不得踩踏定子上下端部绝缘盒、汇流排和引线
158	发电电动机及其辅助设备	定子	定子线棒、上下端部绝缘盒、汇流排和引线检查、清扫及处理	清洗剂选择不当绝缘受损	一般	应使用设备制造厂推荐的清洗剂，不得使用可能损伤绝缘的有机溶剂
159	发电电动机及其辅助设备	定子	定子线棒、上下端部绝缘盒、汇流排和引线检查、清扫及处理	绝缘处理清扫中使用清洗剂引起火灾	一般	严禁携带火种进入工作区域，现场配备适量的灭火器
160	发电电动机及其辅助设备	定子	定子线棒、上下端部绝缘盒、汇流排和引线检查、清扫及处理	内窥镜镜头脱落	一般	使用内窥镜前检查镜头安装到位

续表

序号	类型	设备系统	检修项目	存在风险	风险等级	应对措施
161	发电电动机及其辅助设备	定子	定子铁芯定位筋槽、焊缝检查及处理	打磨补焊时引起火灾	一般	（1）对补焊部位周围用防火板或湿布加以防护。 （2）作业现场配置灭火器
162	发电电动机及其辅助设备	定子	定子铁芯、线棒、槽楔、通风槽清扫检查、松动处理	物品遗留	一般	进出风洞随身物品应登记，无关物品应取出放在风洞外指定地点处，防止工器具遗留
163	发电电动机及其辅助设备	定子	定子铁芯、线棒、槽楔、通风槽清扫检查、松动处理	人员磕碰伤	一般	正确佩戴个人防护用品
164	发电电动机及其辅助设备	定子	定子机械部分检查和清扫	物品遗留	一般	进出风洞随身物品应登记，无关物品应取出放在风洞外指定地点处，防止工器具遗留
165	发电电动机及其辅助设备	定子	定子机械部分检查和清扫	人员磕碰伤	一般	正确佩戴安全帽等防护用品，注意周围环境，防止磕碰
166	发电电动机及其辅助设备	定子	定子机械部分检查和清扫	高处坠落	一般	高处作业时必须有固定的梯子或脚手架，人员要做好个人防护，不得攀爬管路等
167	发电电动机及其辅助设备	定子	定子合缝螺栓检查、通风槽检查	损坏绝缘	一般	工作可能碰伤临近的线棒时对附近区域用绝缘挡板加强防护
168	发电电动机及其辅助设备	定子	齿压板检查处理	损坏绝缘	一般	工作可能碰伤线棒时用绝缘挡板或塑料布对定子线棒加以防护
169	发电电动机及其辅助设备	定子	齿压板检查处理	人身伤害	一般	（1）正确使用扭矩扳手。 （2）防止人员坠落跌倒、磕碰伤害

续表

序号	类型	设备系统	检修项目	存在风险	风险等级	应对措施
170	发电电动机及其辅助设备	定子	定子引出线、中性点引出线紧固检查	电气一次回路紧固端子未紧固，引起接触面发热损坏设备	一般	使用规定大小的力矩扳手逐个进行检查确认，并做好标记
171	发电电动机及其辅助设备	上（下）导轴承	导轴承油泵检查试验	油泵突然启动伤人	一般	试验时人员要做好配合
172	发电电动机及其辅助设备	上（下）导轴承	导轴承瓦间隙测量及调整	物品遗留	一般	（1）工具材料等进入机坑时要做好登记，退出时要清点，拆下的零件要放在专用的盒子内。 （2）封闭轴承盖板前要做好检查
173	发电电动机及其辅助设备	上（下）导轴承	导轴承检查处理、导瓦支架检查	轴承轴瓦瓦面检查时，工器具损伤瓦面	一般	瓦面要做好防护，工器具要整齐摆放
174	发电电动机及其辅助设备	上（下）导轴承	导轴承检查处理、导瓦支架检查	使用酒精清洗剂引起火灾	一般	严禁作业人员携带火种，现场配置适量灭火器材
175	发电电动机及其辅助设备	上（下）导轴承	油和水管路清扫及水压试验	试验爆管	一般	（1）正确使用加压工具，避免长时间过压。 （2）管路两侧应各安装一块合格表计。 （3）试验时缓慢升压
176	发电电动机及其辅助设备	上（下）导轴承	油和水管路清扫及水压试验	高空坠落	一般	高处作业时必须有固定的梯子或脚手架，人员要做好个人防护
177	发电电动机及其辅助设备	上（下）导轴承	导轴承油箱、油槽清扫检查，油槽回装后渗漏试验	处理过程中，工器具损坏密封件	一般	使用合格的检修工器具，安装时注意安装工艺

续表

序号	类型	设备系统	检修项目	存在风险	风险等级	应对措施
178	发电电动机及其辅助设备	上（下）导轴承	导轴承油箱、油槽清扫检查，油槽回装后渗漏试验	液体密封未完全固化就开始渗漏试验损坏密封件	一般	使用液体密封时，必须等密封材料完全固化且具备一定强度后方可进行渗漏试验
179	发电电动机及其辅助设备	上（下）导轴承	导轴承油泵检查试验	人身触电	一般	（1）绝缘测量时规范作业，严禁触碰带电试验端子，正确佩戴好合格的个人防护用品。 （2）严禁无关人员进入工作现场
180	发电电动机及其辅助设备	上（下）导轴承	导轴承油泵电机检查试验	人身触电	一般	（1）认真核对设备名称及编号，防止误碰带电设备。 （2）试验前用万用表测量，确认被试设备确已无电压
181	发电电动机及其辅助设备	上（下）导轴承	导轴承油泵电机检查试验	人身触电	一般	（1）绝缘测量时规范作业，严禁触碰带电试验端子，正确佩戴好合格的个人防护用品。 （2）严禁无关人员进入工作现场
182	发电电动机及其辅助设备	上（下）导轴承	导轴承油泵电机检查试验	电机损坏	一般	绝缘测试仪电压等级选择合适的档位进行测量
183	发电电动机及其辅助设备	上（下）导轴承	导轴承冷却器清扫检查、耐压实验	试验爆管	一般	（1）正确使用加压工具，避免长时间过压。 （2）管路两侧应各安装一块合格表计。 （3）试验时缓慢升压
184	发电电动机及其辅助设备	上（下）导轴承	导轴承冷却器清扫检查、耐压实验	物品遗留	一般	回装冷却器接头或端盖前要先检查
185	发电电动机及其辅助设备	上（下）导轴承	油位调整及油化验	油位调整不当	一般	油位调整时需要等油位稳定后，方可确认。调整时需要考虑温度等其他因素

续表

序号	类型	设备系统	检修项目	存在风险	风险等级	应对措施
186	发电电动机及其辅助设备	上（下）导轴承	清扫、检查、处理油管路并进行耐压试验	油管连接不当，污损环境和设备	一般	严格按照图纸连接油管，并做好周围设备和环境的防护
187	发电电动机及其辅助设备	上（下）导轴承	处理、更换透平油	油管接头未装好，透平油渗漏，污染设备	一般	使用合格管道连接，并做好周围设备防护
188	发电电动机及其辅助设备	上（下）导轴承	处理、更换透平油	人员摔伤	一般	及时擦去地面油污，穿防滑鞋
189	发电电动机及其辅助设备	上（下）导轴承	处理、更换透平油	滤油机抽油现场无人看护，电气故障	一般	保持滤油机滤油现场有人看守
190	发电电动机及其辅助设备	上（下）导轴承	处理、更换透平油	火灾	一般	严禁作业人员携带火种，现场配置适量灭火器材
191	发电电动机及其辅助设备	上（下）导轴承	处理、更换透平油	跑油或漫油	一般	（1）做好充油侧和油位计侧专人监护。 （2）缓慢加油，过程中不间断人工测量油位。 （3）检查测量油位计功能良好，连通阀门全开
192	发电电动机及其辅助设备	上（下）导轴承	油位调整及油化验	跑油或漫油	一般	（1）做好充油侧和油位计侧专人监护。 （2）缓慢加油，过程中不间断人工测量油位。 （3）检查测量油位计功能良好，连通阀门全开
193	发电电动机及其辅助设备	上（下）导轴承	清扫、检查油冷却器并进行水压试验	油冷却器水压试验完后未擦拭干净，带入水分	一般	工作完毕，必须等冷却器内部晾干或者用热风将其烘干

续表

序号	类型	设备系统	检修项目	存在风险	风险等级	应对措施
194	发电电动机及其辅助设备	上导轴承	发电机上导油槽油位计检查	拆装时损坏油位计	一般	（1）检查油位计时，做好油位计的防护。 （2）拆装时不要用大力拆装
195	发电电动机及其辅助设备	下导轴承	发电机下导流量元件检查	损坏流量元件	一般	对已拆卸的流量元件做好防护措施
196	发电电动机及其辅助设备	上导轴承	发电机上导测温元件检验	损坏测温元件	一般	（1）掌握拆卸、回装测温元件方式，禁止使用蛮力。 （2）对已拆卸的测温元件做好防护措施
197	发电电动机及其辅助设备	上导轴承	发电机上导测温元件检验	恢复时接线错误或安装不到位、恢复检查不到位造成端子松动	一般	（1）拆设备时，注意对其进行保护，防止误伤自动化元件。拆接线时做好标记。 （2）恢复接线后履行复检程序，重点进行信号核对和端子紧固检查。 （3）回装时测温电阻的插入深度应符合要求
198	发电电动机及其辅助设备	上导轴承	发电机上导测温元件检验	物品遗留	一般	进出上机架随身物品应登记，无关物品应取出放在机坑外指定地点处，防止工器具遗留
199	发电电动机及其辅助设备	下导轴承	发电机下导测温元件检验	损坏测温元件	一般	（1）掌握拆卸、回装测温元件方式，禁止使用蛮力。 （2）对已拆卸的测温元件做好防护措施
200	发电电动机及其辅助设备	下导轴承	发电机下导测温元件检验	恢复时接线错误或安装不到位、恢复检查不到位造成端子松动	一般	（1）拆设备时，注意对其进行保护，防止误伤自动化元件。拆接线时做好标记。 （2）恢复接线后履行复检程序，重点进行信号核对和端子紧固检查。 （3）回装时测温电阻的插入深度应符合要求

续表

序号	类型	设备系统	检修项目	存在风险	风险等级	应对措施
201	发电电动机及其辅助设备	下导轴承	发电机下导测温元件检验	物品遗留	一般	进出下机架随身物品应登记，无关物品应取出放在指定地点处，防止工器具遗留
202	发电电动机及其辅助设备	上导轴承	发电机上导油槽油位计检查	物品遗留	一般	进出上机架随身物品应登记，无关物品应取出放在机坑外指定地点处，防止工器具遗留
203	发电电动机及其辅助设备	下导轴承	发电机下导油槽油位计检查	拆装时损坏油位计	一般	（1）检查油位计时，做好油位计的防护。 （2）拆装时不要用大力拆装
204	发电电动机及其辅助设备	下导轴承	发电机下导油槽油位计检查	物品遗留	一般	进出下机架随身物品应登记，无关物品应取出放在机坑外指定地点处，防止工器具遗留
205	发电电动机及其辅助设备	上导轴承	发电机上导油槽油混水监测装置检修试验	拆卸时损坏装置	一般	如装置难以拆卸应查明原因后再拆，不得强力拆除
206	发电电动机及其辅助设备	下导轴承	发电机下导油槽油混水监测装置检修试验	拆卸时损坏装置	一般	如装置难以拆卸应查明原因后再拆，不得强力拆除
207	发电电动机及其辅助设备	上导轴承	发电机上导流量元件检查	损坏流量元件	一般	对已拆卸的流量元件做好防护措施
208	发电电动机及其辅助设备	上导轴承	发电机上导流量元件检查	定值设置错误	一般	检查、调整流量元件定值时，需要与批准版定值单核对
209	发电电动机及其辅助设备	上导轴承	发电机上导流量元件检查	有安装方向要求的流量元件回装时方向不正或装反	一般	回装时要认真检查方向是否与水流方向一致

续表

序号	类型	设备系统	检修项目	存在风险	风险等级	应对措施
210	发电电动机及其辅助设备	下导轴承	发电机下导流量元件检查	定值设置错误	一般	检查、调整流量元件定值时，需要与批准版定值单核对
211	发电电动机及其辅助设备	下导轴承	发电机下导流量元件检查	有安装方向要求的流量元件回装时方向不正或装反	一般	回装时要认真检查方向是否与水流方向一致
212	发电电动机及其辅助设备	中性点设备	操作机构和传动部分检查、消缺	机械伤人	一般	进行测量时注意设备动作范围，小心工作
213	发电电动机及其辅助设备	中性点设备	操作机构和传动部分检查、消缺	人身触电	一般	检修后的控制回路和操作电机，在进行绝缘回路测试后应进行动作性能检查
214	发电电动机及其辅助设备	中性点设备	操作机构和传动部分检查、消缺	试验完毕后隔离措施未恢复至试验前	一般	详细制订试验作业指导书，试验措施和恢复措施详细打勾确认
215	发电电动机及其辅助设备	中性点设备	二次接线端子箱清扫、检查及处理	工具使用不当造成接线端子、端子排损坏、恢复检查不到位造成端子松动	一般	（1）作业时使用合适的螺丝刀进行紧固，正确使用工具。 （2）恢复接线后履行复检程序，重点进行信号核对和端子紧固检查
216	发电电动机及其辅助设备	中性点设备	二次接线端子箱清扫、检查及处理	狭小空间，人身触电	一般	工作前分清带电端子，使用绝缘工器具，做好个人防护、防误碰措施

续表

序号	类型	设备系统	检修项目	存在风险	风险等级	应对措施
217	发电电动机及其辅助设备	中性点设备	二次接线端子箱清扫、检查及处理	遗留物品在端子箱内风险	一般	清扫完关闭端子箱前进行全面检查，使用工器具做好记录
218	发电电动机及其辅助设备	中性点设备	接地变压器检查、消缺	物品遗留风险	一般	做好物品登记
219	发电电动机及其辅助设备	中性点设备	接地变压器检查、消缺	高处坠落	一般	（1）人字梯需经验收合格方可使用。 （2）在人字梯上作业时，必须有人监护。 （3）在封闭母线上作业时需正确使用安全带。 （4）佩戴防毒面罩，注意强制通风。 （5）执行监护制度，专职监护人进行监护，确保紧急情况下的处置
220	发电电动机及其辅助设备	中性点设备	接地刀主触头、触头弹簧、导电臂、接线座检查、消缺	物品遗留风险	一般	工作完后详细检查，对工具进行清点
221	发电电动机及其辅助设备	中性点设备	接地刀主触头、触头弹簧、导电臂、接线座检查、消缺	高处坠落	一般	（1）人字梯需经验收合格方可使用。 （2）在人字梯上作业时，必须有人监护。 （3）在封闭母线上作业时需正确使用安全带
222	发电电动机及其辅助设备	中性点设备	绝缘子清扫检查	绝缘子安装不牢固	一般	（1）绝缘子安装时必须与封闭母线接触良好。 （2）按照要求进行检查，做好记录

续表

序号	类型	设备系统	检修项目	存在风险	风险等级	应对措施
223	发电电动机及其辅助设备	中性点设备	绝缘子清扫检查	绝缘子掉落损坏	一般	作业过程中注意拿稳绝缘子
224	发电电动机及其辅助设备	中性点设备	内部一次连接部件检查、紧固	电气一次回路紧固端子未紧固，引起接触面发热损坏设备	一般	使用规定大小的力矩扳手逐个进行检查确认
225	发电电动机及其辅助设备	中性点设备	内部一次连接部件检查、紧固	遗留物品在盘柜内的风险	一般	工作完后详细检查，对工具进行清点

第二节　水泵水轮机及其辅助设备检修工作危险点及预控措施

水泵水轮机及其辅助设备由转轮、主轴、主轴密封、水导轴承等组成，是水电站的重要核心设备。为保证设备可靠运行，电站定期安排对水泵水轮机及其辅助设备进行维护与检修，但因其结构复杂，检修工艺要求较高，且其检修过程往往涉及有限空间、大件起吊等作业，风险点较多，人身及设备安全面临严峻考验。为保证水泵水轮机及其辅助设备检修工作中人身及设备的安全，特针对作业过程中存在的危险点进行风险辨识，并分级、分类，制定预防及控制措施。通过检修作业前的危险点分析预控，能够有效促进检修作业过程中的风险管控，从而保证人身及设备安全。

水泵水轮机及其辅助设备主要检修内容有转水轮机轴与发电机轴的拆卸、转轮吊出与回装、导叶空蚀及磨损检查处理等，存在人员磕碰、挤压、设备损坏、高处坠落伤人等风险。

本部分针对以上危险点进行分析吊装前检查桥机及吊具完好，由具备起重资质的人员吊装，起重指挥人员及其他工作人员应注意站立位置，严禁人员站立在起吊物下方，无关人员不得进入工作区域等具体的预控措施。通过危险点分析与控制把现场工作可能发生的人身伤害或者设备损坏控制在可控范围，从而保证人身及设备安全。对水电站水泵水轮机及其辅助设备现场检修工作的风险控制具有普遍的指导意义。

水泵水轮机及其辅助设备检修风险库						
序号	类型	设备系统	检修项目	存在风险	风险等级	应对措施
1	水泵水轮机及其辅助设备	水轮机轴	水轮机轴与发电机轴的拆卸（连接）	大轴拆卸时存在主轴倾倒、坠落	重大	（1）严禁人员站立在工作面下方，无关人员不得进入工作区域。 （2）降落水轮机主轴应统一指挥。 （3）转轮下方应用楔子板塞实并点焊。 （4）起吊用螺杆、螺母、垫片等使用前应检查合格。 （5）每个螺母受力应均匀，避免倾斜、液压千斤顶泄压应缓慢，不得骤然泄压，且每个液压千斤顶速度一致。 （6）做好对法兰组合面的保护，防止对法兰组合面的挤压和磕碰

续表

序号	类型	设备系统	检修项目	存在风险	风险等级	应对措施
2	水泵水轮机及其辅助设备	转轮	转轮吊出	转轮吊出时可能发生高处坠落，转轮损伤	重大	（1）严禁人员站立在转轮下方。 （2）无关人员不得进入工作区域，进出人员及携带工具、材料、物资逐一进行出入登记和核查。 （3）转轮吊出应由起重人员专门统一指挥。 （4）加强对作业指导书中起重荷载、起重运输跨度、起升速度和起升高度要求，并确认起重机械是否可以满足。 （5）作业前应告知起重人员被吊物的大致重量及需使用的吊钩，同时现场作业协调人员应对钢丝绳进行检查和确认。 （6）转轮起吊时，应首先进行试行起吊，确认桥机无异常。 （7）桥机上设专人监护，并有防滑车的应急措施
3	水泵水轮机及其辅助设备	转轮	转轮与大轴连接螺栓的拆（装）	拆装转轮与大轴连接螺栓时可能发生机械伤人、设备吊装事故	重大	（1）拆卸、回装螺栓前用桥机可靠悬吊大轴，并用钢丝绳辅助调节好位置。 （2）无关人员不得进入工作区域。 （3）使用螺栓拆卸专用工具时严格按照作业指导书及专用设备操作手册进行。 （4）严格执行到岗到位管理制度。 （5）螺栓拆、装所用起吊工器具在吊物前检查完好，螺栓吊运时，下方严禁人员停留、通行。 （6）拆卸热装螺栓时应做好隔热防护，避免被加热部件烫伤

续表

序号	类型	设备系统	检修项目	存在风险	风险等级	应对措施
4	水泵水轮机及其辅助设备	导水机构	导叶端面间隙、立面间隙测量及调整	检修平台搭设和使用造成人员坠落伤害	一般	检修平台出架子工搭设，并做好验收和使用前检查
5	水泵水轮机及其辅助设备	导水机构	过流部件空蚀检查、防腐处理	人身伤害	一般	（1）转轮室和蜗壳保持通风，个人佩戴口罩等防护用品。 （2）执行监护制度，专职监护人进行监护，确保紧急情况下的处置。 （3）采用安全电压，设置电气保护开关。 （4）空蚀补焊时，电焊机使用前检查引线绝缘良好，外壳可靠接地，接地电阻符合要求。 （5）按照使用说明正确使用风动打磨工具，不熟悉风动工具使用方法人员严禁擅自使用风动工具。 （6）防腐处理时，现场准备充足消防器材，且防腐现场周围严禁同时进行动火作业
6	水泵水轮机及其辅助设备	导水机构	抗磨板磨损情况检查处理、更换	人身伤害	一般	（1）转轮室和蜗壳保持通风。 （2）执行监护制度，专职监护人进行监护，确保紧急情况下的处置。 （3）采用安全电压，设置电气保护开关。 （4）磨损补焊时，电焊机使用前检查引线绝缘良好，外壳可靠接地，接地电阻符合要求。 （5）按照使用说明正确使用打磨工具，戴好护目镜等个人防护用品
7	水泵水轮机及其辅助设备	导水机构	控制环立面、端面滑动轴承检查更换	控制环支撑失稳出现设备损坏、人身伤害	一般	（1）作业前检查控制环支撑安全可靠。 （2）导链不得拆除，防止控制环倾滑

续表

序号	类型	设备系统	检修项目	存在风险	风险等级	应对措施
8	水泵水轮机及其辅助设备	调相压水设备	储气罐管路拆装、封闭、水压试验	高处坠落	一般	使用钢直爬梯，有专人监护扶持，使用安全带
9	水泵水轮机及其辅助设备	调相压水设备	耐压试验	压力伤害	较大	（1）选用质量好，压力等级符合要求的法兰、螺栓等，注意密封件安装到位。 （2）各封闭端密封件、打压试验管路及接头质量可靠，安装符合要求，严格控制升压速度和保压时间。 （3）正确使用防护用品，发现异常立即卸压
10	水泵水轮机及其辅助设备	调相压水设备	调相压水电磁阀、液压阀动作检查	人身伤害	一般	（1）工作前核对对设备名称、编号、位置，不触碰带电部位。 （2）设备拆卸前确定内部无残压后方可作业
11	水泵水轮机及其辅助设备	调相压水设备	高压气罐安全阀校验或拆（装）	拆装过程中高处坠落、压力伤人	一般	（1）使用爬梯登高时有人扶持爬梯；拆、装安全阀时使用安全带。 （2）带压设备工作必须在完成隔离，并确认带压设备已安全泄压后进行。 （3）登高前应对梯子安放位置进行检查，对地面高低不平、湿滑、地面松软的应采取特殊的加垫、防滑措施
12	水泵水轮机及其辅助设备	调相压水设备	气罐清扫检查及处理、除锈、防腐与补漆处理	人身伤害	一般	（1）作业前确认气罐安全隔离、压力已泄至零，排污阀已打开。 （2）进人门最后两个螺栓拆除时，两人应协调工作，并做好盖板防坠落措施

续表

序号	类型	设备系统	检修项目	存在风险	风险等级	应对措施
13	水泵水轮机及其辅助设备	转轮	转轮静平衡试验	转轮吊装高处坠落伤人伤设备、倾覆	较大	（1）吊装前检查桥机及吊具完好。 （2）由具备起重资质的人员吊装，起重指挥人员及其他工作人员应注意站立位置，严禁人员站立在起吊物下方，无关人员不得进入工作区域。 （3）设置保护支墩
14	水泵水轮机及其辅助设备	导水机构	导叶（活动及固定）空蚀及磨损检查处理	设备伤人及人身触电	一般	（1）执行监护制度，专职监护人在锥管室外进行监护，确保紧急情况下的处置。 （2）采用安全电压，设置电气保护开关。 （3）电焊作业人员应穿专用电焊服、绝缘鞋，正确使用面罩、手套等防护用具。 （4）作业时应站立在绝缘、干燥的地方或穿绝缘鞋。 （5）空蚀补焊时，电焊机使用前检查引线绝缘良好，外壳可靠接地，接地电阻符合要求。 （6）按照使用说明正确使用风动打磨工具，不熟悉风动工具使用方法人员严禁擅自使用风动工具
15	水泵水轮机及其辅助设备	导水机构	导叶（活动及固定）空蚀及磨损检查处理	受限空间防挤压、磕碰、照明不当造成人员伤害	一般	（1）加强对受限区域工作的策划，合理安排作业内容和作业人员，作业时应采取安全措施尽可能避免作业伤害。 （2）受限区域临时照明宜采用安全电压照明用具，避免人员灼伤及易燃易爆物燃爆。 （3）进入受限区域的应穿着连体服，对携带工具、材料、物资逐一进行出入登记和核查

续表

序号	类型	设备系统	检修项目	存在风险	风险等级	应对措施
16	水泵水轮机及其辅助设备	导水机构	导叶端面间隙、立面间隙测量及调整	工作中使用扶梯发生坠落伤害	一般	（1）作业人员上、下爬梯时，须有人员将梯子扶稳。 （2）正确使用扶梯
17	水泵水轮机及其辅助设备	导水机构	导叶端面间隙、立面间隙测量及调整	物品遗留	一般	进出蜗壳和尾水管做好物品登记
18	水泵水轮机及其辅助设备	导水机构	导叶端面间隙、立面间隙测量及调整	受限空间防挤压、磕碰、照明不当造成人员伤害	一般	（1）加强对受限区域工作的策划，合理安排作业内容和作业人员，作业时应采取安全措施尽可能避免作业伤害。 （2）受限区域临时照明宜采用安全电压照明用具，避免人员灼伤及易燃、易爆物燃爆。 （3）进入受限区域的应穿着连体服，对携带工具、材料、物资逐一进行出入登记和核查。 （4）压力装置排油排压，或关闭压力装置总油源阀并派人看护
19	水泵水轮机及其辅助设备	导水机构	导叶拐臂、套筒等的拆装检查处理	机械伤人、设备损坏	一般	（1）正确使用防护用品。 （2）严格按照工艺要求作业。 （3）拐臂、套筒在拆、装起吊前检查起吊工器具完好无损伤。 （4）拐臂、套筒在拆、装起时，作业人员身体各部位不应位于吊物下面。 （5）拐臂、套筒拆卸后应放置稳固，防止出现翻倒伤人

续表

序号	类型	设备系统	检修项目	存在风险	风险等级	应对措施
20	水泵水轮机及其辅助设备	导水机构	导叶开度指示系统检查、调整、更换	机械伤害、设备损坏	一般	（1）导叶开启关闭前确认水车室无人工作。 （2）导叶开度指示调整前确认做好防导叶开启隔离措施，工作时要穿专用防滑鞋。 （3）导叶开启关闭时，检查控制环、导叶拐臂等转动部位无人员作业
21	水泵水轮机及其辅助设备	导水机构	导叶轴套及密封检查更换	机械伤人、设备损坏	一般	（1）正确使用防护用品。 （2）严格按照工艺要求作业
22	水泵水轮机及其辅助设备	导水机构	活动导叶轴颈的检查、处理	打磨设备伤人及人身触电	一般	（1）转轮室和蜗壳保持通风，个人佩戴口罩等防护用品。 （2）执行监护制度，专职监护人在锥管室外进行监护，确保紧急情况下的处置。 （3）采用安全电压，设置电气保护开关
23	水泵水轮机及其辅助设备	导水机构	活动导叶轴颈的检查、处理	活动导叶轴颈焊接时发生触电	一般	按照使用说明正确使用打磨工具，戴好护目镜等个人防护用品
24	水泵水轮机及其辅助设备	导水机构	剪断销、导叶摩擦装置检查与处理	机械伤人、设备损坏	一般	（1）正确使用防护用品。 （2）严格按照工艺要求作业
25	水泵水轮机及其辅助设备	导水机构	剪断销、导叶摩擦装置检查与处理	受限空间防挤压、磕碰、照明不当造成人员伤害	一般	（1）加强对受限区域工作的策划，合理安排作业内容和作业人员，作业时应采取安全措施尽可能避免作业伤害。 （2）受限区域临时照明宜采用安全电压照明用具，避免人员灼伤及易燃易爆物燃爆。 （3）进入受限区域的应穿着连体服，对携带工具、材料、物资逐一进行出入登记和核查

续表

序号	类型	设备系统	检修项目	存在风险	风险等级	应对措施
26	水泵水轮机及其辅助设备	导水机构	控制环检查、防腐处理	打磨设备伤人	一般	正确使用防护用品，佩戴防护眼镜
27	水泵水轮机及其辅助设备	导水机构	控制环检查、防腐处理	防腐材料起火	一般	（1）严禁使用明火或打磨作业。 （2）防腐处理时，现场准备充足消防器材，且防腐现场周围严禁同时进行动火作业
28	水泵水轮机及其辅助设备	导水机构	控制环检查、防腐处理	机械伤人、设备损坏	一般	（1）正确使用防护用品。 （2）严格按照工艺要求作业。 （3）控制环起吊前，检查导链、轨道和滑车等起重起吊设备完好，起吊时应有专人指挥，并协调一致。 （4）控制环起升高度到位后，应采取措施将其固定牢固。 （5）起吊过程中，身体任何部位不得处于控制环底部。 （6）控制环吊起到需要高度后尽快用枕木搁置，导链不得拆除，以防控制环倾滑
29	水泵水轮机及其辅助设备	导水机构	控制环检查、防腐处理	受限空间防挤压、磕碰、照明不当造成人员伤害	一般	（1）加强对受限区域工作的策划，合理安排作业内容和作业人员，作业时应采取安全措施尽可能避免作业伤害。 （2）受限区域临时照明宜采用安全电压照明用具，避免人员灼伤及易燃易爆物燃爆。 （3）进入受限区域的应穿着连体服，对携带工具、材料、物资逐一进行出入登记和核查

续表

序号	类型	设备系统	检修项目	存在风险	风险等级	应对措施
30	水泵水轮机及其辅助设备	导水机构	控制环立面、端面滑动轴承检查更换	受限空间防挤压、磕碰、照明不当造成人员伤害	一般	（1）加强对受限区域工作的策划，合理安排作业内容和作业人员，作业时应采取安全措施尽可能避免作业伤害。 （2）受限区域临时照明宜采用安全电压照明用具，避免人员灼伤及易燃易爆物燃爆。 （3）进入受限区域的应穿着连体服，对携带工具、材料、物资逐一进行出入登记和核查
31	水泵水轮机及其辅助设备	调相压水设备	气罐安全阀校验	安全阀回装时工艺不合格导致漏气	一般	（1）安全阀回装时密封垫正确安装。 （2）螺栓紧固均匀
32	水泵水轮机及其辅助设备	调相压水设备	气罐清扫检查及处理、除锈、防腐与补漆处理	气罐检查及防腐处理时个人防护不到位、监护不到位造成高处坠落、窒息伤亡	一般	（1）架子工持证上岗。 （2）佩戴防毒面罩，并向气罐内强制通风。 （3）执行监护制度，专职监护人在气罐外进行监护，确保紧急情况下的处置
33	水泵水轮机及其辅助设备	调相压水设备	气罐清扫检查及处理、除锈、防腐与补漆处理	气罐内部检查后物件遗留在气罐内造成设备损坏	一般	（1）关门前组织开展三级验收，确保无人员、工具、材料遗留在内。 （2）力矩扳手使用前进行检查，确保在率定有效期内
34	水泵水轮机及其辅助设备	调相压水设备	尾水水位计功能校验	校验发生错误或元件损坏	一般	操作前核对设备名称、编号、位置
35	水泵水轮机及其辅助设备	调相压水设备	现地端子箱清扫、检查、处理	元件损坏	一般	（1）操作前核对对设备名称、编号、位置。 （2）对可能引发误碰的回路、设备、元件应设防护带和悬挂警示牌

续表

序号	类型	设备系统	检修项目	存在风险	风险等级	应对措施
36	水泵水轮机及其辅助设备	调相压水设备	现地端子箱清扫，端子检查，紧固电缆、回路接线、线槽盖板整理，电缆绝缘及接地检查，防火封堵检查，端子、元器件、电缆标识牌核对和更新，加热器检查，及其温控器设定值核对照明检查	元件损坏	一般	（1）操作前核对设备名称、编号、位置。 （2）对可能引发误碰的回路、设备、元件应设防护带和悬挂警示牌。 （3）作业时使用适合工具进行紧固。 （4）定值调整后需经第二人检查
37	水泵水轮机及其辅助设备	止漏环	上下迷宫环供水阀检查处理	人身伤害	一般	（1）正确使用个人防护用品。 （2）严格按作业指导书工艺要求作业
38	水泵水轮机及其辅助设备	止漏环	上下迷宫环过滤器控制柜清扫、端子检查、二次回路检查、时间继电器调整	人身触电	一般	（1）工作前核对设备名称、编号、位置，不触碰带电部位。 （2）检修作业人员作业时戴绝缘手套
39	水泵水轮机及其辅助设备	止漏环	上下迷宫环冷却水过滤器检查与处理、滤芯更换	机械伤人、设备损坏	一般	（1）正确使用个人防护用品。 （2）严格按作业指导书工艺要求作业
40	水泵水轮机及其辅助设备	水泵水轮机及其附属设备二次及监控	I/O通道测试及信号传动试验、控制回路模拟动作试验	模拟试验时发生事故、模拟试验后未及时复位	一般	（1）加强操作前对设备名称、编号、位置的检查和监护核对工作，发现有误或标识不清应立即停止操作。 （2）核对模拟信号是否已解除，模块是否有报警。 （3）操作中对模拟的信号进行记录

续表

序号	类型	设备系统	检修项目	存在风险	风险等级	应对措施
41	水泵水轮机及其辅助设备	水泵水轮机及其附属设备二次及监控	水泵水轮机及其附属设备控制PLC模块检查、继电器校验和更换、PLC程序版本一致性核对	人身触电	一般	尽可能避免金属裸露工具与低压电源的接触，防止低压触电或电源短路
42	水泵水轮机及其辅助设备	水泵水轮机及其附属设备二次及监控	水泵水轮机及其附属设备控制PLC模块检查、继电器校验和更换、PLC程序版本一致性核对	元件损坏、拆接线错误	一般	（1）操作前核对设备名称、编号、位置。 （2）对可能引发误碰的回路、设备、元件应设防护带和悬挂警示牌。 （3）拆接线时做好标记。 （4）在线核对PLC程序时严禁误开出
43	水泵水轮机及其辅助设备	水泵水轮机及其附属设备二次及监控	水泵水轮机及其附属设备控制PLC冗余CPU切换试验	冗余切换时发生断电	一般	（1）应确保至少一块PLC正常工作的条件下进行冗余电源试验。 （2）严禁拉开PLC总进线电源
44	水泵水轮机及其辅助设备	水泵水轮机及其附属设备二次及监控	水泵水轮机及其附属设备控制电源及PLC工作电源的测试、接地检查、防雷元件或装置检查、冗余电源切换试验、PLC电池检查或更换	人身触电	一般	尽可能避免金属裸露工具与低压电源的接触，防止低压触电或电源短路

续表

序号	类型	设备系统	检修项目	存在风险	风险等级	应对措施
45	水泵水轮机及其辅助设备	水泵水轮机及其附属设备二次及监控	水泵水轮机及其附属设备控制电源及PLC工作电源的测试、接地检查、防雷元件或装置检查、冗余电源切换试验、PLC电池检查或更换	元件损坏、切换试验损坏设备	一般	（1）操作前核对设备名称、编号、位置。 （2）对可能引发误碰的回路、设备、元件应设防护带和悬挂警示牌。 （3）上电前检查电源电压。 （4）应确保至少一块PLC正常工作的条件下进行冗余电源试验。 （5）检查及更换PLC电池时，先做好PLC程序备份，严防PLC程序丢失
46	水泵水轮机及其辅助设备	水泵水轮机及其附属设备二次及监控	水泵水轮机及其附属设备控制柜、端子箱、模块清扫，端子检查紧固，电缆、回路接线、线槽盖板整理，电缆绝缘及接地检查，防火封堵检查，端子、元器件、电缆标识牌核对和更新，加热器检查及其温控器设定值核对盘柜照明检查	人身触电	一般	尽可能避免金属裸露工具与低压电源的接触，防止低压触电或电源短路

续表

序号	类型	设备系统	检修项目	存在风险	风险等级	应对措施
47	水泵水轮机及其辅助设备	水泵水轮机及其附属设备二次及监控	水泵水轮机及其附属设备控制柜、端子箱、模块清扫，端子检查紧固，电缆、回路接线、线槽盖板整理，电缆绝缘及接地检查，防火封堵检查，端子、元器件、电缆标识牌核对和更新，加热器检查及其温控器设定值核对盘柜照明检查	元件损坏	一般	（1）操作前核对设备名称、编号、位置。 （2）对可能引发误碰的回路、设备、元件应设防护带和悬挂警示牌。 （3）使用绝缘工具进行设备的清扫
48	水泵水轮机及其辅助设备	水泵水轮机及其附属设备二次及监控	水力机械保护整定值核对	整定值校核遗漏或错误	一般	（1）对保护定值的修改应按照规程要求，根据下达的整定单，在有人监护的情况下修改、复核后投入。 （2）如有定值发生修改，及时按规程要求进行更新
49	水泵水轮机及其辅助设备	水导轴承	水导冷却器检查、清洗与耐压	滑跌伤人	一般	（1）冷却器清扫现场有积水、油渍时及时清扫干净。 （2）穿专用防滑鞋
50	水泵水轮机及其辅助设备	水导轴承	水导冷却器检查、清洗与耐压	空间狭小、作业措施不当，造成机械挤压、磕碰伤害；杂物进入油管	一般	（1）加强对受限区域工作的策划，合理安排作业内容和作业人员。 （2）作业时应采取安全措施尽可能避免作业伤害。 （3）拆除油管后立即用白布对管口进行包扎

续表

序号	类型	设备系统	检修项目	存在风险	风险等级	应对措施
51	水泵水轮机及其辅助设备	水导轴承	水导冷却器检查、清洗与耐压	设备带压伤人	一般	（1）试验前对压力泵、管道及接头进行检查。 （2）控制升压速度及最大压力。 （3）正确使用防护用品，如防护眼镜。 （4）冷却器耐压试验时，控制好耐压压力，防止压力过高
52	水泵水轮机及其辅助设备	水导轴承	水导示流开关检查	元件损坏	一般	在有经验人员的指导下工作
53	水泵水轮机及其辅助设备	水导轴承	水导油泵电机检查	人身触电	一般	检查前确认电源已隔离、验电
54	水泵水轮机及其辅助设备	水导轴承	水导油泵检查	碰撞伤人，行为不当，走错间隔	一般	（1）个人正确穿戴防护用品。 （2）工作现场需设防护围栏或挂警示牌。 （3）工作时须有专人监护，在有经验人员的指导下工作，工作场所应保证有足够的照明。 （4）专人负责起吊，专人负责指挥，使用合格起重工器具
55	水泵水轮机及其辅助设备	水导轴承	水导油混水信号器检查	滑跌伤人	一般	检查时要穿专用防滑鞋
56	水泵水轮机及其辅助设备	水导轴承	水导油盆清扫、油过滤化验	个人防护用品使用不当或未使用	一般	（1）使用前应确认个人用品是否合格。 （2）进入工作现场前，工作班成员应自我检查个人防护用品是否满足工作要求

续表

序号	类型	设备系统	检修项目	存在风险	风险等级	应对措施
57	水泵水轮机及其辅助设备	水导轴承	水导油盆清扫、油过滤化验	油盆内遗留工器具或清扫用具等物品	一般	油盆清理完成后进行彻底检查，对工器具、材料进行清点，确保无遗漏
58	水泵水轮机及其辅助设备	水导轴承	水导油位计检查	滑跌伤人、磕碰伤害	一般	（1）水导油位计检查时要穿专用防滑鞋。 （2）防止水车室内磕碰伤人
59	水泵水轮机及其辅助设备	水导轴承	水导轴承本体检查处理	水导轴承本体检查处理时空间狭小、作业措施不当，造成机械挤压、磕碰伤害	一般	（1）加强对受限区域工作的策划，合理安排作业内容和作业人员。 （2）作业时应采取防滑跌、防空洞坠落等安全措施，尽可能避免作业伤害
60	水泵水轮机及其辅助设备	水导轴承	水导轴承拆装	人身伤害	一般	（1）使用前应确认个人用品是否合格。 （2）进入工作现场前，工作班成员应自我检查个人防护用品是否满足工作要求。 （3）作业前工作负责人对工作班成员个人防护用品进行检查。 （4）加强对作业人员个人防护用品使用的流动监督。 （5）水导轴承分瓣组合时，严禁作业人员将手扶在分瓣面处。 （6）使用重型扭矩扳手前，检查扳手完好，螺栓紧固时，按照螺栓扭力要求进行拉紧。 （7）除了合格验证外，使用前应对手动起重工具的外观进行检查，发现起重环链、吊钩有明显裂纹或严重磨损，架构及连接部分松动等，应立即停止使用。 （8）使用前对所使用的手动起重工具规格、种类进行确认

续表

序号	类型	设备系统	检修项目	存在风险	风险等级	应对措施
61	水泵水轮机及其辅助设备	水导轴承	水导轴承间隙检查调整	空间狭小、作业措施不当，造成机械挤压、磕碰伤害，塞尺伤手	一般	（1）加强对受限区域工作的策划，合理安排作业内容和作业人员。 （2）作业时应采取防滑跌、防空洞坠落等安全措施，尽可能避免作业伤害
62	水泵水轮机及其辅助设备	水导轴承	水导轴承油、水管路清扫及水压试验	跑水	一般	（1）各封闭端密封件、打压试验管路及接头质量可靠，安装符合要求，严格控制升压速度和保压时间。 （2）正确使用防护用品，发现异常立即卸压。 （3）管路通水时，应稍开通水阀门，检查各部无渗漏异常再将阀门全开
63	水泵水轮机及其辅助设备	水导轴承	水导轴承油、水管路清扫及水压试验	跑油	一般	拆卸时做好防护，防止油渗漏，做好地面防护
64	水泵水轮机及其辅助设备	水导轴承	水导轴承油、水过滤器清扫	拆取不当损坏设备	一般	利用专业工具，不得野蛮操作
65	水泵水轮机及其辅助设备	水导轴承	水导轴承油、水过滤器清扫	拆取时大量漏水，地面湿滑	一般	拆卸时对过滤器内部积水专门排放，防止大量外泄
66	水泵水轮机及其辅助设备	水导轴承	水导轴承油盆解体检查、密封更换，回装后整体检查、渗漏试验	人身伤害	一般	（1）加强对受限区域工作的策划，合理安排作业内容和作业人员。 （2）作业时应采取安全措施，尽可能避免作业伤害
67	水泵水轮机及其辅助设备	底环	底环高程水平检查调整	高处坠落	一般	（1）在锥管室搭好脚手架平台，进出转轮室用防滑爬梯，有专人监护。 （2）转轮室充足照明，使用12V行灯照明。 （3）小心谨慎，严格按工艺操作

续表

序号	类型	设备系统	检修项目	存在风险	风险等级	应对措施
68	水泵水轮机及其辅助设备	底环	底环高程水平检查调整	调整高程安装垫片时易发生机械伤害	一般	(1) 小心谨慎，严格按工艺操作。 (2) 脚手架搭建后验收合格方能使用
69	水泵水轮机及其辅助设备	底环	底环高程水平检查调整	人身伤害	一般	(1) 加强对受限区域工作的策划，合理安排作业内容和作业人员，作业时应采取安全措施尽可能避免作业伤害。 (2) 受限区域临时照明宜采用安全电压照明用具，避免人员灼伤及易燃易爆物燃爆。 (3) 进入受限区域的应穿着连体服，对携带工具、材料、物资逐一进行出入登记和核查
70	水泵水轮机及其辅助设备	顶盖	顶盖回装	水轮机顶盖吊入时可能发生高处坠落，导致人员伤害和设备损坏；水轮机顶盖吊入时与其他物体发生磕碰损伤	重大	(1) 水轮机顶盖吊入前对所有参与工作的人员进行宣贯，使之明确水轮机顶盖吊入步骤、危险点、应急处置措施。 (2) 严禁人员站立在起吊物下方，无关人员不得进入工作区域。 (3) 水轮机顶盖吊入时因空间限制需中途翻身时，应制定专门吊入方案；防止水轮机顶盖翻身过程中高处坠落或与周围物体的剧烈碰撞。 (4) 水轮机顶盖吊入应统一指挥；桥机司机无法直接接受指挥人员信号时，可设中间传递信号人员。 (5) 水轮机顶盖吊入过程中应由指挥人员统一控制下降速度和下降高度。 (6) 水轮机顶盖吊入起吊时，应首先进行试起吊，确认桥机无异常。 (7) 桥机上设专人监护，并有防滑车的应急措施。 (8) 严格执行管理人员到岗到位制度，管理人员到岗到位后应就现场存在的风险和预控措施逐项检查、落实，履行好自身应承担的职责

续表

序号	类型	设备系统	检修项目	存在风险	风险等级	应对措施
71	水泵水轮机及其辅助设备	顶盖	顶盖吊出	水轮机顶盖吊出时可能发生高处坠落，导致人员伤害和设备损坏；水轮机顶盖吊出与其他物体发生磕碰损伤	重大	（1）水轮机顶盖吊出前对所有参与工作的人员进行宣贯，使之明确水轮机顶盖吊出步骤、危险点、应急处置措施。 （2）严禁人员站立在起吊物下方，无关人员不得进入工作区域。 （3）水轮机顶盖吊出时因空间限制需中途翻身时，应制定专门吊出方案；防止水轮机顶盖翻身过程中高处坠落或与周围物体的剧烈碰撞。 （4）水轮机顶盖吊出应统一指挥；桥机司机无法直接接受指挥人员信号时，可设中间传递信号人员。 （5）水轮机顶盖吊出过程中应由指挥人员统一控制起升速度和起升高度。 （6）水轮机顶盖吊出起吊时，应首先进行试起吊，确认桥机无异常。 （7）桥机上设专人监护，并有防滑车的应急措施。 （8）严格执行管理人员到岗到位制度，管理人员到岗到位后应就现场存在的风险和预控措施逐项检查、落实，履行好自身应承担的职责
72	水泵水轮机及其辅助设备	顶盖	顶盖高程水平检查调整	高处坠落	一般	（1）在锥管室搭好脚手架平台，且验收合格后方能使用，进出转轮室用防滑爬梯，有专人监护。 （2）轮转室充足照明
73	水泵水轮机及其辅助设备	顶盖	顶盖高程水平检查调整	机械伤人	一般	小心谨慎，严格按工艺操作

续表

序号	类型	设备系统	检修项目	存在风险	风险等级	应对措施
74	水泵水轮机及其辅助设备	顶盖	顶盖高程水平检查调整	人身伤害	一般	（1）加强对受限区域工作的策划，合理安排作业内容和作业人员，作业时应采取安全措施尽可能避免作业伤害。 （2）受限区域临时照明宜采用安全电压照明用具，避免人员灼伤及易燃易爆物燃爆。 （3）进入受限区域的应穿着连体服，对携带工具、材料、物资逐一进行出入登记和核查。 （4）轮转室充足照明，使用12V行灯照明，现场使用的照明电源电压应符合安全电压要求，严紧人员私拉220V照明进入作业现场
75	水泵水轮机及其辅助设备	顶盖	顶盖解体清扫、防腐	打磨设备伤人	一般	（1）打磨设备使用前检查完好。 （2）正确使用防护用品，戴防护眼镜
76	水泵水轮机及其辅助设备	顶盖	顶盖排水泵电动机检查处理	机械伤人	一般	确认现场没有其他工作面，正确使用防护用品，充足照明
77	水泵水轮机及其辅助设备	顶盖	顶盖排水泵电动机检查处理	人身触电	一般	（1）检查前确认电源已隔离、验电。 （2）电动机绝缘电阻测量时，正确使用绝缘电阻测量表计
78	水泵水轮机及其辅助设备	顶盖	顶盖排水泵检查处理	踩踏损坏设备	一般	作业时注意脚下及周围设备（特别是二次元件）
79	水泵水轮机及其辅助设备	顶盖	顶盖排水泵检查处理	滑跌伤人	一般	工作时要穿专用防滑鞋

续表

序号	类型	设备系统	检修项目	存在风险	风险等级	应对措施
80	水泵水轮机及其辅助设备	顶盖	顶盖排水泵检查处理	机械伤人	一般	（1）正确使用防护用品，严格按检修工艺操作。 （2）水泵检查处理前，工作负责人检查确认水泵隔离措施正确、完备
81	水泵水轮机及其辅助设备	顶盖	顶盖排水水位计检查处理	滑跌伤人	一般	工作时要穿专用防滑鞋
82	水泵水轮机及其辅助设备	顶盖	顶盖排水水位控制柜继电器校验	设备损坏、触电、拆接线错误	一般	（1）加电压量不要超过继电器允许的最大值。 （2）校验设备外壳接地，校验时不要触碰带电设备。 （3）检修作业人员作业时穿绝缘鞋并戴绝缘手套。 （4）拆接线时做好标记
83	水泵水轮机及其辅助设备	顶盖	顶盖排水水位控制柜清扫、端子检查、二次回路检查、时间继电器调整	人身触电	一般	（1）工作前核对设备名称、编号、位置，不触碰带电部位。 （2）检修作业人员作业时穿绝缘鞋并戴绝缘手套
84	水泵水轮机及其辅助设备	顶盖	顶盖与座环把合螺栓、顶盖分瓣组合螺栓的拆装	机械伤人	一般	（1）螺栓出、入螺纹时要仔细操作，以免螺栓伤害或伤人。 （2）拆装人员严格执行操作工艺
85	水泵水轮机及其辅助设备	顶盖	顶盖与座环把合螺栓、顶盖分瓣组合螺栓的拆装	气动工具或液压工具损坏伤人	一般	（1）对空气压缩机及拆卸专用工具进行检查试验合格后方可使用，在使用过程中发现有异常情况应立即停止检查、检修。 （2）拆装人员严格执行操作工艺。 （3）气动、液压工具工作部件在停止转动前不准进行拆换

续表

序号	类型	设备系统	检修项目	存在风险	风险等级	应对措施
86	水泵水轮机及其辅助设备	顶盖	顶盖与座环把合螺栓、顶盖分瓣组合螺栓的拆装	设备坠落造成人身伤害和设备损坏	一般	（1）小心谨慎搬运。 （2）使用合格的工器具。 （3）由专业起重人员指挥吊装作业。 （4）做好设备防倾倒保护措施
87	水泵水轮机及其辅助设备	顶盖	顶盖与座环把合螺栓、顶盖分瓣组合螺栓的拆装	人身伤害	一般	（1）加强对受限区域工作的策划，合理安排作业内容和作业人员，作业时应采取安全措施尽可能避免作业伤害。 （2）受限区域临时照明宜采用安全电压照明用具，避免人员灼伤及易燃易爆物燃爆。 （3）进入受限区域的应穿着连体服，对携带工具、材料、物资逐一进行出入登记和核查
88	水泵水轮机及其辅助设备	调相压水设备	排水阀、排气阀、补气阀检查	残压伤人	一般	对有压设备作业前确认设备已可靠隔离，有压设备有泄压至零，并悬挂“有人工作，禁止操作”警示牌
89	水泵水轮机及其辅助设备	调相压水设备	排水阀、排气阀、补气阀检查	高处坠落	一般	（1）使用真爬梯登高时有人扶持爬梯。 （2）拆、装安全阀时使用安全带。 （3）安全阀拆卸前应做好阀体坠落措施
90	水泵水轮机及其辅助设备	尾水管	尾水水位过滤器清扫、检查	拆取不当损坏设备	一般	利用专业工具，不得野蛮操作
91	水泵水轮机及其辅助设备	尾水管	尾水水位计清扫、检查	机械伤人、设备损坏	一般	清扫、检查前确认现场没有其他工作面，正确使用防护用品，充足照明

续表

序号	类型	设备系统	检修项目	存在风险	风险等级	应对措施
92	水泵水轮机及其辅助设备	蜗壳	蜗壳、尾水管检查、防腐处理	打磨设备伤人	一般	（1）打磨设备使用前检查。 （2）正确使用防护用品，戴防护眼镜
93	水泵水轮机及其辅助设备	蜗壳	蜗壳、尾水管检查、防腐处理	高处坠落、火灾、中毒	一般	（1）防腐工作过程中应做好防护措施。 （2）防腐过程中使用油漆、甲苯等易燃易爆物品时应禁止使用明火、禁止打磨工作同时进行，并做好消防应急准备工作
94	水泵水轮机及其辅助设备	蜗壳	蜗壳、尾水管检查、防腐处理	高处坠落	一般	（1）搭设脚手架平台人员应有丰富的经验，搭设过程中做好保护施。 （2）运送材料进出尾水管时要做好防坠落措施，如用绳子捆绑上、下。 （3）对进出尾水管人员及携带工具、材料、物资逐一进行出入登记和核查
95	水泵水轮机及其辅助设备	主轴密封	主轴检修密封拆装、部件检查处理	设备吊装事故	一般	吊装由起重专业人员统一指挥，吊装前检查吊具
96	水泵水轮机及其辅助设备	主轴密封	主轴检修密封拆装、部件检查处理	人身伤害	一般	（1）加强对受限区域工作的策划，合理安排作业内容和作业人员，作业时应采取安全措施尽可能避免作业伤害。 （2）受限区域临时照明宜采用安全电压照明用具，避免人员灼伤及易燃易爆物燃爆。 （3）检修作业人员正确穿戴好劳动防护用品，进入受限区域的应穿着连体服。 （4）作业现场布置充足的检修照明。 （5）现场使用的照明电源电压应符合安全电压要求，严紧人员私拉 220V 照明进入作业现场

续表

序号	类型	设备系统	检修项目	存在风险	风险等级	应对措施
97	水泵水轮机及其辅助设备	主轴密封	主轴检修密封拆装、部件检查处理	压力气伤人	一般	(1) 拆卸管道前确认已可靠隔离气源。 (2) 在管道合适的地方泄压，不要面对泄压口
98	水泵水轮机及其辅助设备	主轴密封	主轴检修密封气管路渗漏检查与处理	压力气伤人	一般	涉及带压阀门、接头等需紧固时，应先泄压
99	水泵水轮机及其辅助设备	主轴密封	主轴检修密封气压力调整	气压伤人	一般	调整压力时检查压力管路紧固良好，无漏气
100	水泵水轮机及其辅助设备	主轴密封	主轴检修密封气压力调整	压力值调整过大或过小	一般	(1) 有经验的人员执行，或者监护。 (2) 严格按照作业指导书工艺要求作业
101	水泵水轮机及其辅助设备	主轴密封	主轴密封安装	吊装主轴密封零部件设备时易发生机械伤人、设备吊装事故	一般	(1) 吊装由起重专业人员统一指挥，吊装前检查吊具。 (2) 做好防止设备坠落保护
102	水泵水轮机及其辅助设备	主轴密封	主轴密封安装	人身伤害	一般	(1) 加强对受限区域工作的策划，合理安排作业内容和作业人员，作业时应采取安全措施尽可能避免作业伤害。 (2) 受限区域临时照明宜采用安全电压照明用具，避免人员灼伤及易燃易爆物燃爆。 (3) 检修作业人员正确穿戴好劳动防护用品，进入受限区域的应穿着连体服。 (4) 作业现场布置充足的检修照明。 (5) 现场使用的照明电源电压应符合安全电压要求，严紧人员私拉 220V 照明进入作业现场

续表

序号	类型	设备系统	检修项目	存在风险	风险等级	应对措施
103	水泵水轮机及其辅助设备	主轴密封	主轴密封拆装、部件检查处理	空间狭小、触电	一般	（1）检修作业人员正确穿戴好劳动防护用品。 （2）作业现场布置充足的检修照明。 （3）现场使用的照明电源电压应符合安全电压要求，严紧人员私拉220V照明进入作业现场
104	水泵水轮机及其辅助设备	主轴密封	主轴密封拆装、部件检查处理	设备吊装事故	一般	吊装由起重专业人员统一指挥，吊装前检查吊具
105	水泵水轮机及其辅助设备	主轴密封	主轴密封拆装、部件检查处理	压力水、压力气伤人	一般	（1）拆卸管道前确认已可靠隔离水源和气源。 （2）在管道合适的地方泄压，不要面对泄压口
106	水泵水轮机及其辅助设备	主轴密封	主轴密封供水管路渗漏检查与处理	压力水伤人	一般	涉及带压阀门、接头等需紧固时，应先泄压
107	水泵水轮机及其辅助设备	主轴密封	主轴密封冷却水泵电机检查处理	人身触电	一般	（1）检查前确认电源已隔离、验电。 （2）电机绝缘电阻测量时，正确使用绝缘电阻测量表计
108	水泵水轮机及其辅助设备	主轴密封	主轴密封冷却水泵检查处理	机械伤人、设备损坏	一般	（1）正确使用个人防护用品。 （2）严格按作业指导书工艺要求作业。 （3）水泵检修处理前，检修负责人检查确认水泵隔离措施正确、完备
109	水泵水轮机及其辅助设备	主轴密封	主轴密封冷却水过滤器检查处理、滤芯更换	机械伤人、设备损坏	一般	（1）正确使用个人防护用品。 （2）严格按作业指导书工艺要求作业
110	水泵水轮机及其辅助设备	主轴密封	主轴密封冷却水过滤器检查处理、滤芯更换	人身触电	一般	检查前确认电源已隔离、验电

续表

序号	类型	设备系统	检修项目	存在风险	风险等级	应对措施
111	水泵水轮机及其辅助设备	主轴密封	主轴密封冷却水控制柜清扫、端子检查、二次回路检查、时间继电器调整	人身触电	一般	（1）工作前核对设备名称、编号、位置，不触碰带电部位。 （2）使用绝缘工具清扫，严防短路或接地
112	水泵水轮机及其辅助设备	主轴密封	主轴密封冷却水压力调整	压力水伤人	一般	调整压力时检查压力水管路紧固良好，无渗漏
113	水泵水轮机及其辅助设备	主轴密封	主轴密封冷却水压力调整	压力值调整过大或过小	一般	严格按照作业指导书工艺要求作业
114	水泵水轮机及其辅助设备	主轴密封	主轴密封磨损量检查测量（必要时更换）	机械伤人、设备损坏	一般	（1）正确使用防护用品。 （2）做好密封外环防坠落措施
115	水泵水轮机及其辅助设备	主轴密封	主轴密封磨损量检查测量（必要时更换）	可能存在测量不准确或机械撞击情况	一般	一人测量，另一个复测
116	水泵水轮机及其辅助设备	主轴密封	主轴密封磨损量检查测量（必要时更换）	人身伤害	一般	（1）加强对受限区域工作的策划，合理安排作业内容和作业人员，作业时应采取安全措施尽可能避免作业伤害。 （2）受限区域临时照明宜采用安全电压照明用具，避免人员灼伤及易燃易爆物燃爆。 （3）检修作业人员正确穿戴好劳动防护用品，进入受限区域的应穿着连体服。 （4）作业现场布置充足的检修照明。 （5）现场使用的照明电源电压应符合安全电压要求，严紧人员私拉 220V 照明进入作业现场

续表

序号	类型	设备系统	检修项目	存在风险	风险等级	应对措施
117	水泵水轮机及其辅助设备	水轮机轴	大轴拆装时垂直度的测量	高处坠落	一般	高处作业人员要做好防止人员和物件跌落的安全措施，系好安全带；安全带的挂钩或绳子应挂在结实牢固的构件上，高挂低用
118	水泵水轮机及其辅助设备	止漏环	迷宫环磨损检查及处理	拆装迷宫环过程坠落伤人	一般	（1）加强对起重机具使用管理，定期检查，不合格或超期的应停止使用。 （2）无关人员不得进入工作区域，严禁人员站立在起吊下方。 （3）在底环下搭设足够数量的枕木墩，枕木之间要用钢钉把合牢靠，枕木墩要足够高，能可靠承载底环突然坠落且不失稳
119	水泵水轮机及其辅助设备	止漏环	迷宫环磨损检查及处理	高处坠落	一般	高处作业人员要做好防止人员和物件跌落的安全措施，系好安全带；安全带的挂钩或绳子应挂在结实牢固的构件上，高挂低用
120	水泵水轮机及其辅助设备	止漏环	迷宫环磨损检查及处理	挤压、磕碰、照明不当	一般	（1）作业时应采取安全措施，尽可能避免防止撞头、挤压、高压水伤人。 （2）对检修施工打开的沟、孔、洞应立即铺设防滑盖板、设置围栏、悬挂警示牌。 （3）临时照明宜采用安全电压照明用具
121	水泵水轮机及其辅助设备	止漏环	迷宫间隙检查测量	迷宫环测量堵头回装不牢固、高压伤人	一般	（1）测量孔堵头回装过程加强监督，防止未回装或者未按标准力矩拧紧。 （2）加强作业区域工具、材料管理

续表

序号	类型	设备系统	检修项目	存在风险	风险等级	应对措施
122	水泵水轮机及其辅助设备	止漏环	迷宫间隙检查测量	塞尺部件脱落掉入迷宫内	一般	(1) 使用塞尺前检查塞尺部件固定完好。 (2) 测量时正确使用
123	水泵水轮机及其辅助设备	止漏环	迷宫间隙检查测量	物品遗留	一般	做好物品登记
124	水泵水轮机及其辅助设备	水轮机轴	水轮机轴与发电机轴的拆卸与连接	拆卸连接时高处坠落、挤压伤害及坠物伤人	一般	(1) 平台搭设完毕后验收合格方可使用。 (2) 定期对平台、爬梯进行检查，维护。 (3) 拆卸螺栓前将转轮及主轴可靠固定或支撑。 (4) 无关人员不得进入工作区域。 (5) 转轮下落或主轴及转轮上吊由起重专业人员统一指挥。 (6) 使用螺栓拆卸专用工具时严格按照专用设备操作规程进行。 (7) 降落水轮机主轴应统一指挥，保持每个千斤顶速度一致。 (8) 大轴连接过程中，严禁人员触摸大轴法兰止口。 (9) 大轴连接螺栓拆卸时，螺母拆卸前，应做好螺栓防坠落措施
125	水泵水轮机及其辅助设备	水轮机轴	水轮机轴与发电机轴的拆卸与连接	受限空间防挤压、磕碰、照明不当	一般	(1) 加强对受限区域工作的策划，合理安排作业内容和作业人员，作业时应采取安全措施尽可能避免作业伤害。 (2) 受限区域临时照明宜采用安全电压照明用具，避免人员灼伤及易燃易爆物燃爆。 (3) 进入受限区域的应穿着连体服，对携带工具、材料、物资逐一进行出入登记和核查

续表

序号	类型	设备系统	检修项目	存在风险	风险等级	应对措施
126	水泵水轮机及其辅助设备	转轮	泄水锥检查与处理	泄水锥处理时电动工具使用不当伤人、触电	一般	（1）正确的使用电动工具，使用带漏电保护装置的电源，使用中电动工具发生故障或异常，应立即停止使用并送交修理。 （2）做好个人防护措施，佩戴防护眼镜、口罩，禁止穿戴棉质手套。 （3）现场放置灭火器，铺设防火布。 （4）电动工具使用前检查完好，合格证在有效检验周期内，禁止使用不合格的电动工具
127	水泵水轮机及其辅助设备	转轮	泄水锥检查与处理	泄水锥检查时脚手架不牢固倾斜伤人	一般	（1）脚手架由具备搭设资质的人员搭设，在脚手架搭设完成后需进行检查验收，验收合格后挂合格标示牌。 （2）脚手架使用期间，禁止拆除主节点处纵、横水平杆和扫地杆等部件。 （3）检修工作负责人每日应对脚手架状况进行检查，有缺陷的应立即进行整修
128	水泵水轮机及其辅助设备	水轮机轴	主轴除锈防腐处理、探伤检查	工具使用不当对人身伤害	一般	（1）对使用的电动工具应认真做好检查工作。 （2）正确使用电动工具，做好个人防护措施。 （3）需佩戴防护眼镜、口罩，禁止穿戴棉质手套。 （4）探伤人员必须具备资质。 （5）电动工具使用前检查完好，合格证在有效检验周期内，禁止使用不合格的电动工具
129	水泵水轮机及其辅助设备	水轮机轴	主轴除锈防腐处理、探伤检查	易发生火灾	一般	防腐处理时，现场准备充足的消防器材，且防腐现场周围严禁同时进行动火作业

续表

序号	类型	设备系统	检修项目	存在风险	风险等级	应对措施
130	水泵水轮机及其辅助设备	转轮	转轮吊出、探伤检查，汽蚀、磨损、裂纹处理	打磨设备伤人	一般	（1）打磨设备使用前检查。 （2）正确使用防护用品，戴防护眼镜。 （3）按照使用说明正确使用风动打磨工具，不熟悉风动工具使用方法人员严禁擅自使用风动工具
131	水泵水轮机及其辅助设备	转轮	转轮吊出、探伤检查，空蚀、磨损、裂纹处理	人身触电	一般	（1）正确使用电动工具，使用带漏电保护装置的电源。 （2）检修施工所用电源盘、电动工具使用前检查引线绝缘良好、检验合格，电源盘触电保安器工作正常。 （3）潮湿环境、涉水使用电动工具戴绝缘手套。 （4）严禁作业人员私拉检修电源和220V检修照明
132	水泵水轮机及其辅助设备	转轮	转轮与大轴连接螺栓的拆装	电动工具（包括电动、风动工具等）使用不当对人身伤害	一般	（1）对使用的电动工具应认真做好检查工作。 （2）正确使用电动工具
133	水泵水轮机及其辅助设备	转轮	转轮与大轴连接螺栓的拆装	受限空间防挤压、磕碰、照明不当	一般	（1）加强对受限区域工作的策划，合理安排作业内容和作业人员，作业时应采取安全措施尽可能避免作业伤害。 （2）受限区域临时照明宜采用安全电压照明用具，避免人员灼伤及易燃易爆物燃爆
134	水泵水轮机及其辅助设备	转轮	转轮与泄水锥紧固检查	紧固泄水锥与转轮时脚手架不牢固倾斜伤人	一般	（1）脚手架由具备搭设资质的人员搭设，在脚手架搭设完成后需进行检查验收，验收合格后挂合格标示牌。 （2）脚手架使用期间，禁止拆除主节点处纵、横水平杆和扫地杆等部件。 （3）检修工作负责人每日应对脚手架状况进行检查，有缺陷的应立即进行整修

续表

序号	类型	设备系统	检修项目	存在风险	风险等级	应对措施
135	水泵水轮机及其辅助设备	转轮	转轮与泄水锥紧固检查	高处坠落风险、机械伤人	一般	（1）使用防坠器等防坠落安全防护设施，系好安全带。 （2）正确使用工器具，防止工器具砸伤人员
136	水泵水轮机及其辅助设备	转轮	转轮与泄水锥紧固检查	紧固泄水锥与转轮时可能发生工具损坏伤人	一般	使用合格的工器具，按标准使用指定力矩对称打紧紧固螺栓
137	机组进水阀系统	液压系统（含接力器）	进水阀接力器排油、解体检查、处理（含耐压试验）及回装	人身伤害	较大	（1）接力器管路拆卸前，应确保无残压、无残油。 （2）接力器分解及回装紧固连接螺栓时，防止挤压伤害。 （3）耐压试验时，严格按照试验方案实施，缓慢升压，防止爆管。 （4）耐压泵宜采用手动液压泵，加压过程及时排气。 （5）接力器侧和液压泵侧需各设一块压力表。 （6）压力软管接头处应做好防甩伤人措施。 （7）接力器吊装过程下方不得站人
138	机组进水阀系统	进水阀	进水阀枢轴密封检查、更换	设备损坏	较大	（1）起吊前确认桥机正常。 （2）枢轴外拐臂拆卸和安装中，需用经验丰富的起重指挥人员，统一指挥，调整好水平，防止拆装过程出现蹩劲。 （3）轴套回装前应复核相关尺寸，确保回装顺利
139	机组进水阀系统	进水阀控制柜	I/O通道测试及信号传动试验、控制回路模拟动作试验	模拟试验时发生事故、模拟试验后未及时复位	一般	（1）加强操作前对设备名称、编号、位置的检查和监护核对工作，发现有误或标识不清应立即停止操作。 （2）操作中对模拟的信号进行记录。 （3）核对模拟信号是否已解除，模块是否有报警

续表

序号	类型	设备系统	检修项目	存在风险	风险等级	应对措施
140	机组进水阀系统	进水阀控制柜	PLC冗余CPU切换试验	冗余切换时发生断电	一般	(1) 应确保至少一块PLC正常工作的条件下进行冗余电源试验。 (2) 严禁拉开PLC总进线电源
141	机组进水阀系统	液压系统（含接力器）	安全阀校验	高处坠落	一般	(1) 拆装安全阀时正确佩戴安全带，高挂抵用，安全带系在气罐顶部吊耳上。 (2) 登高前应对梯子安放位置进行检查，对地面高低不平、湿滑、地面松软的应采取特殊的加垫、防滑措施
142	机组进水阀系统	液压系统（含接力器）	安全阀校验	卸压不完全导致人员受伤	一般	带压设备工作必须在完成隔离后，并确认带压设备已安全泄压
143	机组进水阀系统	进水阀控制柜	电机控制器清扫、检查、参数核对及试验	人身触电	一般	检修作业人员作业时穿绝缘鞋并戴绝缘手套
144	机组进水阀系统	进水阀控制柜	电机控制器清扫、检查、参数核对及试验	整定值校核遗漏或错误	一般	(1) 对保护定值的修改应按照规程要求，根据下达的整定单，在有人监护的情况下修改、复核后投入。 (2) 如有定值发生修改，及时按规程要求进行更新

续表

序号	类型	设备系统	检修项目	存在风险	风险等级	应对措施
145	机组进水阀系统	进水阀	工作密封控制阀检查及滤水器清扫检查	高处坠落	一般	（1）高处作业人员要做好防止人员和物件跌落的安全措施。 （2）在可能发生高处落物区域工作应采取安全网或其他防护措施。 （3）佩戴安全带。 （4）安全带的挂钩或绳子应挂在结实、牢固的构件上
146	机组进水阀系统	进水阀	工作密封专用密封圈检查、更换（工作密封严密性检查和漏水量测量）	高处落物	一般	脚手架由具备搭设资质的人员搭设，无关人员不得进入工作区域，脚手架需验收合格方可使用，不得从爬梯之外进行上下脚手架
147	机组进水阀系统	进水阀	工作密封专用密封圈检查、更换（工作密封严密性检查和漏水量测量）	高处坠落	一般	（1）高处作业人员要做好防止人员和物件跌落的安全措施，工作期间应避免探出脚手架护栏之外，无关人员不得进入工作区域。 （2）每日开工前，工作负责人应仔细检查脚手架状况，有异常及时进行处理。 （3）高处作业人员检修作业时须系好安全带，禁止安全带“低挂高用”。 （4）检修作业工器具使用时应放置在安全、牢靠地方，检修作业现场严禁无关人员进入
148	机组进水阀系统	进水阀	工作密封专用密封圈检查、更换（工作密封严密性检查和漏水量测量）	物品遗留导致密封损坏	一般	（1）工作时做好接触面的防护。 （2）检修过程避免物品遗留

续表

序号	类型	设备系统	检修项目	存在风险	风险等级	应对措施
149	机组进水阀系统	液压系统（含接力器）	集油槽、压油罐、漏油箱清扫、检查处理、防腐	物品遗漏	一般	对压力油罐、集油槽、漏油槽进行三级验收后立即封门
150	机组进水阀系统	液压系统（含接力器）	集油槽、压油罐、漏油箱清扫、检查处理、防腐	跑油	一般	排油前须检查压力油罐无压
151	机组进水阀系统	液压系统（含接力器）	集油槽、压油罐、漏油箱清扫、检查处理、防腐	人身伤害	一般	（1）上下油槽防止滑倒。 （2）佩戴好个人防护用品，保持通风良好。 （3）槽口设专人监护
152	机组进水阀系统	进水阀控制柜	继电器校验	校验发生错误或元件损坏	一般	（1）加电压量不要超过继电器允许的最大值。 （2）拆接线时做好标记
153	机组进水阀系统	进水阀控制柜	进水阀工作密封位置传感器调整	高处坠落	一般	（1）高处作业人员要做好防止人员和物件跌落的安全措施，佩带安全带，安全带的挂钩或绳子应挂在结实牢固的构件上。 （2）带压设备工作必须完成隔离，并确认带压设备已安全泄压
154	机组进水阀系统	进水阀	进水阀基础螺栓、密封螺栓检查	高处坠落	一般	（1）高处作业人员要做好防止人员和物件跌落的安全措施。 （2）在可能发生高处落物区域工作应采取安全网或其他防护措施。 （3）佩带安全带。 （4）安全带的挂钩或绳子应挂在结实、牢固的构件上

续表

序号	类型	设备系统	检修项目	存在风险	风险等级	应对措施
155	机组进水阀系统	进水阀控制柜	进水阀检修密封位置传感器调整	高处坠落	一般	（1）高处作业人员要做好防止人员和物件跌落的安全措施，必须佩带安全带，安全带的挂钩或绳子应挂在结实牢固的构件上。 （2）带压设备工作必须完成隔离，并确认带压设备已安全泄压
156	机组进水阀系统	液压系统（含接力器）	进水阀接力器高压连接软管更换	跑油风险	一般	（1）检查软管在有效期内。 （2）软管安装前对密封接触面检查，无缺陷
157	机组进水阀系统	液压系统（含接力器）	进水阀接力器高压连接软管更换	高处坠落	一般	（1）高处作业人员要做好防止人员和物件跌落的安全措施，工作期间应避免探出脚手架护栏之外，无关人员不得进入工作区域。 （2）高处作业人员检修作业时须系好安全带，禁止安全带“低挂高用”。 （3）检修作业工器具使用时应放置在安全、牢靠地方，检修作业现场严禁无关人员进入
158	机组进水阀系统	液压系统（含接力器）	进水阀接力器排油、解体检查、处理（含耐压试验）及回装	高处落物	一般	（1）脚手架由具备搭设资质的人员搭设，无关人员不得进入工作区域，脚手架需验收合格方可使用，不得从爬梯之外进行上下脚手架。 （2）在可能发生高处落物区域工作应采取安全网或其他防护措施，无关人员不得进入工作区域

续表

序号	类型	设备系统	检修项目	存在风险	风险等级	应对措施
159	机组进水阀系统	液压系统（含接力器）	进水阀接力器排油、解体检查、处理（含耐压试验）及回装	高处坠落	一般	（1）高处作业人员要做好防止人员和物件跌落的安全措施，工作期间应避免探出脚手架护栏之外，无关人员不得进入工作区域。 （2）每日开工前，工作负责人应仔细检查脚手架状况，有异常及时进行处理。 （3）高处作业人员检修作业时须系好安全带，禁止安全带“低挂高用”。 （4）检修作业工器具使用时应放置在安全、牢靠地方，检修作业现场严禁无关人员进入
160	机组进水阀系统	液压系统（含接力器）	进水阀接力器锁定机构检查调整	高处落物	一般	脚手架由具备搭设资质的人员搭设，无关人员不得进入工作区域，脚手架需验收合格方可使用，不得从爬梯之外进行上下脚手架
161	机组进水阀系统	液压系统（含接力器）	进水阀接力器锁定机构检查调整	高处坠落	一般	（1）高处作业人员要做好防止人员和物件跌落的安全措施，工作期间应避免探出脚手架护栏之外，无关人员不得进入工作区域。 （2）每日开工前，工作负责人应仔细检查脚手架状况，有异常及时进行处理。 （3）高处作业人员检修作业时须系好安全带，禁止安全带“低挂高用”。 （4）检修作业工器具使用时应放置在安全、牢靠地方，检修作业现场严禁无关人员进入

续表

序号	类型	设备系统	检修项目	存在风险	风险等级	应对措施
162	机组进水阀系统	进水阀控制柜	进水阀开关时间试验	机组误转动	一般	（1）进水阀系统调试前核对顺控程序。 （2）操作前确认有足够的防转措施（导叶要保持关闭、机械刹车要在投入）
163	机组进水阀系统	进水阀	进水阀枢轴密封检查、更换	高处落物	一般	脚手架由具备搭设资质的人员搭设，无关人员不得进入工作区域，脚手架需验收合格方可使用，不得从爬梯之外进行上下脚手架
164	机组进水阀系统	进水阀	进水阀枢轴密封检查、更换	机械伤人	一般	起吊人员应具有较丰富的作业经验，现场由专人负责统一指挥，无关人员不得进入工作区域
165	机组进水阀系统	进水阀控制柜	控制电源及PLC工作电源的测试、接地检查、防雷元件或装置检查、冗余电源切换试验、PLC电池检查或更换	人身触电	一般	（1）操作前核对设备名称、编号、位置。 （2）尽可能避免金属裸露工具与低压电源的接触，防止低压触电或电源短路
166	机组进水阀系统	进水阀控制柜	控制柜、端子箱、模块清扫，端子检查，电缆紧固、回路接线，线槽盖板整理，电缆绝缘及接地检查，防火封堵检查，端子、元器件、电缆标识牌核对和更新，加热器检查及其温控器设定值核对，盘柜照明检查	元件损坏	一般	（1）操作前核对设备名称、编号、位置。 （2）对可能引发误碰的回路、设备、元件应设防护带和悬挂警示牌。 （3）使用防静电手套。 （4）作业时使用适合工具进行紧固。 （5）定值调整后需经第二人检查

续表

序号	类型	设备系统	检修项目	存在风险	风险等级	应对措施
167	机组进水阀系统	伸缩节	伸缩节密封更换及打压试验	高处落物	一般	脚手架由具备搭设资质的人员搭设，无关人员不得进入工作区域，脚手架需验收合格方可使用，不得从爬梯之外进行上下脚手架
168	机组进水阀系统	伸缩节	伸缩节密封更换及打压试验	高处坠落	一般	(1) 高处作业人员要做好防止人员和物件跌落的安全措施，工作期间应避免探出脚手架护栏之外，无关人员不得进入工作区域。 (2) 每日开工前，工作负责人应仔细检查脚手架状况，有异常及时进行处理。 (3) 高处作业人员检修作业时须系好安全带，禁止安全带“低挂高用”。 (4) 检修作业工器具使用时应放置在安全、牢靠地方，检修作业现场严禁无关人员进入
169	机组进水阀系统	液压系统（含接力器）	透平油样化验与分析	高处坠落	一般	取油样时防止高处坠落
170	机组进水阀系统	进水阀控制柜	压力开关、位置开关整定值检查调整	带压力折卸，整定值校核遗漏或错误	一般	(1) 带压设备工作必须在完成隔离后，并确认带压设备已安全泄压。 (2) 根据下达的保护定值修改
171	机组进水阀系统	进水阀控制柜	液压系统保护整定值核对	整定值校核遗漏或错误	一般	(1) 对保护定值的修改应按照规程要求，根据下达的整定单，在有人监护的情况下修改、复核后投入。 (2) 如有定值发生修改，及时按规程要求进行更新

续表

序号	类型	设备系统	检修项目	存在风险	风险等级	应对措施
172	机组进水阀系统	液压系统（含接力器）	油、水、气管路、阀门检查、处理、防腐及耐压试验	设备损坏、人员伤害	一般	（1）按作业指导书和检修规程要求缓慢加压，不得在有压后的设备上进行工作，更不得进行拆卸等工作，有压设备应专人看护直至设备卸压，无关人员不得进入工作区域。 （2）使用标准的防腐剂，防腐工作过程中应做好防护措施
173	机组进水阀系统	液压系统（含接力器）	油泵电机检查及处理	人身触电	一般	（1）检查前确认电源已隔离、验电。 （2）个人正确穿戴防护用品
174	机组进水阀系统	液压系统（含接力器）	油泵故障自动切换、定期轮换功能检查	试验错误导致设备损坏	一般	加强操作前对设备名称、编号、位置的检查和监护核对工作，发现有误立即停止操作
175	机组进水阀系统	液压系统（含接力器）	油泵检查及处理	人身伤害	一般	（1）个人正确穿戴防护用品。 （2）工作时须有专人监护，在有经验人员指导下工作，工作场所应保证有足够的照明。 （3）工作时穿专用防滑鞋，工作现场需设防护围栏或挂警示牌
176	机组进水阀系统	进水阀控制柜	油泵卸载阀整定值检查调整	人身触电	一般	（1）应按照电气作业规程，验电后作业。 （2）尽可能避免金属裸露工具与低压电源的接触，防止低压触电。 （3）对可能引发误碰的回路、设备、元件应设防护带和悬挂警示牌

续表

序号	类型	设备系统	检修项目	存在风险	风险等级	应对措施
177	机组进水阀系统	进水阀控制柜	油泵卸载阀整定值检查调整	地滑跌落，碰撞伤人	一般	(1) 个人正确穿戴防护用品。 (2) 工作时须有专人监护，在有经验人员指导下工作，穿专用防滑鞋，工作场所应保证有足够的照明，工作前后应对工具进行清点及登记
178	机组进水阀系统	进水阀控制柜	油泵卸载阀整定值检查调整	整定值校核遗漏或错误	一般	(1) 根据下达的定值检验并确认无误。 (2) 如有定值发生修改，及时按规程要求进行更新
179	机组进水阀系统	液压系统（含接力器）	油罐用气系统检查处理	人身伤害	一般	(1) 工作时须有专人监护，在有经验人员指导下工作。 (2) 穿专用防滑鞋，工作场所应保证有足够的照明
180	机组进水阀系统	液压系统（含接力器）	油罐用气系统检查处理	防腐处理时易防腐剂过敏	一般	使用标准的防腐剂，并进行相应的检查
181	机组进水阀系统	液压系统（含接力器）	油罐用气系统检查处理	高处坠落	一般	在拆卸管路、阀门前必须确认管路内无压，并可靠隔离，高处作业应使用防坠器
182	机组进水阀系统	液压系统（含接力器）	油罐用气系统检查处理	人身伤害	一般	(1) 在拆卸管路、阀门前必须确认管路内无压，并可靠隔离。 (2) 无关人员不得进入工作区域

续表

序号	类型	设备系统	检修项目	存在风险	风险等级	应对措施
183	机组进水阀系统	液压系统（含接力器）	油罐自动补气功能试验	人身伤害	一般	（1）尽可能避免金属裸露工具与低压电源的接触，防止低压触电或电源短路。 （2）带压设备工作必须在完成隔离，并确认带压设备已安全泄压。 （3）确认补气装置管路无渗漏，充压时工作人员站在管路连接处的侧面
184	机组进水阀系统	液压系统（含接力器）	油系统阀组检修	拆卸下的油容器、管道未正确摆放导致油渗漏	一般	对拆卸下的油容器、管道，应防止残油污染地面，并采取防滑、防爆、防火的措施
185	机组进水阀系统	液压系统（含接力器）	油系统阀组检修	油污污染	一般	（1）检修现场铺设检修橡皮垫，及时清理油污，工完场清。 （2）阀组拆除后底部油口用白布塞好，并用塑料布包扎好，防止油污滴落
186	机组进水阀系统	液压系统（含接力器）	油系统过滤器清扫检查及处理、滤芯更换	人员伤害	一般	（1）工作时须有专人监护，在有经验人员指导下工作。 （2）穿专用防滑鞋，正确使用清洗剂，并使用防护用品
187	机组进水阀系统	液压系统（含接力器）	油系统过滤器清扫检查及处理、滤芯更换	人身伤害	一般	（1）油系统过滤器拆卸前，确认系统已无残压后方可作业。 （2）油系统过滤器滤芯安装时应不戴手套，保持手部清洁

续表

序号	类型	设备系统	检修项目	存在风险	风险等级	应对措施
188	机组进水阀系统	液压系统（含接力器）	主油阀检查处理	元件损坏	一般	（1）确定电源已隔离。 （2）拆除电气接线要用绝缘胶带包扎好，做好记号，拆下的元器件要保护好
189	机组进水阀系统	液压系统（含接力器）	主油阀检查处理	滑跌伤人	一般	工作时须有专人监护，在有经验人员指导下工作，工作场所应保证有足够的照明
190	机组技术供水系统	过滤器	过滤器清扫、检查、滤芯更换	机械伤人、设备损坏	一般	（1）开工前检查吊具合格。 （2）吊装过程防倾倒
191	机组技术供水系统	控制柜	电气控制柜配合技术供水系统整体功能调试及传动试验	人身触电	一般	作业人员应清楚带电部位
192	机组技术供水系统	管路及阀门	管路、阀门拆装、清扫、检查、处理	高处坠落	一般	（1）高处作业采取可靠措施，如使用安全带。 （2）升降车操作人员需取得操作资格
193	机组技术供水系统	管路及阀门	管路、阀门拆装、清扫、检查、处理	机械伤人	一般	（1）作业前仔细确认安全隔离措施到位。 （2）涉及带压阀门、接头等需拆卸、紧固时，应先泄压。 （3）悬空管路、阀门拆卸时，在解开法兰连接螺栓前，须做好悬空管路、阀门防坠落措施。 （4）检修场地有积水时及时清理干净

续表

序号	类型	设备系统	检修项目	存在风险	风险等级	应对措施
194	机组技术供水系统	控制柜	机组技术供水系统PLC电池检查	检查发生错误或元件损坏	一般	操作前核对设备名称、编号、位置
195	机组技术供水系统	控制柜	机组技术供水系统PLC模块清扫、检查	检查发生错误或元件损坏	一般	操作前核对设备名称、编号、位置
196	机组技术供水系统	控制柜	机组技术供水系统控制继电器校验	校验发生错误或元件损坏	一般	加电压量不要超过继电器允许的最大值
197	机组技术供水系统	控制柜	机组技术供水系统控制盘柜清扫、检查、端子紧固	人身触电	一般	检修作业人员作业时穿绝缘鞋并戴绝缘手套
198	机组技术供水系统	控制柜	机组技术供水系统控制盘柜清扫、检查、端子紧固	元件损坏	一般	（1）操作前核对设备名称、编号、位置。 （2）对可能引发误碰的回路、设备、元件应设防护带和悬挂警示牌。 （3）作业时使用适合工具进行紧固
199	机组技术供水系统	控制柜	机组技术供水系统控制与报警回路对点传动	校验发生错误或元件损坏、模拟试验后未及时复位	一般	（1）操作前对设备状态进行确认和检查。 （2）校验前需核实设备额定值及参数，确保图纸和实际标识和编号的一致性。 （3）核对模拟信号是否已解除，模块是否有报警
200	机组技术供水系统	控制柜	机组技术供水系统盘柜照明、接地、防火封堵检查	元件损坏	一般	对可能引发误碰的回路、设备、元件应设防护带和悬挂警示牌

续表

序号	类型	设备系统	检修项目	存在风险	风险等级	应对措施
201	机组技术供水系统	控制柜	机组技术供水系统与机组LCU信号对点传动	校验发生错误或元件损坏、模拟试验后未及时复位	一般	(1) 操作前对设备状态进行确认和检查。 (2) 校验前需核实设备额定值及参数，确保图纸和实际标识和编号的一致性。 (3) 核对模拟信号是否已解除，模块是否有报警
202	机组技术供水系统	技术供水泵组	水泵电机检查及处理	人身触电	一般	(1) 检查前确认电源已隔离、验电。 (2) 检查过程中确保电源不会被接通。 (3) 电机绝缘电阻测量时，正确使用绝缘电阻测量表计，测量电工必须持证上岗
203	机组技术供水系统	技术供水泵组	水泵检查及处理	设备损失，人员伤害	一般	(1) 正确使用个人防护用品，正确使用检修工器具。 (2) 严格按作业指导书工艺要求作业。 (3) 检修场地有积水时及时清理干净。 (4) 水泵检修前，检修负责人检查水泵检修隔离措施正确、完备
204	机组调速系统	调速器液压系统	导叶接力器排油、解体检查、处理（含耐压试验）及回装	人身伤害	较大	(1) 主接力器管路拆卸前，应确保无残压、无残油。 (2) 主接力器管路拆装、主体分解时，受限空间作业防止挤压伤害。 (3) 耐压试验时，严格按照试验方案实施，缓慢升压，防止爆管。 (4) 耐压泵宜采用手动液压泵，加压过程及时排气。 (5) 接力器侧和液压泵侧需各设一块压力表，且表计完好。 (6) 压力软管接头处应做好防甩伤人措施。 (7) 接力器吊装过程下方不得站人

续表

序号	类型	设备系统	检修项目	存在风险	风险等级	应对措施
205	机组调速系统	调速器液压系统	导叶接力器排油、解体检查、处理（含耐压试验）及回装	设备损坏	一般	（1）严格按照作业指导书执行。 （2）保持水平装拆，禁止使用电动导向设备装拆活塞杆，防止缸体、活塞和密封部件受损
206	机组调速系统	调速器液压系统	导叶接力器排油、解体检查、处理（含耐压试验）及回装	检查后物体遗留在缸体内	较大	（1）设专人监护，回装前严格履行验收制度。 （2）使用工具盒存放工作物件并做好登记
207	机组调速系统	控制系统	I/O通道测试及信号传动试验、控制回路模拟动作试验	模拟试验时发生事故、模拟试验后未及时复位	一般	（1）加强操作前对设备名称、编号、位置的检查和监护核对工作，发现有误或标识不清应立即停止操作。 （2）核对模拟信号是否已解除，模块是否有报警。 （3）操作中对模拟的信号进行记录
208	机组调速系统	控制系统	PLC模块检查、继电器校验和更换、PLC程序版本一致性核对	元件损坏、拆接线错误	一般	（1）加电压量不要超过继电器允许的最大值，拆接线时做好标记。 （2）控制器在线前确认调试电脑中程序为最新版本，备份程序时应标明备份时间及程序名。 （3）拆下设备时，确保电源已断开，拆接线时做好标记
209	机组调速系统	控制系统	PLC冗余CPU切换试验	冗余切换时发生断电	一般	（1）应确保至少一块PLC正常工作的条件下进行冗余电源试验。 （2）严禁拉开PLC总进线电源
210	机组调速系统	控制系统	导叶锁定电磁阀阻值及绝缘检查	人身触电	一般	防止低压触电或电源短路

续表

序号	类型	设备系统	检修项目	存在风险	风险等级	应对措施
211	机组调速系统	调速器液压系统	导叶锁定机构检查调整	人员伤害	一般	穿防滑鞋
212	机组调速系统	调速器液压系统	导叶锁定机构检查调整	机械伤害	一般	导叶锁定闸板调整时，防止坠落，砸伤手指
213	机组调速系统	调速器液压系统	导叶锁定行程开关检查	人员伤害	一般	（1）作业前检查安全隔离的正确性，确保导叶无法动作。 （2）作业人员应穿防滑鞋
214	机组调速系统	调速器液压系统	导叶预紧行程检查调整接力器工作行程、压紧行程测量调整测量及调整接力器行程、导叶开度关系曲线	设备损坏和人员受伤	一般	（1）在受限空间作业时应采取安全措施尽可能避免作业伤害，加强作业前对设备状态的确认和检查。 （2）带压设备工作必须确认水车室内无人工作
215	机组调速系统	调速器液压系统	导叶预紧行程检查调整接力器工作行程、压紧行程测量调整测量及调整接力器行程、导叶开度关系曲线	人身伤害	一般	（1）作业时应采取安全措施尽可能避免作业伤害。 （2）加强对作业指导书中受限区域临时照明的要求。 （3）加强对人员进入受限区域携带的工具、材料、物资的登记和离开受限区域的核查。 （4）加强对作业人员的着装培训，强化作业人员在进入水轮机机坑作业时对着装的检查意识

续表

序号	类型	设备系统	检修项目	存在风险	风险等级	应对措施
216	机组调速系统	控制系统	低油压保护跳闸动作回路传动试验	导叶接力器动作导致水车室有人误伤	一般	导叶接力器动作时保持水车室无人
217	机组调速系统	控制系统	电调控制柜配合调速器系统整体功能调试及传动试验	试验时人身伤害	一般	（1）作业前确认机组隔离状态，作业中注意配合。 （2）导叶接力器动作时保持水车室无人
218	机组调速系统	控制系统	电机控制器清扫、检查、参数核对及试验	整定值校核遗漏或错误	一般	（1）对保护定值的修改应按照规程要求，根据下达的整定单，在有人监护的情况下修改、复核后投入。 （2）如有定值发生修改，及时按规程要求进行更新
219	机组调速系统	控制系统	调速器参数及保护整定值核对	整定值校核遗漏或错误	一般	（1）对保护定值的修改应按照规程要求，根据下达的整定单，在有人监护的情况下修改、复核后投入。 （2）如有定值发生修改，及时按规程要求进行更新
220	机组调速系统	控制系统	调速器分段关闭电磁阀阻值及绝缘检查	人身触电	一般	应按照电气作业规程，验电后作业
221	机组调速系统	控制系统	调速器静特性试验	设备损坏和人员受伤	一般	（1）作业前确认机组隔离状态，作业中注意配合。 （2）导叶接力器动作时保持水车室无人。 （3）作业前确认机组隔离状态，规范作业人员作业前的检查和作业关键步骤
222	机组调速系统	调速器液压系统	调速器冷却水系统检查处理	人员伤害	一般	（1）穿专用防滑鞋，工作时须有专人监护，在有经验人员指导下工作。 （2）工作按相关程序进行，工作场所应保证有足够的照明，使用合格工器具

续表

序号	类型	设备系统	检修项目	存在风险	风险等级	应对措施
223	机组调速系统	控制系统	调速器事故配压电磁阀阻值及绝缘检查	人身触电	一般	应按照电气作业规程，验电后作业
224	机组调速系统	调速器液压系统	调速器油罐安全阀校验	高处坠落	一般	（1）拆装安全阀时正确佩戴安全带，高挂抵用，安全带系在气罐顶部吊耳上。 （2）登高前应对梯子安放位置进行检查，对地面高低不平、湿滑、地面松软的应采取特殊的加垫、防滑措施
225	机组调速系统	调速器液压系统	调速器油罐安全阀校验	卸压不完全导致人员受伤	一般	带压设备工作必须在完成隔离后，并确认带压设备已安全泄压
226	机组调速系统	控制系统	机组调速系统传感器定位试验	人身伤害	一般	导叶接力器动作时不要踩踏转动部分
227	机组调速系统	控制系统	机组调速系统电液转换器线圈绝缘阻值检查	人身触电	一般	防止低压触电或电源短路
228	机组调速系统	控制系统	机组调速系统电液转换器阻值检查	机械伤人	一般	带压设备工作必须在完成隔离后，并确认带压设备已安全泄压
229	机组调速系统	调速器液压系统	集油槽、压油罐、漏油箱清扫检查处理	人员伤害，工器遗漏	一般	（1）工作时须有专人监护，在有经验人员指导下工作，穿专用防滑鞋，工作场所应保证有足够的照明。 （2）正确使用清洗剂，并使用防护用品，进入油罐、油槽的人员和鞋子要用布做好防护。 （3）容器内严禁使用明火，严禁向内部输氧气。 （4）工作前后对工具进行清点及登记

续表

序号	类型	设备系统	检修项目	存在风险	风险等级	应对措施
230	机组调速系统	调速器液压系统	集油槽、压油罐、漏油箱清扫检查处理	探伤对人身体伤害	一般	（1）金属探伤作业区域应设置安全围栏和警示，防止人员误入。 （2）作业前应对安全隔离措施进行检查。 （3）作业前必须确认周围已经清场。 （4）做好个人防护措施
231	机组调速系统	调速器液压系统	集油槽、压油罐、漏油箱清扫检查处理	照明不足及触电，人员窒息	一般	（1）工作时须有专人监护，在有经验人员指导下工作，晚上进行探伤试验。 （2）作业时使用移动照明灯，工作电压不超过24V，并在工作前先验电。 （3）工作时须有专人监护，并用排风扇进行通风
232	机组调速系统	调速器液压系统	集油槽油位计检查	拆装错误	一般	（1）工作前核对设备名称、编号、位置。 （2）拆接线时做好标记
233	机组调速系统	调速器液压系统	紧急停机电磁阀检查维护	人身触电	一般	带压设备工作必须在完成隔离后，并确认带压设备已安全泄压
234	机组调速系统	调速器液压系统	控制电源及PLC工作电源的测试、接地检查、防雷元件或装置检查、冗余电源切换试验、PLC电池检查或更换	切换试验损坏设备	一般	上电前检查电源电压

续表

序号	类型	设备系统	检修项目	存在风险	风险等级	应对措施
235	机组调速系统	调速器液压系统	控制电源及PLC工作电源的测试、接地检查、防雷元件或装置检查、冗余电源切换试验、PLC电池检查或更换	元件损坏	一般	(1) 操作前核对设备名称、编号、位置。 (2) 应确保至少一块PLC正常工作的条件下进行冗余电源试验。 (3) 尽可能避免金属裸露工具与低压电源的接触，防止低压触电或电源短路
236	机组调速系统	调速器液压系统	控制柜、端子箱、模块清扫，端子检查，紧固电缆、回路接线、线槽盖板整理，电缆绝缘及接地检查，防火封堵检查，端子、元器件、电缆标识牌核对和更新，加热器检查及其温控器设定值核对，盘柜照明检查	元件损坏	一般	(1) 操作前核对设备名称、编号、位置。 (2) 对可能引发误碰的回路、设备、元件应设防护带和悬挂警示牌。 (3) 作业时使用适合工具进行紧固。 (4) 定值调整后需经第二人
237	机组调速系统	调速器液压系统	漏油装置继电器校验	损坏及接线错误	一般	(1) 加电压量不要超过继电器允许的最大值。 (2) 拆接线时做好标记，回装时按所做标记进行接线
238	机组调速系统	调速器液压系统	漏油装置油位计检查	拆装错误	一般	(1) 工作前核对设备名称、编号、位置。 (2) 拆接线时做好标记

续表

序号	类型	设备系统	检修项目	存在风险	风险等级	应对措施
239	机组调速系统	调速器液压系统	透平油样化验与分析	拆接油管时漏油	一般	取油时实行监护操作，专心致志
240	机组调速系统	调速器液压系统	压油罐油位计检查	拆装错误	一般	（1）工作前核对设备名称、编号、位置。 （2）拆接线时做好标记
241	机组调速系统	调速器液压系统	油、水、气管路检查、处理、防腐及耐压试验	人员伤害	一般	（1）工作时须有专人监护，在有经验人员指导下工作，穿专用防滑鞋。 （2）钢管在酸洗、中和及钝化作业时，操作人员应着专门防护服装，佩戴护目镜、耐酸手套等防护用具。 （3）工作场所应保证有足够的照明，合理使用工器具，耐压试验时堵头旁勿站人
242	机组调速系统	调速器液压系统	油泵电机检查及处理	机械伤人、设备损坏	一般	（1）正确使用个人防护用品。 （2）严格按作业指导书工艺要求作业
243	机组调速系统	调速器液压系统	油泵电机检查及处理	人身触电	一般	（1）个人正确穿戴防护用品。 （2）检修电源应从附近检修电源箱接取
244	机组调速系统	调速器液压系统	油泵检查及处理，油泵卸载阀整定值检查调整	人身伤害	一般	（1）工作现场需设防护围栏或挂警示牌。 （2）工作时须有专人监护，在有经验人员指导下工作，工作场所应保证有足够的照明。 （3）专人负责起吊，专人负责指挥，使用合格起重工器具

续表

序号	类型	设备系统	检修项目	存在风险	风险等级	应对措施
245	机组调速系统	调速器液压系统	油泵检查及处理，油泵卸载阀整定值检查调整	设备损坏	一般	（1）油泵检查及处理过程要防止破布等物品遗留。 （2）卸载阀整定的过程要监视压力防止过压
246	机组调速系统	调速器液压系统	油罐用气系统检查处理	人员伤害	一般	（1）工作时须有专人监护，在有经验人员指导下工作。 （2）穿专用防滑鞋，工作场所应保证有足够的照明
247	机组调速系统	调速器液压系统	油罐用气系统自动补气功能试验	人身触电	一般	尽可能避免金属裸露工具与低压电源的接触，防止低压触电或电源短路
248	机组调速系统	调速器液压系统	油系统阀组检修	设备损坏	一般	油泵检查及处理过程要防止破布等物品遗留
249	机组调速系统	调速器液压系统	油系统过滤器清扫检查及处理、滤芯更换	人员伤害	一般	（1）工作时须有专人监护，在有经验人员指导下工作。 （2）穿专用防滑鞋，正确使用清洗剂，并使用防护用品。 （3）清扫油系统滤过器前，确认该处无残压后，方可进行清扫工作。 （4）使用的工具应系好布带，做好防坠落的措施
250	机组调速系统	调速器液压系统	油压装置位置开关整定值检查调整	拆接线错误	一般	拆线前做好记录，回装后核对

续表

序号	类型	设备系统	检修项目	存在风险	风险等级	应对措施
251	机组调速系统	调速器液压系统	导叶接力器排油、解体检查、处理（含耐压试验）及回装	人员伤害	一般	工作现场需设防护围栏或挂警示牌，穿专用防滑鞋，工作时须有专人监护，在有经验人员指导下工作，工作场所应保证有足够的照明，专人负责起吊，专人负责指挥，合理使用工器具
252	机组调速系统	调速器液压系统	导叶接力器自动化元件拆装	拆接线错误	一般	拆线前做好记录、标记，回装后核对
253	机组调速系统	调速器液压系统	主油阀检查处理	人身伤害	一般	主阀耐压试验时，防止过压伤人
254	水轮发电（电动）机组	调速器液压系统	紧急停机阀动作试验	动作出口	一般	试验前确保相关措施已执行完毕，并进行再次检查，避免实际动作调速系统
255	水轮发电（电动）机组	调速器液压系统	紧急停机阀动作试验	二次回路误碰，造成开路或短路	一般	对可能引发误碰的回路、设备、元件作业人员应设防护带和悬挂警示牌
256	水轮发电（电动）机组	调速器液压系统	紧急停机阀动作试验	继电器损坏	一般	在试验时，根据继电器标示牌选择测量电压，核对无误后方可加电压进行

续表

序号	类型	设备系统	检修项目	存在风险	风险等级	应对措施
257	机组调速系统	调速器液压系统	油压装置压力开关校验	拆接线错误	一般	拆线前做好记录，回装后核对
258	机组调速系统	调速器液压系统	油压装置压力开关校验	机械伤人	一般	（1）带压设备工作必须在完成隔离后，并确认带压设备已安全泄压。 （2）核对压力开关定值必须 2 人进行核实

第三章　电 气 一 次 系 统

第一节　开关站设备检修工作危险点及预控措施

开关站设备是电站电能与电网的联络中心，通常包括电缆、避雷器、断路器、隔离开关、电压互感器等组成。开关站设备的检修存在检修工艺要求高、高处作业多、电压等级高等因素，易造成设备损坏或人员伤亡。为保证开关站设备检修及试验工作中人身及设备安全，编制了典型安全风险，对作业过程中对存在的危险点进行辨识，并分级、分类，制定预防及控制措施。通过检修作业前的危险点分析预控，能够有效促进检修作业过程中的风险管控，从而保证人身及设备安全。

开关站设备主要检修内容为开关设备机构检查、断路器灭弧室检修、避雷器检修、隔离开关检修等。存在人身触电、落物伤人、断路器、隔离开关误动等风险。

本部分针对以上危险点进行分析，提出试验前执行二次安全措施时，要认真核对图纸和闭锁逻辑，防止拆接线错误导致断路器、隔离开关误动等具体的预控措施，有效促进作业过程中的风险管控，降低作业风险，从而保证人身和设备安全，对开关站设备检修工作风险控制具有指导意义。

开关站设备检修风险库						
序号	类型	设备系统	检修项目	存在风险	风险等级	应对措施
1	开关站设备	GIS	GIS开关设备机构检查	机械伤害	一般	（1）操作机构检查前，应检查断路器在分闸位置，操作电源已断开。 （2）液压储能机构应泄压。 （3）六氟化硫断路器（开关）进行操作时，禁止检修人员在其外壳上进行工作
2	开关站设备	GIS	GIS开关设备机构检查	操作机构损坏	一般	分合闸线圈最低动作电压试验时，应退出断路器防慢分装置，防止损坏操作机构
3	开关站设备	GIS	GIS开关设备机构检查	液压油污染设备	一般	（1）液压油更换期间做好防护，防止液压油溅落操作机构内部。 （2）液压油更换完成后检查各阀门、螺栓紧固，防止机构渗油
4	开关站设备	GIS	GIS开关设备机构检查	人员烫伤	一般	检修打开机构前，应检查加热器电源已断开，工作期间注意与加热器保持足够的距离
5	开关站设备	GIS	GIS开关设备机构检查	人身触电	一般	（1）认真核对设备名称和编号，防止误入临近带电间隔。 （2）使用带漏电保护、具有明显隔离点的断路器、隔离开关。 （3）有临近带电设备，人体与高压设备带电部位应保持足够的安全距离。 （4）搬运梯子、管子等长物时应放倒，由两人搬运，并与带电部分保持足够的安全距离，带电区域禁止使用金属梯子

续表

序号	类型	设备系统	检修项目	存在风险	风险等级	应对措施
6	开关站设备	GIS	GIS 开关设备机构检查	遗留物品	一般	工作结束后进行工具盘点，防止遗留在设备内部
7	开关站设备	GIS	GIS 开关设备机构检查	设备损坏	一般	操作机构内部检查应小心谨慎，防止用力过大损坏内部机构
8	开关站设备	GIS	GIS 开关设备机构检查	分合闸线圈损坏	一般	分合闸线圈带电试验，选择合适的试验电压，防止电压过大损坏线圈
9	开关站设备	GIS	GIS 断路器灭弧室检修	SF_6 渗漏、压力油泄渗漏	较大	按照说明书要求，更换相关密封材料，使用力矩扳手进行
10	开关站设备	GIS	GIS 断路器灭弧室检修	SF_6 气体中毒	较大	（1）在打开的 SF_6 电气设备上工作的人员，应经专门的安全技术知识培训，配置和使用必要的安全防护用具。 （2）工作人员不准在 SF_6 设备防爆膜附近停留。 （3）SF_6 微水试验后，检查各阀门关闭严密无漏气。 （4）做好个人防护，做好设备防护，防止有害粉尘扩散至空气中。 （5）对设备进行充气作业时，必须严格按照额定充气压力进行。 （6）工作人员需穿防护服，戴防毒面具和防护手套。 （7）打开 SF_6 设备封盖后，现场所有人员应暂离现场 30min；取出吸附剂和清除粉尘时，检修人员应戴防毒面具或正压式空气呼吸器和防护手套。 （8）回收设备内的 SF_6 气体时，作业人员应站在上风侧。 （9）废旧 SF_6 气体必须进过回收装置回收，不得排放至大气

续表

序号	类型	设备系统	检修项目	存在风险	风险等级	应对措施
11	开关站设备	GIS	GIS 断路器灭弧室检修	抽真空时真空度不在要求范围内而引起气体泄漏	较大	(1) 工作前检查设备，确保回收设备无缺陷，无泄漏。 (2) 严格按照说明书及规程标准进行操作执行
12	开关站设备	GIS	GIS 功能试验	带电合接地隔离开关	一般	认真核对设备名称和编号，测量回路电阻时，防止误合带电母线接地隔离开关
13	开关站设备	GIS	GIS 功能试验	带接地隔离开关送电	一般	认真核对设备名称和编号，测量回路电阻时，防止误合断路器、隔离开关送电至接地母线
14	开关站设备	GIS	GIS 功能试验	设备不合格，损坏试品和试验设备	一般	(1) 所用仪器必须检验合格。 (2) 试验前明确工作方法、操作步骤、安全措施
15	开关站设备	GIS	GIS 功能试验	误分、合断路器、隔离开关	一般	认真核对设备名称和编号，防止误分合开关设备发生恶性误操作事故
16	开关站设备	GIS	GIS 功能试验	断路器、隔离开关误动	一般	试验前执行二次安全措施时，要认真核对图纸和闭锁逻辑，防止拆接线错误导致断路器、隔离开关误动
17	开关站设备	GIS	GIS 功能试验	操作不当损坏仪器、设备	一般	(1) 试验时使用经过审批的作业指导书。 (2) 试验接线正确，应有监护人复查。 (3) 施加试验电流、电压正确，防止电流、电压过大损坏设备或仪器
18	开关站设备	避雷器	避雷器检修	设备损坏	一般	(1) 一次连接紧固力矩要满足设备要求，防止紧固力矩太大损坏引线端子。 (2) 做好避雷器瓷部件的防护

续表

序号	类型	设备系统	检修项目	存在风险	风险等级	应对措施
19	开关站设备	避雷器	避雷器检修	高处坠落	一般	（1）必须有专人扶持，防止梯子、移动脚手架滑动。 （2）工作人员上下梯子方法要正确，必须在距梯顶不少于2档的梯蹬上工作。 （3）系安全带，安全带挂点应选择正确，站位、移位均不得失去保护。 （4）作业平台移动时，人员、工器具不得停留在平台上
20	开关站设备	避雷器	避雷器检修	落物伤人	一般	（1）严禁人员站在工作处的垂直下方。 （2）较大的工具应固定在牢固的构件上，不准随意乱放。 （3）高空与地面传递物品时应使用结实的绳索绑扎牢固后传递，不得直接抛掷。 （4）起吊设备时应结合设备的具体情况选择挂点，应由有经验的人统一指挥，密切配合。 （5）起吊避雷器时应使用合格的吊带，并在设备的中部用绳索绕扣、圈围系好，防止设备脱出倾倒
21	开关站设备	避雷器	避雷器检修	人身触电	一般	（1）严禁在无接地保护的情况下进行作业。 （2）作业人员与临近带电设备保持足够的安全距离。 （3）拆接引线时，应加装临时接地线或个人保安线，并戴绝缘手套。 （4）工作地点做好标牌装设和围栏布置。 （5）作业人员认真核对设备名称及编号

续表

序号	类型	设备系统	检修项目	存在风险	风险等级	应对措施
22	开关站设备	断路器、隔离开关	断路器、隔离开关检修	高处坠落	一般	(1) 必须有专人扶持，防止梯子、移动脚手架滑动。 (2) 工作人员上下梯子方法要正确，必须在距梯顶不少于2档的梯蹬上工作。 (3) 系安全带，安全带挂点应选择正确，站位、移位均不得失去保护。 (4) 作业平台移动时，人员、工器具不得停留在平台上
23	开关站设备	断路器、隔离开关	断路器、隔离开关检修	落物伤人	一般	(1) 严禁人员站在工作处的垂直下方。 (2) 较大的工具应固定在牢固的构件上，不准随意乱放。 (3) 高空与地面传递物品时应使用结实的绳索绑扎牢固后传递，不得直接抛掷。 (4) 起吊设备时应结合设备的具体情况选择挂点，应由有经验的人统一指挥，密切配合。 (5) 起吊避雷器时应使用合格的吊带，并在设备的中部用绳索绕扣、圈围系好，防止设备脱出倾倒
24	开关站设备	断路器、隔离开关	断路器、隔离开关检修	人身触电	一般	(1) 严禁在无接地保护的情况下进行作业。 (2) 作业人员与临近带电设备保持足够的安全距离。 (3) 拆接引线时，应加装临时接地线或个人保安线，并戴绝缘手套。 (4) 工作地点做好标牌装设和围栏布置。 (5) 作业人员认真核对设备名称及编号

续表

序号	类型	设备系统	检修项目	存在风险	风险等级	应对措施
25	开关站设备	电流、电压互感器	电流、电压互感器检修	高处坠落	一般	（1）必须有专人扶持，防止梯子、移动脚手架滑动。 （2）工作人员上下梯子方法要正确，必须在距梯顶不少于2档的梯蹬上工作。 （3）系安全带，安全带挂点应选择正确，站位、移位均不得失去保护。 （4）作业平台移动时，人员工器具不得停留在平台上
26	开关站设备	电流、电压互感器	电流、电压互感器检修	落物伤人	一般	（1）严禁人员站在工作处的垂直下方。 （2）较大的工具应固定在牢固的构件上，不准随意乱放。 （3）高空与地面传递物品时应使用结实的绳索绑扎牢固后传递，不得直接抛掷。 （4）起吊设备时应结合设备的具体情况选择挂点，应由有经验的人统一指挥，密切配合。 （5）起吊避雷器时应使用合格的吊带，并在设备的中部用绳索绕扣、圈围系好，防止设备脱出倾倒
27	开关站设备	电流、电压互感器	电流、电压互感器检修	人身触电	一般	（1）严禁在无接地保护的情况下进行作业。 （2）作业人员与临近带电设备保持足够的安全距离。 （3）拆接引线时，应加装临时接地线或个人保安线，并戴绝缘手套。 （4）工作地点做好标牌装设和围栏布置。 （5）作业人员认真核对设备名称及编号。 （6）工作开始前确认电压互感器二次小开关在断开位置并测量无电压，防止反送电至一次侧

续表

序号	类型	设备系统	检修项目	存在风险	风险等级	应对措施
28	出线场设备	套管	出线套管检修	设备损坏	一般	(1) 瓷质绝缘子、套管应做好防护，防止移动平台或大件工器具损坏设备。 (2) 做好套管瓷部件的防护
29	出线场设备	套管	出线套管检修	人身触电	一般	(1) 严禁在无接地保护的情况下进行作业。 (2) 作业人员与临近带电设备保持足够的安全距离。 (3) 拆接引线时，应加装临时接地线或个人保安线，并戴绝缘手套。 (4) 工作地点做好标牌装设和围栏布置。 (5) 作业人员认真核对设备名称及编号
30	出线场设备	套管	出线套管检修	高处坠落	一般	(1) 必须有专人扶持，防止梯子、移动脚手架滑动。 (2) 工作人员上下梯子方法要正确，必须在距梯顶不少于 2 档的梯蹬上工作。 (3) 系安全带，安全带挂点应选择正确，站位、移位均不得失去保护。 (4) 作业平台移动时，人员工器具不得停留在平台上
31	出线场设备	套管	出线套管检修	落物伤人	一般	(1) 严禁人员站在工作处的垂直下方。 (2) 较大的工具应固定在牢固的构件上，不准随意乱放。 (3) 高空与地面传递物品时应使用结实的绳索绑扎牢固后传递，不得直接抛掷。 (4) 起吊设备时应结合设备的具体情况选择挂点，应由有经验的人统一指挥，密切配合。 (5) 起吊套管时应使用合格的吊带，并在设备的中部用绳索绕扣、圈围系好，防止设备脱出倾倒

第二节　高压电缆设备检修工作危险点及预控措施

高压电缆及其辅助设备包括高压电缆本体及接头、固定支撑件、绝缘套管、电缆终端、接地装置、压力油监测系统以及感温电缆等，为保证高压电缆设备可靠运行，运维人员采用先进的材料、工艺、方法及检修工器具定期对其进行清扫、检查和维护，以延长设备的使用寿命和提高安全运行水平。检修过程中由于设备价格高昂精度高、施工工艺要求高，易造成设备损坏。为保证高压电缆设备检修工作中人身及设备安全，编制了典型安全风险，对作业过程中对存在的危险点进行辨识，并分级、分类，制定预防及控制措施。通过检修作业前的危险点分析预控，能够有效促进检修作业过程中的风险管控，从而保证人身及设备安全。

高压电缆设备主要检修内容为 XLPE 电缆外部清扫、检查等，主要存在电缆外绝缘受损、用力过猛损坏电缆及其附件等风险。

本部分针对以上危险点进行分析，提出使用柔软物件进行清扫、不得破坏感温电缆外表皮等具体的预控措施，有效促进作业过程中的风险管控，降低作业风险，从而保证人身和设备安全，对高压电缆设备检修工作风险控制具有指导意义。

高压电缆设备检修风险库

序号	类型	设备系统	检修项目	存在风险	风险等级	应对措施
1	高压电缆	XLPE 电缆/GIL	XLPE 电缆外部清扫、检查	电缆外绝缘受损	一般	（1）使用柔软物件进行清扫。 （2）不得破坏感温电缆外表皮

续表

序号	类型	设备系统	检修项目	存在风险	风险等级	应对措施
2	高压电缆	XLPE电缆/GIL	XLPE电缆外部清扫、检查	用力过猛损坏电缆及其附件	一般	(1) 正确使用工器具。 (2) 防止用力过猛磕碰伤害电缆及其附件
3	高压电缆	XLPE电缆/GIL	XLPE电缆外部清扫、检查	监测系统油管路漏油	一般	(1) 正确使用工器具。 (2) 防止用力过猛伤害油管路及接头

第三节 主变压器系统检修工作危险点及预控措施

主变压器及其辅助设备包括铁芯、绕组、油箱、套管、冷却装置等，其作用为升高电压将电能输送至电网，或降低电压以满足用电需要。主变压器检修工艺要求高，工期也相对紧张，检修过程中易造成设备损坏或者人员伤害。为保证主变压器系统检修及试验工作中人身及设备安全，编制了典型安全风险，对作业过程中对存在的危险点进行辨识，并分级、分类，制定预防及控制措施。通过检修作业前的危险点分析预控，能够有效促进检修作业过程中的风险管控，从而保证人身及设备安全。

主变压器系统主要检修内容为变压器清扫、变压器紧固件和接地检查、冷却器清扫检查、耐压试验，油滤过器清扫、检查等。存在试验爆管、材料或零件遗漏在设备内部、高处坠落等风险。

本部分针对以上危险点进行分析，提出工作人员上下梯子方法要正确，必须在距梯顶不少于2档的梯蹬上工作、正确使用加压工具，避免长时间过压等具体的预控措施，有效促进作业过程中的风险管控，降低作业风险，从而保证人身和设备安全，对主变压器系统检修工作风险控制具有指导意义。

主变压器系统检修风险库						
序号	类型	设备系统	检修项目	存在风险	风险等级	应对措施
1	主变压器系统	主变压器	变压器清扫	高处坠落	一般	（1）必须有专人扶持，防止梯子滑动。 （2）工作人员上下梯子方法要正确，必须在距梯顶不少于2档的梯蹬上工作。 （3）靠在软母线上使用的梯子，梯子上端有挂钩或用绳索绑缚。 （4）变压器顶盖上工作，必要时系安全带，安全带挂点应选择正确，站位、移位均不得失去保护
2	主变压器系统	主变压器	变压器清扫	人身触电	一般	（1）工作前检查电动工器具绝缘良好。 （2）电动工器具金属外壳应可靠接地。 （3）检查漏电保护器应正确动作。 （4）工作前验电，检查接地线良好。 （5）工作地点做好标识和围栏。 （6）作业人员认真核对设备名称及编号
3	主变压器系统	主变压器	变压器清扫	落物伤人	一般	（1）严禁人员站在工作处的垂直下方。 （2）较大的工具应固定在牢固的构件上，不准随意乱放
4	主变压器系统	主变压器	变压器清扫	物品遗留	一般	工作结束后进行工具盘点，防止遗留在设备内部
5	主变压器系统	主变压器	变压器清扫	机械伤害	一般	（1）严格按照规定着装，严禁戴手套使用电动工器具。 （2）按正确方法操作电动工器具

续表

序号	类型	设备系统	检修项目	存在风险	风险等级	应对措施
6	主变压器系统	主变压器	变压器紧固件和接地检查	电气一次回路紧固端子未紧固，引起接触面发热损坏设备	一般	使用规定大小的力矩扳手逐个进行检查确认，并做好标记
7	主变压器系统	主变压器	变压器紧固件和接地检查	接地连接检查不到位，松动运行铁芯发热	一般	仔细检查接地连接，并进行标记
8	主变压器系统	主变压器	变压器调压开关检修	电气一次回路紧固端子未紧固，引起接触面发热损坏设备	一般	使用规定大小的力矩扳手逐个进行检查确认，并做好标记
9	主变压器系统	主变压器	变压器调压开关检修	人身触电	一般	（1）使用带漏电保护、具有明显隔离点的断路器、隔离开关。 （2）人员穿戴符合试验规范要求，使用绝缘手套。 （3）拆线前确保所有升压设备电源断开，验明无压后再开始拆除。 （4）工作前检查电动工器具绝缘良好。 （5）电动工器具金属外壳应可靠接地。 （6）检查漏电保护器应正确动作
10	主变压器系统	主变压器	变压器调压开关检修	高处坠落	一般	变压器顶盖上工作，必要时系安全带，安全带挂点应选择正确，站位、移位均不得失去保护
11	主变压器系统	主变压器	变压器调压开关检修	落物伤人	一般	（1）严禁人员站在工作处的垂直下方。 （2）较大的工具应固定在牢固的构件上，不准随意乱放。 （3）高空与地面传递物品时应使用结实的绑扎牢固后传递，不得直接抛掷

续表

序号	类型	设备系统	检修项目	存在风险	风险等级	应对措施
12	主变压器系统	主变压器	变压器调压开关检修	机械伤害	一般	（1）操作机构上工作做好防转动措施，切断电源，悬挂警示牌。 （2）检修工作负责人开工前认真检查安全措施，确认无误后方可开工。 （3）在检修调试或运转时，人员不得靠近操作机构运动部件
13	主变压器系统	主变压器	冷却器清扫、检查、耐压试验，油滤过器清扫、检查	试验管路连接错误	一般	按照图纸连接油管，并做好周围设备和环境的防护
14	主变压器系统	主变压器	冷却器清扫、检查、耐压试验，油滤过器清扫、检查	试验爆管	一般	（1）正确使用加压工具，避免长时间过压。 （2）管路两侧应各安装一块合格表计。 （3）试验时缓慢升压
15	主变压器系统	主变压器	冷却器清扫、检查、耐压试验，油滤过器清扫、检查	材料或零件遗漏在设备内部	一般	工作完毕后需认真检查，清理干净后立刻进行封堵

第四节　发电电动机电压设备检修工作危险点及预控措施

发电电动机电压设备是水电站重要的一次设备，承担机组有功输入/输出、机组启动、工况转换、同期并网、电气制动、电气量测量、机组检修隔离等作用，是电站机组运行的必要条件，其安全稳定运行，对整个电站尤其重要。发电电动机电压设备包括高压断路器、隔离开关、电压/电流互感器、18kV 母线等，为保证发电电动机电压设备可靠运行，电站定期安排对其进行维护与检修。由于检修及试验过程中存在高压触电、设备损坏等风险，为确保发电电动机电压设备检修及试验工作中人身及设备安全，对作业过程中存在的危险点进行辨识，并分级、分类，制定预防及控制措施。通过检修作业前的危险点分析预控，能够有效促进检修作业过程中的风险管控，从而保证人身及设备安全。

发电电动机电压设备主要检修内容有出口断路器灭弧定解体检查、定子绕组交流耐压试验、电流互感器（TA）励磁特性、10%误差试验、测量用电压互感器二次压降校核以及各机构检查、清扫、更换、绝缘测量等，存在人身触电、设备元件损坏、SF_6气体泄漏、物品遗留等作业风险。

本部分针对以上危险点进行分析，提出操作机构试验时，试验人员远离操作机构本体等具体的预控措施。通过对发电电动机电压设备检修作业风险的分析，能够清晰地掌握作业过程中存在的各类风险，从而针对不同风除类型及风险等级，采取有效的预控措施，提升检修作业中安全管控水平，大大降低检修、试验作业中的不安全因素，防止造成重要设备设施损坏和人身伤亡事故，巩固安全生产基础。

发电电动机电压设备检修风险库

序号	类型	设备系统	检修项目	存在风险	风险等级	应对措施
1	发电电动机电压设备	出口断路器	SF_6气体露点测量	SF_6气体泄漏	一般	（1）工作前检查工作场所通风良好。 （2）工作有人监护，拆装接头时不得野蛮操作
2	发电电动机电压设备	出口断路器	操作机构检查及试验	机械伤人	一般	（1）进行测量时注意设备动作范围，小心工作。 （2）操作机构试验时，试验人员远离操作机构本体。 （3）严禁无关人员进入工作现场

续表

序号	类型	设备系统	检修项目	存在风险	风险等级	应对措施
3	发电电动机电压设备	出口断路器	操作机构检查及试验	狭小空间，人身触电	一般	（1）工作前分清带电端子，使用定期校验合格的绝缘工器具，做好个人防护、防误碰措施。 （2）操作机构检查前断开操作机构电源
4	发电电动机电压设备	出口断路器	储能机构清扫、磨损件更换	机械伤人	一般	（1）进行测量时注意设备动作范围，小心工作。 （2）工作前先断开储能电机电源，再将储能机构泄压
5	发电电动机电压设备	出口断路器	储能机构清扫、磨损件更换	人身触电	一般	（1）检修后的控制回路和操作电机，在进行绝缘回路测试后进行动作性能检查。 （2）工作前先断开控制回路和操作电机电源
6	发电电动机电压设备	出口断路器	传动机构摩擦部位润滑注油	人身伤害	一般	（1）受限空间防止磕碰。 （2）应正确佩戴安全帽
7	发电电动机电压设备	出口断路器	断路器触头、触指更换	拆下的螺栓重新安装时，对丝不好引起螺栓损坏	一般	（1）使用规定大小的力矩扳手，对需要安装的螺栓涂抹专用润滑油脂，防止电气一次回路紧固端子未紧固，引起接触面发热损坏设备。 （2）工作人员由有经验的人员担任
8	发电电动机电压设备	出口断路器	断路器触头、触指更换	物品遗留风险	一般	（1）更换完关闭柜门前进行全面检查，使用工器具做好记录。 （2）工作完成后清点工器具和个人物品
9	发电电动机电压设备	出口断路器	断路器密封件、缓冲件更换	存在元件损伤和碰撞伤人	一般	在有经验人员指导下工作，佩戴合格的安全保护用品，工作场所应保证有足够的照明，专人工作前后进行工具清点及登记

续表

序号	类型	设备系统	检修项目	存在风险	风险等级	应对措施
10	发电电动机电压设备	出口断路器	控制柜清扫、检查、端子紧固及处理	狭小空间，人身触电	一般	工作前分清带电端子，使用定期校验合格的绝缘工器具，做好个人防护、防误碰措施
11	发电电动机电压设备	出口断路器	灭弧室解体检查	SF_6 分解物接触皮肤中毒	较大	（1）做好个人防护，做好设备防护，防止有害粉尘扩散至空气中。 （2）工作人员需穿防护服，戴防毒面具和防护手套。 （3）打开 SF_6 设备封盖后，现场所有人员应暂离现场 30min。取出吸附剂和清除粉尘时，检修人员应戴防毒面具或正压式空气呼吸器和防护手套
12	发电电动机电压设备	出口断路器	灭弧室解体检查	SF_6 气体泄漏	较大	（1）工作前检查设备，确保回收设备无缺陷、无泄漏。 （2）按照说明书要求，更换相关密封材料，使用力矩扳手进行，避免回装不到位引起 SF_6 渗漏、压力油泄渗漏。 （3）抽真空时真空度应在要求范围内，避免引起气体泄漏。 （4）使用 SF_6 气体泄漏探测器测量空气中 SF_6 含量，工作人员如有必要可穿防护服，戴防毒面具和防护手套
13	发电电动机电压设备	出口断路器	灭弧室解体检查	设备损坏	较大	（1）使用专用工具拆卸，确保拆卸方法正确。 （2）防止踩踏电容器等薄弱设备。 （3）工作人员应经专门的安全技术知识培训，配置和使用必要的安全防护用具。 （4）工作人员由有经验的人员担任

续表

序号	类型	设备系统	检修项目	存在风险	风险等级	应对措施
14	发电电动机电压设备	出口断路器	灭弧室解体检查	有油压未泄，机构动作伤人	一般	（1）检修前严格确认已泄压，储能电机电源已断开。 （2）制订作业指导书，附检查流程图、检查项目，并打勾确认
15	发电电动机电压设备	电气制动开关（断路器）	电气制动开关（断路器）操作机构检修	物品遗留	一般	工作开始或结束前后应清点工器具和个人物品，确保没有异物遗留在电气制动柜中
16	发电电动机电压设备	电气制动开关（断路器）	电气制动开关（断路器）操作机构检修	机械伤害	一般	（1）严格按照作业指导书和厂家图纸进行工作。拉合电气制动开关（断路器）前需要确保开关柜内无人工作。 （2）带解锁钥匙的接地隔离开关操作应由运行人员持批准后的解锁钥匙进行操作。 （3）严禁无关人员进入工作现场
17	发电电动机电压设备	电气制动开关（断路器）	电气制动开关（断路器）操作机构检修	人身触电	一般	（1）正确使用劳动防护用品。 （2）工作前了解带电部位，分清带电端子，使用定期校验合格的绝缘工器具，做好个人防护，防止误碰端子或无关设备。 （3）核对设备双重名称，避免走错间隔。 （4）操作机构检查前断开操作机构电源和控制回路电源

续表

序号	类型	设备系统	检修项目	存在风险	风险等级	应对措施
18	发电电动机电压设备	电气制动开关（断路器）	电气制动开关（断路器）动静触头检修	电气制动开关（断路器）误动	一般	工作前先断开电气制动开关（断路器）操作电源开关，再将储能机构泄压
19	发电电动机电压设备	电气制动开关（断路器）	电气制动开关（断路器）动静触头检修	机械伤害	一般	正确使用劳动防护用品，小心移动，防止人身机械碰撞受伤
20	发电电动机电压设备	电气制动开关（断路器）	电气制动开关（断路器）动静触头检修	力矩过大损伤设备	一般	使用合格的工器具，检查前核对力矩
21	发电电动机电压设备	电气制动开关（断路器）	电气制动装置控制回路绝缘检查	人身触电	一般	（1）正确使用劳动防护用品。 （2）工作前明确带电部位。 （3）控制回路绝缘检查前两端不接任何元件。 （4）绝缘测量时规范作业，严禁触碰带电试验端子，正确佩戴好合格的个人防护用品。 （5）严禁无关人员进入工作现场

续表

序号	类型	设备系统	检修项目	存在风险	风险等级	应对措施
22	发电电动机电压设备	电气制动开关（断路器）	电气制动装置电气控制设备清扫、端子紧固	工器具使用不当损坏设备	一般	按照工器具的使用要求正确使用
23	发电电动机电压设备	电气制动开关（断路器）	电气制动装置电气控制设备清扫、端子紧固	机械伤害	一般	（1）仔细核对安全措施，工作结束后确保人员都撤离的情况下再拉开接地隔离开关。 （2）带解锁钥匙的接地隔离开关操作应由运行人员持批准后的解锁钥匙进行操作
24	发电电动机电压设备	电气制动开关（断路器）	电气制动装置电气控制设备清扫、端子紧固	人身触电	一般	（1）正确使用劳动防护用品。 （2）工作前明确带电部位，分清带电端子，使用定期校验合格的绝缘工器具，做好个人防护，防止误碰端子或无关设备
25	发电电动机电压设备	电气制动开关（断路器）	电气制动装置控制回路绝缘检查	试验需要的二次安全措施执行不到位	一般	试验前专人检查二次安全措施票执行情况

续表

序号	类型	设备系统	检修项目	存在风险	风险等级	应对措施
26	发电电动机电压设备	电气制动开关（断路器）	电气制动装置控制回路绝缘检查	人身触电	一般	（1）绝缘测量时规范作业，严禁触碰带电试验端子，正确佩戴好合格的个人防护用品。 （2）严禁无关人员进入工作现场。 （3）控制回路绝缘检查前两端不接任何元件
27	发电电动机电压设备	电气制动开关（断路器）	电气制动装置静态动作试验	机械伤害	一般	拉合电气制动开关（断路器）前需要确保开关柜内无人工作
28	发电电动机电压设备	电气制动开关（断路器）	电气制动装置静态动作试验	物品遗留	一般	动作试验前检查柜内工器具和个人物品已清理
29	发电电动机电压设备	电气制动开关（断路器）	电气制动装置联动试验	物品遗留	一般	动作试验前检查柜内工器具和个人物品已清理

续表

序号	类型	设备系统	检修项目	存在风险	风险等级	应对措施
30	发电电动机电压设备	电气制动开关（断路器）	电气制动装置联动试验	机械伤害	一般	（1）拉合电气制动开关（断路器）前需要在电气制动开关（断路器）柜门处做好防护，防止人员误入受伤。 （2）严禁无关人员进入工作现场
31	发电电动机电压设备	电气制动开关（断路器）	电气制动装置动态试验	人身触电	一般	电气制动开关（断路器）动态试验前需要将电气制动开关（断路器）柜门安装并锁上，通过观察孔检查动作情况，不得进入柜内和碰触柜体
32	发电电动机电压设备	隔离开关	换相隔离开关动静触头检查及处理	高处坠落	一般	（1）人字梯需经验收合格方可使用。 （2）在人字梯上作业时，必须有人监护。 （3）在封闭母线上作业时需正确使用安全带
33	发电电动机电压设备	隔离开关	换相隔离开关动静触头检查及处理	工器具遗落	一般	使用工器具做好记录，工作完成后清点人员、工器具和个人物品
34	发电电动机电压设备	隔离开关	换相隔离开关动静触头检查及处理	狭窄场所作业人身伤害	一般	做好个人、设备等防护
35	发电电动机电压设备	母线	二次接线端子箱清扫、检查及处理	人身触电	一般	工作前分清带电端子，使用定期校验合格的绝缘工器具，做好个人防护、防误碰措施
36	发电电动机电压设备	母线	闭母线气密性试验	高处坠落	一般	（1）人字梯需经验收合格方可使用。 （2）在人字梯上作业时，必须有人监护。 （3）在封闭母线上作业时需正确使用安全带

续表

序号	类型	设备系统	检修项目	存在风险	风险等级	应对措施
37	发电电动机电压设备	母线	绝缘子清扫检查	绝缘子安装不牢固	一般	(1) 绝缘子安装时必须与封闭母线接触良好。 (2) 按照要求进行检查，做好记录
38	发电电动机电压设备	母线	绝缘子清扫检查	绝缘子掉落损坏	一般	作业过程中注意拿稳绝缘子
39	发电电动机电压设备	母线	绝缘子清扫检查	高处坠落	一般	(1) 人字梯需经验收合格方可使用。 (2) 在人字梯上作业时，必须有人监护。 (3) 在封闭母线上作业时需正确使用定期检验合格的安全带。 (4) 安全带和专作固定安全带的绳索在使用前应进行外观检查
40	发电电动机电压设备	母线	母线内部连接检查及处理	狭小空间，人身伤害	一般	正确穿着连体服，工作小心
41	发电电动机电压设备	母线	母线内部连接检查及处理	遗留物品在设备内部	一般	工作完后详细检查，对工具和个人物品进行清点
42	发电电动机电压设备	母线	母线外壳防腐处理	高处坠落	一般	(1) 人字梯需经验收合格方可使用。 (2) 在人字梯上作业时，必须有人监护。 (3) 在封闭母线上作业时需正确使用安全带。 (4) 佩戴防毒面罩，注意强制通风。 (5) 安全带和专作固定安全带的绳索在使用前应进行外观检查

续表

序号	类型	设备系统	检修项目	存在风险	风险等级	应对措施
43	发电电动机电压设备	母线	微正压装置检查	人身触电	一般	工作前分清带电端子，使用定期校验合格的绝缘工器具，做好个人防护、防误碰措施
44	发电电动机电压设备	母线	一次连接部分检查、紧固	拆下的螺栓重新安装时，对丝不好引起螺栓损坏	一般	使用规定大小的力矩扳手，对需要安装的螺栓涂抹专用润滑油脂
45	发电电动机电压设备	母线	一次连接部分检查、紧固	物品遗留风险	一般	（1）做好物品登记。 （2）工作完后详细检查，对工具进行清点
46	发电电动机电压设备	母线	一次连接部分检查、紧固	高处坠落	一般	（1）人字梯需经验收合格方可使用。 （2）在人字梯上作业时，必须有人监护。 （3）在封闭母线上作业时需正确使用安全带。 （4）佩戴防毒面罩，注意强制通风。 （5）安全带和专作固定安全带的绳索在使用前应进行外观检查
47	发电电动机电压设备	电流互感器	电流互感器清扫检查	物品遗留风险	一般	工作完后详细检查，对工具进行清点
48	发电电动机电压设备	电流互感器	电流互感器清扫检查	外绝缘损坏	一般	正确使用清扫、除尘工具，作业规范，防止损坏设备
49	发电电动机电压设备	电流互感器	电流互感器二次端子紧固检查	工具使用不当造成接线端子、端子排损坏	一般	（1）作业时使用合适的螺丝刀进行紧固。 （2）紧固端子时注意力矩

续表

序号	类型	设备系统	检修项目	存在风险	风险等级	应对措施
50	发电电动机电压设备	电压互感器	电压互感器清扫检查	物品遗留风险	一般	工作完后详细检查，对工具进行清点
51	发电电动机电压设备	电压互感器	电压互感器清扫检查	外绝缘损坏	一般	(1) 正确使用清扫、除尘工具，作业规范，防止损坏设备。 (2) 回装时勿使用蛮力，轻推轻装
52	发电电动机电压设备	电压互感器	电压互感器二次端子紧固检查	工具使用不当造成接线端子、端子排损坏	一般	(1) 作业时使用合适的螺丝刀进行紧固。 (2) 紧固端子时注意力矩

第五节 SFC及启动母线系统检修工作危险点及预控措施

SFC，即静止变频器，是水电站特有的一种设备，主要用于机组抽水或抽水调相工况的启动。SFC主要由输入单元、变频单元、输出单元、控制单元和辅助单元组成。输入单元包括输入断路器、输入变压器、输入限流电抗器等；变频单元包括可控硅桥和直流平波电抗器等；输出单元包括输出隔离开关、输出旁路隔离开关、输出变压器、输出断路器、输出电抗器等；辅助单元包括冷却设备等。启动母线是SFC连接机组的桥梁，主要设备包括启动母线分段隔离开关、接地隔离开关、离相封闭母线等。SFC启动母线设备可靠性、安全性直接影响机组抽水或抽水调相工况启动的成功率。为保证SFC及启动母线系统检修及试验工作中人身及设备安全，编制了典型安全风险，对作业过程中存在的危险点进行辨识，并分级、分类，制定预防及控制措施。通过检修作业前的危险点分析预控，能够有效促进检修作业过程中的风险管控，从而保证人身及设备安全。

SFC 及启动母线设备主要检修内容为一次连接部分检查、绝缘子清扫检查、二次设备清扫检查与校验、变压器检查与清扫、避雷器检修、开关柜检修、电抗器清扫检查、断路器检修等，存在人身触电、设备损坏、物品遗留、落物伤人、机械伤害等风险。

本部分针对以上危险点进行分析，提出工作完毕后详细检查，对工具进行清点等具体的预控措施，有效促进作业过程中的风险管控，降低作业风险，从而保证人身和设备安全，对 SFC 及启动母线设备检修工作风险控制具有指导意义。

SFC 及启动母线系统检修风险库

序号	类型	设备系统	检修项目	存在风险	风险等级	应对措施
1	SFC 及启动母线系统	启动母线设备	一次连接部分检查、紧固	物品遗留	一般	工作完后详细检查，对工具进行清点
2	SFC 及启动母线系统	启动母线设备	一次连接部分检查、紧固	电气一次回路紧固端子未紧固，引起接触面发热损坏设备	一般	使用规定大小的力矩扳手逐个进行检查确认
3	SFC 及启动母线系统	启动母线设备	绝缘子清扫检查	绝缘子安装不牢固	一般	（1）绝缘子安装时必须与封闭母线接触良好。 （2）拆除绝缘子前，应在连接螺栓上做好标示
4	SFC 及启动母线系统	启动母线设备	二次接线端子箱清扫、检查及处理	人身触电	一般	工作前分清带电端子，使用绝缘工器具，做好个人防护、防误碰措施

续表

序号	类型	设备系统	检修项目	存在风险	风险等级	应对措施
5	SFC 及启动母线系统	启动母线设备	母线内部连接检查及处理	电气一次回路紧固端子未紧固，引起接触面发热损坏设备	一般	使用规定大小的力矩扳手逐个进行检查确认
6	SFC 及启动母线系统	启动母线设备	母线内部连接检查及处理	物品遗留	一般	工作完后详细检查，对工具进行清点
7	SFC 及启动母线系统	输入输出单元	变压器清扫	高处坠落	一般	（1）必须有专人扶持，防止梯子滑动。 （2）工作人员上下梯子方法要正确，必须在距梯顶不少于 2 档的梯蹬上工作。 （3）变压器顶盖上工作，必要时系安全带，安全带挂点应选择正确，站位、移位均不得失去保护
8	SFC 及启动母线系统	输入输出单元	变压器清扫	人身触电	一般	（1）工作前检查电动工器具绝缘良好。 （2）电动工器具金属外壳应可靠接地。 （3）检查漏电保护器应正确动作。 （4）工作前验电，检查接地线良好。 （5）工作地点做好标牌装设和围栏布置。 （6）作业人员认真核对设备名称及编号
9	SFC 及启动母线系统	输入输出单元	变压器清扫	落物伤人	一般	（1）严禁人员站在工作处的垂直下方。 （2）较大的工具应固定在牢固的构件上，不准随意乱放。 （3）高空与地面传递物品时应使用结实的绳索绑扎牢固后传递，不得直接抛掷

续表

序号	类型	设备系统	检修项目	存在风险	风险等级	应对措施
10	SFC及启动母线系统	输入输出单元	变压器清扫	物品遗留	一般	工作结束后进行工具盘点，防止遗留在设备内部
11	SFC及启动母线系统	输入输出单元	变压器清扫	机械伤害	一般	（1）严格按照规定着装，严禁戴手套使用电动工器具。 （2）按正确方法操作电动工器具
12	SFC及启动母线系统	输入输出单元	变压器紧固件和接地检查	电气一次回路紧固端子未紧固，引起接触面发热损坏设备	一般	使用规定大小的力矩扳手逐个进行检查确认，并做好标记
13	SFC及启动母线系统	输入输出单元	变压器紧固件和接地检查	接地连接检查不到位，松动运行，铁芯发热	一般	仔细检查接地连接，并进行标记
14	SFC及启动母线系统	输入输出单元	避雷器检修	设备损坏	一般	（1）一次连接紧固力矩要满足设备要求，防止紧固力矩太大损坏引线端子。 （2）做好避雷器瓷部件的防护
15	SFC及启动母线系统	输入输出单元	避雷器检修	重物砸伤人员	一般	起吊设备时应结合设备的具体情况选择挂点，应由有经验的人统一指挥，密切配合
16	SFC及启动母线系统	输入输出单元	开关柜检修	紧固件螺栓松动或过紧，运行发热	一般	一次连接紧固力矩要满足设备要求，防止螺栓松动运行发热

续表

序号	类型	设备系统	检修项目	存在风险	风险等级	应对措施
17	SFC及启动母线系统	输入输出单元	开关柜检修	人身触电	一般	(1) 检修区域邻近的带电部位必须设置带有“高压危险”警示牌及遮栏。 (2) 使用带漏电保护、具有明显隔离点的断路器、隔离开关。 (3) 认真核对设备名称和编号，防止误入临近带电间隔。(4) 工作前检查电动工器具绝缘良好。 (5) 电动工器具金属外壳应可靠接地。 (6) 检查漏电保护器应正确动作
18	SFC及启动母线系统	输入输出单元	开关柜检修	闭锁机构损坏	一般	闭锁功能试验，严格按照闭锁逻辑进行，禁止野蛮操作损坏闭锁机构
19	SFC及启动母线系统	输入输出单元	开关柜检修	遗留物品	一般	工作结束后进行工具盘点，防止遗留在设备内部
20	SFC及启动母线系统	变频单元	电抗器清扫	人身触电	一般	(1) 检修区域邻近的带电部位必须设置带有高压危险标牌及遮栏。 (2) 使用带漏电保护、具有明显隔离点的断路器、隔离开关。 (3) 认真核对设备名称和编号，防止误入临近带电间隔。 (4) 工作前检查电动工器具绝缘良好。 (5) 电动工器具金属外壳应可靠接地。 (6) 检查漏电保护器应正确动作

续表

序号	类型	设备系统	检修项目	存在风险	风险等级	应对措施
21	SFC及启动母线系统	输入输出单元	断路器检修	人身触电	一般	（1）检修区域邻近的带电部位必须设置带有高压危险标牌及遮栏。 （2）使用带漏电保护、具有明显隔离点的断路器、隔离开关。 （3）认真核对设备名称和编号，防止误入临近带电间隔。 （4）工作前检查电动工器具绝缘良好。 （5）电动工器具金属外壳应可靠接地。 （6）检查漏电保护器应正确动作
22	SFC及启动母线系统	输入输出单元	断路器检修	设备损坏	一般	操作机构内部检查应小心谨慎，防止用力过大损坏内部机构
23	SFC及启动母线系统	输入输出单元	断路器检修	机械伤害	一般	操作机构检查前，应检查断路器在分闸位置，操作电源已断开
24	SFC及启动母线系统	输入输出单元	断路器检修	遗留物品	一般	工作结束后进行工具盘点，防止遗留在设备内部
25	SFC及启动母线系统	输入输出单元	断路器检修	重物砸伤人员	一般	（1）应由有经验的人统一指挥，密切配合。 （2）严禁突然施力、收力，防止物体倒塌或挤压造成伤害。 （3）制定搬运工作方案和安全措施，正确选择搬运路线
26	SFC及启动母线系统	启动母线设备	二次接线端子箱清扫、检查及处理	狭小空间，人身触电	一般	工作前分清带电端子，使用绝缘工器具，做好个人防护、防误碰措施

续表

序号	类型	设备系统	检修项目	存在风险	风险等级	应对措施
27	SFC及启动母线系统	启动母线设备	二次接线端子箱清扫、检查及处理	物品遗留风险	一般	清扫完关闭端子箱前进行全面检查，使用工器具做好记录
28	SFC及启动母线系统	启动母线设备	机构操作试验	机械伤人	一般	进行测量时注意设备动作范围，小心工作
29	SFC及启动母线系统	启动母线设备	机构操作试验	人身触电	一般	（1）检修后的控制回路和操作电机，在进行绝缘回路测试后进行动作性能检查。 （2）进行测量时注意设备动作范围，小心工作
30	SFC及启动母线系统	启动母线设备	绝缘子清扫检查	绝缘子安装不牢固	一般	（1）绝缘子安装时必须与封闭母线接触良好。 （2）拆除绝缘子前，应在连接螺栓上做好标示
31	SFC及启动母线系统	启动母线设备	绝缘子清扫检查	绝缘子掉落损坏	一般	作业过程中注意拿稳绝缘子
32	SFC及启动母线系统	启动母线设备	母线内部连接检查及处理	电气一次回路紧固端子未紧固，引起接触面发热损坏设备	一般	使用规定大小的力矩扳手逐个进行检查确认
33	SFC及启动母线系统	启动母线设备	母线内部连接检查及处理	遗留物品在设备内部	一般	工作完后详细检查，对工具进行清点
34	SFC及启动母线系统	启动母线设备	母线气密性试验	高处坠落	一般	（1）人字梯需经验收合格方可使用。 （2）在人字梯上作业时，必须有人监护。 （3）在封闭母线上作业时，需正确使用安全带

续表

序号	类型	设备系统	检修项目	存在风险	风险等级	应对措施
35	SFC及启动母线系统	启动母线设备	微正压装置检查	人身触电	一般	工作前分清带电端子，使用绝缘工器具，做好个人防护、防误碰措施
36	SFC及启动母线系统	启动母线设备	一次连接部分检查、紧固	电气一次回路紧固端子未紧固，引起接触面发热损坏设备	一般	使用规定大小的力矩扳手逐个进行检查确认
37	SFC及启动母线系统	启动母线设备	一次连接部分检查、紧固	遗留物品在设备内部	一般	工作完后详细检查，对工具进行清点
38	SFC及启动母线系统	变频单元	盘柜清扫、端子紧固	人身静电损坏电子板	一般	正确使用防静电手环
39	SFC及启动母线系统	变频单元	盘柜清扫、端子紧固	工具使用不当损坏电子器件	一般	正确使用清扫、除尘工具，作业规范，防止损坏设备
40	SFC及启动母线系统	变频单元	盘柜清扫、端子紧固	人身触电	一般	(1) 清扫中穿纯棉长袖工作服，使用合格的工器具。 (2) 禁止触摸裸露的工器具金属部位
41	SFC及启动母线系统	变频单元	盘柜清扫、端子紧固	物品遗留	一般	清扫完成后仔细检查盘柜内部有无遗留工具，清点工具数量
42	SFC及启动母线系统	冷却单元	冷却风扇电机检修	人身触电	一般	确认风扇电机断开电源后再进行工作
43	SFC及启动母线系统	冷却单元	冷却风机清扫检查	设备伤人	一般	确认风扇电机断开电源后再进行工作

续表

序号	类型	设备系统	检修项目	存在风险	风险等级	应对措施
44	SFC及启动母线系统	冷却单元	冷却风机清扫检查	物品遗留	一般	检查后进行物品清点，防止遗漏
45	SFC及启动母线系统	变频单元	功率柜内元器件校验	设备损坏	一般	工作前核对设备名称以及设备双重编号，仅测量其控制极电阻
46	SFC及启动母线系统	变频单元	机组SFC系统功率柜主回路绝缘检查	设备损坏	一般	选用合适的电压等级进行绝缘试验
47	SFC及启动母线系统	变频单元	机组SFC系统功率柜主回路绝缘检查	人身触电	一般	（1）做好试验组织措施和安全措施，严格按照试验步骤进行。 （2）做好沟通工作，在试验现场安排人员看守，保持良好沟通
48	SFC及启动母线系统	变频单元	功率元件及连接回路检查	物品遗留	一般	工作完成后仔细检查盘柜内部有无遗留工具，清点工具数量
49	SFC及启动母线系统	控制保护单元	SFC系统调节器元器件校验	插拔继电器时损坏继电器	一般	插拔继电器操作要规范，插拔方向和方法要正确
50	SFC及启动母线系统	控制保护单元	SFC系统调节器元器件校验	试验工作电源选用不当造成元器件损坏	一般	根据调节器工作电源要求，选择合适的电源装置
51	SFC及启动母线系统	控制保护单元	SFC系统调节器电源电源检查与切换试验	测量电压过程中人身触电	一般	（1）工作中穿纯棉长袖工作服并戴绝缘手套。 （2）使用合格的工器具，确保测量安全

续表

序号	类型	设备系统	检修项目	存在风险	风险等级	应对措施
52	SFC及启动母线系统	控制保护单元	SFC控制系统整定值核对	误修改定值	一般	仔细检查定值，对其参数不进行任何修改
53	SFC及启动母线系统	控制保护单元	SFC调节器柜清扫检查、端子紧固	人身静电损坏电子板	一般	（1）端子紧固时，力度大小适中。 （2）正确使用防静电手环
54	SFC及启动母线系统	控制保护单元	SFC调节器柜清扫检查、端子紧固	人身触电	一般	（1）使用经过绝缘处理的毛刷。 （2）工作中穿长袖工作服并戴手套。 （3）使用合格的工器具
55	SFC及启动母线系统	控制保护单元	SFC调节器柜清扫检查、端子紧固	使用工具不当损坏电子器件	一般	正确使用清扫、除尘工具，作业规范，防止损坏设备
56	SFC及启动母线系统	控制保护单元	SFC调节器柜清扫检查、端子紧固	物品遗留	一般	清扫完成后仔细检查盘柜内部有无遗留工具，清点工具数量

第六节　厂用电设备检修工作危险点及预控措施

厂用电设备主要有变压器、开关柜、断路器、母线等，为保持或恢复厂用电及其辅助设备规定的性能需定期进行维护和修理。其运行环境复杂、检修工作量大、设备停复役影响范围广，还可能需要检修人员近距离地接触高压设备，容易造成人员伤亡事故的发生。为保证厂用电设备检修及试验工作中人身及设备安全，编制了典型安全风险，对作业过程中对存在的危险点进行辨识，并分级、分类，制定预防及控制措施。通过检修作业前的危险点分析预控，能够有效促进检修作业过程中的风险管控，从而保证人身及设备安全。

厂用电设备主要检修内容为变压器清扫检查、开关柜检修、电抗器检修、断路器检修等。存在重物砸伤人员、落遗留物品、人身触电等风险。

本部分针对以上危险点进行分析，提出检修区域邻近的带电部位必须设置带有高压危险标牌及遮栏、工作前检查认真核对设备名称和编号，防止误入临近带电间隔等具体的预控措施，有效促进作业过程中的风险管控，降低作业风险，从而保证人身和设备安全，对厂用电设备检修工作风险控制具有指导意义。

厂用电设备检修风险库						
序号	类型	设备系统	检修项目	存在风险	风险等级	应对措施
1	厂用电设备	变压器	变压器清扫	高处坠落	一般	(1) 必须有专人扶持，防止梯子滑动。 (2) 工作人员上下梯子方法要正确，必须在距梯顶不少于2档的梯蹬上工作。 (3) 靠在软母线上使用的梯子，梯子上端有挂钩或用绳索绑缚。 (4) 变压器顶盖上工作，必要时系安全带，安全带挂点应选择正确，站位、移位均不得失去保护

续表

序号	类型	设备系统	检修项目	存在风险	风险等级	应对措施
2	厂用电设备	变压器	变压器清扫	人身触电	一般	（1）工作前检查电动工器具绝缘良好。 （2）电动工器具金属外壳应可靠接地。 （3）检查漏电保护器应正确动作。 （4）工作前验电，检查接地线良好。 （5）工作地点做好标识和围栏。 （6）作业人员认真核对设备名称及编号
3	厂用电设备	变压器	变压器清扫	落物伤人	一般	（1）严禁人员站在工作处的垂直下方。 （2）较大的工具应固定在牢固的构件上，不准随意乱放。 （3）在雨雪后进行高处作业，应采取防滑措施
4	厂用电设备	变压器	变压器清扫	物品遗留	一般	工作结束后进行工具盘点，防止遗留在设备内部
5	厂用电设备	变压器	变压器清扫	机械伤害	一般	（1）严格按照规定着装，严禁戴手套使用电动工器具。 （2）按正确方法操作电动工器具
6	厂用电设备	变压器	变压器紧固件和接地检查	电气一次回路紧固端子未紧固，引起接触面发热损坏设备	一般	使用规定大小的力矩扳手逐个进行检查确认，并做好标记
7	厂用电设备	变压器	变压器紧固件和接地检查	接地连接检查不到位，松动运行铁芯发热	一般	仔细检查接地连接，并进行标记

续表

序号	类型	设备系统	检修项目	存在风险	风险等级	应对措施
8	厂用电设备	变压器	变压器调压开关检修	电气一次回路紧固端子未紧固，引起接触面发热损坏设备	一般	使用规定大小的力矩扳手逐个进行检查确认，并做好标记
9	厂用电设备	变压器	变压器调压开关检修	人身触电	一般	（1）使用带漏电保护，具有明显隔离点的断路器、隔离开关。 （2）人员穿戴符合试验规范要求，使用绝缘手套。 （3）拆线前确保所有升压设备电源断开，验明无压后在开始拆除。 （4）工作前检查电动工器具绝缘良好。 （5）电动工器具金属外壳应可靠接地
10	厂用电设备	变压器	变压器调压开关检修	高处坠落	较大	变压器顶盖上工作，必要时系安全带，安全带挂点应选择正确，站位、移位均不得失去保护
11	厂用电设备	变压器	变压器调压开关检修	落物伤人	一般	（1）严禁人员站在工作处的垂直下方。 （2）较大的工具应固定在牢固的构件上，不准随意乱放。 （3）高空与地面传递物品时应使用结实的绳索绑扎牢固后传递，不得直接抛掷
12	厂用电设备	变压器	变压器调压开关检修	机械伤害	一般	（1）操作机构上工作做好防转动措施，切断电源，悬挂警示牌。 （2）检修工作负责人开工前认真检查安全措施，确认无误后方可开工。 （3）在检修调试或运转时，人员不得靠近操作机构运动部件

续表

序号	类型	设备系统	检修项目	存在风险	风险等级	应对措施
13	厂用电设备	开关柜	避雷器检修	设备损坏	一般	（1）一次连接紧固力矩要满足设备要求，防止紧固力矩太大损坏引线端子。 （2）做好避雷器瓷部件的防护
14	厂用电设备	开关柜	避雷器检修	重物砸伤人员	一般	（1）应由有经验的人统一指挥，密切配合。 （2）严禁突然施力、收力，防止物体倒塌或挤压造成伤害。 （3）制定搬运工作方案和安全措施，正确选择搬运路线
15	厂用电设备	开关柜	开关柜检修	紧固件螺栓松动或过紧，运行发热	一般	一次连接紧固力矩要满足设备要求，防止螺栓松动运行发热
16	厂用电设备	开关柜	开关柜检修	人身触电	较大	（1）检修区域邻近的带电部位必须设置带有高压危险标牌及遮栏。 （2）在带电设备周围禁止使用钢卷尺、皮卷尺和线尺（夹有金属丝者）进行测量。 （3）使用带漏电保护，具有明显隔离点的断路器、隔离开关。 （4）认真核对设备名称和编号，防止误入临近带电间隔。 （5）工作前检查电动工器具绝缘良好。 （6）电动工器具金属外壳应可靠接地。 （7）检查漏电保护器应正确动作

续表

序号	类型	设备系统	检修项目	存在风险	风险等级	应对措施
17	厂用电设备	开关柜	开关柜检修	闭锁机构损坏	一般	闭锁功能试验，严格按照闭锁逻辑进行，禁止野蛮操作损坏闭锁机构
18	厂用电设备	开关柜	开关柜检修	断路器手车底盘损坏	一般	断路器手车摇入摇出有卡涩时，应检查接地隔离开关、分合闸状态等闭锁逻辑，禁止野蛮操作损坏闭锁机构
19	厂用电设备	开关柜	开关柜检修	接地隔离开关闭锁机构损坏	一般	接地隔离开关分合闸操作卡涩时，应检查断路器分合闸状态、手车位置信号等闭锁逻辑，禁止野蛮操作损坏闭锁机构
20	厂用电设备	开关柜	开关柜检修	人员烫伤	一般	开关柜检修打开柜门前，应检查加热器电源已断开，工作期间注意与加热器保持足够距离
21	厂用电设备	开关柜	开关柜检修	遗留物品	一般	工作结束后进行工具盘点，防止遗留在设备内部
22	厂用电设备	电抗器	电抗器检修	人身触电	一般	（1）检修区域邻近的带电部位必须设置带有高压危险标牌及遮栏。 （2）使用带漏电保护，具有明显隔离点的断路器、隔离开关。 （3）工作前检查认真核对设备名称和编号，防止误入临近带电间隔
23	厂用电设备	电抗器	电抗器检修	连接螺栓松动，运行中接触电阻大而发热	一般	作业使用合适的力矩扳手逐个螺栓检查并记录

续表

序号	类型	设备系统	检修项目	存在风险	风险等级	应对措施
24	厂用电设备	断路器	断路器检修	人身触电	一般	（1）检修区域邻近的带电部位必须设置带有高压危险标牌及遮栏。 （2）使用带漏电保护，具有明显隔离点的断路器、隔离开关。 （3）认真核对设备名称和编号，防止误入临近带电间隔。 （4）工作前检查电动工器具绝缘良好。 （5）电动工器具金属外壳应可靠接地。 （6）检查漏电保护器应正确动作
25	厂用电设备	断路器	断路器检修	设备损坏	一般	操作机构内部检查应小心谨慎，防止用力过大损坏内部机构
26	厂用电设备	断路器	断路器检修	机械伤害	一般	操作机构检查前，应检查断路器在分闸位置，操作电源已断开
27	厂用电设备	断路器	断路器检修	遗留物品	一般	工作结束后进行工具盘点，防止遗留在设备内部
28	厂用电设备	断路器	断路器检修	重物砸伤人员	一般	（1）应由有经验的人统一指挥，密切配合。 （2）严禁突然施力、收力，防止物体倒塌或挤压造成伤害。 （3）制定搬运工作方案和安全措施，正确选择搬运路线
29	厂用电设备	备自投装置	开关量输入输出回路检验	误跳运行设备	一般	确认跳运行设备的连片已断开，断开连片时设专人监护

续表

序号	类型	设备系统	检修项目	存在风险	风险等级	应对措施
30	厂用电设备	备自投装置	整定值的整定及检验	误跳相邻设备	一般	工作前做好措施，解除跳其他设备回路，解除相关回路时设专人监护
31	厂用电设备	备自投装置	整定值的整定及检验	误跳运行设备	一般	断开跳运行设备相关连片，断开过程中设专人监护
32	厂用电设备	备自投装置	整组试验	误停、误合断路器	较大	(1) 联动试验前应严格按照试验方案进行，经运行许可。 (2) 试验前做好措施并一一检查，核对措施时设专人监护
33	厂用电设备	保护装置	开关量输入输出回路检验	误跳运行设备	一般	确认跳运行设备的连片已断开，断开连片时设专人监护
34	厂用电设备	保护装置	整定值的整定及检验	误跳相邻设备	一般	工作前做好措施，解除跳其他设备回路，解除相关回路时设专人监护
35	厂用电设备	保护装置	整定值的整定及检验	误跳运行设备	一般	仔细确认好跳运行设备的连接片已断开
36	厂用电设备	高压开关柜	电流互感器二次负载阻抗测试	保护误跳闸	一般	将该电流互感器所涉及的保护装置停用，停用装置时设专人监护
37	厂用电设备	高压开关柜	测量用电压互感器二次压降校核	误走仓位	一般	(1) 工作前确认工作地点。 (2) 工作有专人监护。 (3) 工作地点挂“在此工作”标示牌，标示牌编号与工作票所列编号一致。 (4) 将相邻非工作区域用红白布带围起来

续表

序号	类型	设备系统	检修项目	存在风险	风险等级	应对措施
38	厂用电设备	高压开关柜	测量用电压互感器二次压降校核	电测校验过程中电压互感器二次侧短路	一般	做好相关二次安全措施，接入测量设备前对试验设备进行短路检测，接入设备时严防电压互感器二次短路
39	厂用电设备	高压开关柜	测量用电压互感器二次压降校核	触电伤人	一般	（1）工作时须有专人监护。 （2）工作中必须与带电设备保持安全距离，并了解周边设备运行情况。 （3）工作前试验仪器先接地。工作前确认工作位置，以防走错仓位。 （4）工作中所使用的电气工具器必须经检验合格，并有可靠接地。 （5）端子检查时应用绝缘螺丝刀。 （6）严禁用手直接触碰接线端子
40	厂用电设备	高压开关柜	测量用电压互感器二次压降校核	错接电测端子	一般	在工作前核对需要校验的相关设备，接线前根据图纸核对端子排，防止接错端子排

第四章　电 气 二 次 系 统

第一节　计算机监控系统检修工作危险点及预控措施

计算机监控系统是水电站重要二次设备，是机组控制的核心系统，其作用是对电站各种信息进行采集、处理，实现调节、保护、监视以及控制，从而在保证电能质量的同时，改善运行条件，提高电站智能化水平。计算机监控系统一般包括 PLC、输入输出模块、显示屏、端子排等。为保证计算机监控系统检修及试验工作中人身及设备安全，编制了典型安全风险，对作业过程中存在的危险点进行辨识，并分级、分类，制定预防及控制措施。通过检修作业前的危险点分析预控，能够有效促进检修作业过程中的风险管控，从而保证人身及设备安全。

计算机监控系统主要检修内容为网络通信设备的检查、冗余切换试验、大屏幕或模拟屏的检查测试、远动系统控制器参数及程序备份等。存在误改设备参数、人为改动导致程序错误、设备误动等风险。

本部分针对以上危险点进行分析，提出参数修改要求专人监护，监护人确认后方可执行等具体的预控措施，有效促进作业过程中的风险管控，降低作业风险，从而保证人身和设备安全，对计算机监控系统检修工作风险控制具有指导意义。

计算机监控系统检修风险库						
序号	类型	设备系统	检修项目	存在风险	风险等级	应对措施
1	计算机监控系统	操作员站	操作员站光纤和网线的连通性和衰减检测	误断开连接	一般	检查过程中禁止断开网线和光纤的连接
2	计算机监控系统	操作员站	操作员站主机设备清扫、检查、更换，并进行冗余设备的切换试验	清扫时设备误停	一般	（1）对主机设备进行检查时，确保另外一台操作员站工作正常。 （2）进行冗余切换试验时，要在机组全部停机时进行，以免影响机组的正常监视
3	计算机监控系统	操作员站	操作员站主机设备清扫、检查、更换，并进行冗余设备的切换试验	静电损坏设备	一般	（1）使用防静电手套或佩戴防静电手环。 （2）工作前用手碰触金属导体，释放身体静电
4	计算机监控系统	操作员站	操作员站主机磁盘空间检查，清理文件系统	人为疏忽导致删除关键文件	一般	电站人员应全过程监督，删除文件应两人同时进行，一人检查，一人确认，在进行删除文件之前，进行文件的备份
5	计算机监控系统	操作员站	操作员站主机磁盘空间检查，清理文件系统	磁盘空间检查时误删关键文件	一般	（1）磁盘清理前先做好备份工作。 （2）操作时应有人监护
6	计算机监控系统	操作员站	操作员站应用程序、数据库、配置参数、文件系统备份	移动存储设备有病毒	一般	（1）备份使用专用移动存储设备，该设备不得接入外网机。 （2）及时杀毒
7	计算机监控系统	操作员站	操作员站应用程序、数据库、配置参数、文件系统备份	人为改动导致程序错误	一般	（1）确保不随意更改软件设置，修改前后进行程序备份。 （2）软件操作应由较为熟悉的人进行，另外应有专人监护

续表

序号	类型	设备系统	检修项目	存在风险	风险等级	应对措施
8	计算机监控系统	操作员站	操作员站显示器清扫、检查、查看显示效果	清扫时设备误停	一般	对操作员站设备进行清扫、检查时，应该逐台次进行，确保至少一台操作员站工作正常，以免影响机组的正常监视
9	计算机监控系统	操作员站	操作员站系统与其他系统（如实时信息系统等）接口机及其隔离装置的功能测试	连线错误	一般	认真核对连接操作的步骤，防止漏项错项
10	计算机监控系统	操作员站	操作员站网络通信设备清扫、检查、更换，网络切换试验	网络切换时网络误断，设备误停	一般	（1）网络切换前，确认备用通道工作正常。 （2）进行网络切换试验时，要在机组全部停机时进行，以免影响机组的正常运行
11	计算机监控系统	操作员站	操作员站网络通信设备清扫、检查、更换，网络切换试验	静电损坏设备	一般	（1）使用防静电手套或佩戴防静电手环。 （2）工作前用手碰触金属导体，释放身体静电
12	计算机监控系统	操作员站	操作员站外部设备（鼠标、键盘、显示器、记录仪、打印机、语音报警器等）检查、清洁、调整和更换	调整时误损坏设备	一般	在机组运行时，不做调整；调整时，按照规定进行
13	计算机监控系统	操作员站	操作员站计算机设备的冷启动试验	操作错误，损坏计算机	一般	严格按照规定进行操作，开机先加电源，后启动主机，关机与此相反

续表

序号	类型	设备系统	检修项目	存在风险	风险等级	应对措施
14	计算机监控系统	操作员站	操作员站光纤和网线的连通性和衰减检测	尾纤端部磨损影响通信	一般	测试过程中应逐一进行，对必须外置的做好端部的防护处理
15	计算机监控系统	操作员站	操作员站光纤和网线的连通性和衰减检测	人身伤害	一般	测试光纤衰减过程中严禁将光纤头直对眼睛，以免灼伤眼睛
16	计算机监控系统	操作员站	操作员站光纤和网线的连通性和衰减检测	检测过程中造成非停	一般	相关工作需在机组停机状态下进行
17	计算机监控系统	工程师站	工程师站清扫，运行状况检查；网络连接状况检查	调整时误损坏设备	一般	在机组运行时，不做调整；调整时，按照规定进行
18	计算机监控系统	工程师站	工程师站清扫、检查、查看显示效果	静电损坏设备	一般	(1) 使用防静电手套或佩戴防静电手环。 (2) 工作前用手碰触金属导体，释放身体静电
19	计算机监控系统	上位机系统	AVC 控制装置电源的检查	人身触电	一般	使用绝缘工具进行工作
20	计算机监控系统	上位机系统	自动发电控制 AGC 功能检查	设备误动	一般	明确工作范围，做好隔离措施和防止设备误动措施
21	计算机监控系统	上位机系统	自动发电控制 AGC 功能检查	设备损坏	一般	合理选择表计档位进行测试工作
22	计算机监控系统	上位机系统	网络通信设备的检查、冗余切换试验	数据业务中断	一般	检查时注意防止误碰通信设备连接线缆，冗余切换前确认备用主机功能运行正常

续表

序号	类型	设备系统	检修项目	存在风险	风险等级	应对措施
23	计算机监控系统	上位机系统	时钟同步装置时钟核对校准检查	对时信号丢失	一般	防止误碰对时装置及连接线缆
24	计算机监控系统	上位机系统	时钟同步装置清扫检查	吹扫导致卡件接触不良	一般	吹风机使用合适的档位
25	计算机监控系统	上位机系统	时钟同步装置清扫检查	装置参数错误修改	一般	(1) 严格按照作业指导书要求执行，完成工作后将数据整理并保存好。 (2) 参数修改要求专人监护，监护人确认后方可执行
26	计算机监控系统	上位机系统	大屏幕或模拟屏的检查测试	误碰带电设备	一般	明确工作范围，不得随意触碰运行设备
27	计算机监控系统	上位机系统	大屏幕或模拟屏的检查测试	误改设备参数	一般	(1) 严格按照作业指导书要求执行，完成工作后将数据整理并保存好。 (2) 参数修改要求专人监护，监护人确认后方可执行
28	计算机监控系统	上位机系统	AVC控制装置相关信息信号核对试验	误改设备参数	一般	(1) 严格按照作业指导书要求执行，完成工作后将数据整理并保存好。 (2) 参数修改要求专人监护，监护人确认后方可执行
29	计算机监控系统	上位机系统	AVC控制装置相关信息信号核对试验	设备误动	一般	明确工作范围，做好隔离措施和防止设备误动措施
30	计算机监控系统	上位机系统	AVC控制装置功能检查	误改设备参数	一般	(1) 严格按照作业指导书要求执行，完成工作后将数据整理并保存好。 (2) 参数修改要求专人监护，监护人确认后方可执行

续表

序号	类型	设备系统	检修项目	存在风险	风险等级	应对措施
31	计算机监控系统	上位机系统	AVC控制装置功能检查	设备误动	一般	明确工作范围，做好隔离措施和防止设备误动措施
32	计算机监控系统	上位机系统	AVC控制装置电源的检查	测试仪表损坏	一般	选用测试仪表合适档位进行电源电压测试
33	计算机监控系统	上位机系统	AVC控制装置参数及程序备份	误改设备参数	一般	（1）严格按照作业指导书要求执行，完成工作后将数据整理并保存好。 （2）参数修改要求专人监护，监护人确认后方可执行
34	计算机监控系统	上位机系统	AVC控制装置参数及程序备份	设备误动	一般	明确工作范围，做好隔离措施和防止设备误动措施
35	计算机监控系统	上位机系统	AVC控制柜及装置的清扫检查	吹扫导致卡件接触不良	一般	吹风机使用合适的档位
36	计算机监控系统	上位机系统	AVC控制柜端子接线检查及端子紧固	人身触电	一般	工作时使用带绝缘缠绕的工具工作，分清带电端子，做好防护，严禁用手直接触碰端子
37	计算机监控系统	上位机系统	实时数据服务器设备清扫、检查、更换，网络切换试验	清扫时设备误停	一般	（1）对数据服务器设备进行清扫、检查时，应该逐台次进行，确保至少一台服务器工作正常，以免影响机组的正常监视。 （2）服务器进行工作时，要在机组全部停机时进行，以免影响机组的正常运行

续表

序号	类型	设备系统	检修项目	存在风险	风险等级	应对措施
38	计算机监控系统	上位机系统	实时数据服务器应用程序、数据库、配置参数、文件系统备份	人为改动导致程序错误	一般	（1）确保不随意更改软件设置。 （2）软件操作应由较为熟悉的人进行，另外应有专人监护
39	计算机监控系统	上位机系统	实时数据服务器磁盘空间检查，清理文件系统	人为疏忽导致删除关键文件	一般	删除文件应两人同时进行，一人检查，一人确认，如不确认不要删除文件
40	计算机监控系统	上位机系统	实时数据服务器磁盘空间检查，清理文件系统	磁盘空间检查时误删关键文件	一般	（1）磁盘清理前先做好备份工作。 （2）操作时应有人监护
41	计算机监控系统	上位机系统	历史数据服务器设备清扫、检查、更换，网络切换试验	清扫时设备误停	一般	对数据服务器设备进行清扫、检查时，应该逐台次进行，确保至少一台服务器工作正常，以免影响数据库正常记录
42	计算机监控系统	上位机系统	历史数据服务器应用程序、数据库、配置参数、文件系统备份	人为改动导致程序错误	一般	确保不随意更改软件设置
43	计算机监控系统	上位机系统	历史数据服务器磁盘空间检查，清理文件系统	人为疏忽导致删除关键文件	一般	删除文件应两人同时进行，一人检查，一人确认，如不确认不要删除文件
44	计算机监控系统	上位机系统	历史数据服务器磁盘空间检查，清理文件系统	磁盘空间检查时误删关键文件	一般	磁盘清理前先做好备份工作

续表

序号	类型	设备系统	检修项目	存在风险	风险等级	应对措施
45	计算机监控系统	上位机系统	数据库和服务器编辑软件的备份	人为改动导致程序错误	一般	（1）确保不随意更改软件设置。 （2）软件操作应由较为熟悉的人进行，另外应有专人监护
46	计算机监控系统	远动及调度数据网	远动系统控制器参数及程序备份	误改设备参数	一般	（1）严格按照作业指导书要求执行，完成工作后将数据整理并保存好。 （2）参数修改要求专人监护，监护人确认后方可执行
47	计算机监控系统	远动及调度数据网	远动系统冗余控制器切换试验	切换失败	一般	切换前检查备用控制器运行状态正常
48	计算机监控系统	远动及调度数据网	远动系统冗余控制器切换试验	远动数据业务中断	一般	检查时注意防止误碰通信设备连接线缆，冗余切换前确认备用主机功能运行正常
49	计算机监控系统	远动及调度数据网	远动系统控制器参数及程序备份	设备误动	一般	明确工作范围，做好隔离措施和防止设备误动措施
50	计算机监控系统	远动及调度数据网	远动系统控制器参数及程序备份	移动存储设备带有病毒	一般	（1）备份使用专用移动存储设备，该设备不得接入外网机。 （2）及时杀毒
51	计算机监控系统	远动及调度数据网	远动系统控制器参数及程序备份	备份覆盖原有备份文件	一般	备份前将原有文件进行转存或修改文件名称

续表

序号	类型	设备系统	检修项目	存在风险	风险等级	应对措施
52	计算机监控系统	远动及调度数据网	远动系统控制柜清扫	吹扫导致卡件接触不良	一般	吹风机使用合适的档位
53	计算机监控系统	远动及调度数据网	远动系统控制柜清扫	粉尘污染	一般	(1) 清扫过程人员佩戴防尘口罩。 (2) 吹扫前先用吸尘器进行预清洁
54	计算机监控系统	远动及调度数据网	远动系统控制柜清扫	设备损坏	一般	注意做好设备防护，吹扫时注意调整合适风力及风向
55	计算机监控系统	远动及调度数据网	远动系统继电器校验及更换	过电压损坏继电器	一般	根据继电器铭牌标识，选用合适电压档位进行校验
56	计算机监控系统	远动及调度数据网	远动系统继电器校验及更换	继电器恢复错误	一般	拆除继电器前做好标记记录，恢复时按照记录恢复
57	计算机监控系统	远动及调度数据网	远动系统端子接线检查及端子紧固	人身触电	一般	使用绝缘工具进行端子紧固，严禁用手直接触碰端子
58	计算机监控系统	远动及调度数据网	远动系统端子接线检查及端子紧固	损坏端子、恢复检查不到位	一般	(1) 作业时使用合适的螺丝刀进行紧固。紧固端子时用力均匀，防止损坏端子。 (2) 恢复接线后履行复检程序，重点进行信号核对和端子紧固检查

续表

序号	类型	设备系统	检修项目	存在风险	风险等级	应对措施
59	计算机监控系统	远动及调度数据网	远动系统电源测试、接地检查、防雷元件或装置检查、冗余电源切换试验、控制器电池检查或更换	测试仪表损坏	一般	选用测试仪表合适档位进行电源电压测试
60	计算机监控系统	远动及调度数据网	远动系统电源测试、接地检查、防雷元件或装置检查、冗余电源切换试验、控制器电池检查或更换	设备失电	一般	电源切换前，确保备用电源供电电压正常，装置运行正常
61	计算机监控系统	远动及调度数据网	远动系统电源测试、接地检查、防雷元件或装置检查、冗余电源切换试验、控制器电池检查或更换	静电损坏电子元件	一般	更换控制器电池前，工作人员须消除身体静电
62	计算机监控系统	远动及调度数据网	远动系统电源测试、接地检查、防雷元件或装置检查、冗余电源切换试验、控制器电池检查或更换	控制器配置参数丢失	一般	更换电池前确认控制器供电正常，运行正常

续表

序号	类型	设备系统	检修项目	存在风险	风险等级	应对措施
63	计算机监控系统	远动及调度数据网	远动系统电缆绝缘及接地检查，防火封堵检查	绝缘检查过电压损坏元件	一般	绝缘检查前接触连接端子或设备，并做好绝缘措施，使用500伏绝缘电阻表进行绝缘测试
64	计算机监控系统	远动及调度数据网	远动系统电缆绝缘及接地检查，防火封堵检查	人身触电	一般	检查过程中做好个人防护，对线槽整理时用力适中，防止误动带电端子
65	水轮发电（电动）机组	LCU现地控制单元	现地控制单元与其他控制保护装置或系统（包括机组励磁系统、保护装置、调速器、主变压器冷却器控制系统、SFC系统等）的通信回路检查、通信或硬布线接口信号核对	信号核对过程中安全措施不足或不当造成设备误动	一般	检测前认真核对图纸及安全措施，确保信号核对正确
66	水轮发电（电动）机组	LCU现地控制单元	温度巡检装置设备清扫检查	粉尘污染	一般	（1）清扫过程人员佩戴防尘口罩。 （2）吹扫前先用吸尘器进行预清洁
67	水轮发电（电动）机组	LCU现地控制单元	温度巡检装置设备清扫检查	设备损坏	一般	注意做好设备防护，吹扫时注意调整合适风力及风向

续表

序号	类型	设备系统	检修项目	存在风险	风险等级	应对措施
68	水轮发电（电动）机组	LCU现地控制单元	温度报警、跳闸定值检查	定值单版本不正确	一般	使用前检查确认最新版定值单，并检查定值台账，看有无异动记录
69	水轮发电（电动）机组	LCU现地控制单元	温度报警、跳闸定值检查	定值在校核过程中改动	一般	校核后，工作负责人应对照保护整定单进行核查
70	水轮发电（电动）机组	LCU现地控制单元	温度报警、跳闸定值检查	人员疏忽导致部分定值未核对	一般	检查应两人同时进行，一人检查，一人复核，逐个进行
71	水轮发电（电动）机组	LCU现地控制单元	网络通信设备的检查、冗余切换试验	数据业务中断	一般	检查时注意防止误碰通信设备连接线缆，冗余切换前确认备用主机功能运行正常
72	水轮发电（电动）机组	LCU现地控制单元	同期装置、同期检查继电器、交流采样模块或装置的功能校验、参数核对并记录	设备损坏	一般	（1）明确交流采样模块参数，选择合适电源电压，正确接线，确保不发生短路情况。 （2）正确选择试验仪器测试档位
73	水轮发电（电动）机组	LCU现地控制单元	同期装置、同期检查继电器、交流采样模块或装置的功能校验、参数核对并记录	参数误调整	一般	（1）严格按照操作手册进行参数核对，操作须由两人进行，一人负责监护。 （2）校核后，工作负责人应对照保护整定单进行核查

续表

序号	类型	设备系统	检修项目	存在风险	风险等级	应对措施
74	水轮发电（电动）机组	LCU 现地控制单元	同期装置、同期检查继电器、交流采样模块或装置的功能校验、参数核对并记录	同期装置定值单版本不正确	一般	使用前检查确认最新版定值单，并检查定值台账，看有无异动记录
75	水轮发电（电动）机组	LCU 现地控制单元	同期装置、同期检查继电器、交流采样模块或装置的功能校验、参数核对并记录	同期装置整定值在校核过程中改动	一般	校核后，工作负责人应对照保护整定单进行核查
76	水轮发电（电动）机组	LCU 现地控制单元	同期装置、同期检查继电器、交流采样模块或装置的功能校验、参数核对并记录	同期检查继电器加压过程中人身触电	一般	对仪器设备外壳要进行接地，防止试验电压伤人，保证继电器测量回路接线正确
77	水轮发电（电动）机组	LCU 现地控制单元	同期装置、同期检查继电器、交流采样模块或装置的功能校验、参数核对并记录	同期装置拆接线错误	一般	（1）拆接线时做好标记。 （2）拆接线完成后，由专人进行检查核对
78	水轮发电（电动）机组	LCU 现地控制单元	同期装置、同期检查继电器、交流采样模块或装置的功能校验、参数核对并记录	电压回路短路损坏同期电压互感器	一般	对同期回路的电压回路进行专项测量，确保无短路情况

续表

序号	类型	设备系统	检修项目	存在风险	风险等级	应对措施
79	水轮发电（电动）机组	LCU 现地控制单元	同期装置、同期检查继电器、交流采样模块或装置的功能校验、参数核对并记录	人员疏忽导致部分定值未核对	一般	检查应两人同时进行，一人检查，一人复核，逐个进行
80	水轮发电（电动）机组	LCU 现地控制单元	跳机、跳闸动作回路传动试验	遗漏需恢复的端子、恢复检查不到位	一般	（1）严格执行二次隔离措施票，做好详细记录。 （2）仔细检查，一人恢复，一人检查。 （3）恢复接线后履行复检程序，重点进行信号核对和端子紧固检查
81	水轮发电（电动）机组	LCU 现地控制单元	跳机、跳闸动作回路传动试验	信号强制未恢复	一般	信号强制做好记录，传动试验须由两人进行，一人监护，一人执行和恢复
82	水轮发电（电动）机组	LCU 现地控制单元	跳机、跳闸动作回路传动试验	设备误动	一般	（1）试验前须收回全部检修工作票，并确认试验无关人员已全部撤离现场。 （2）传动试验严格按照作业手册执行，并由两人进行，其中一人负责监护
83	水轮发电（电动）机组	LCU 现地控制单元	冗余控制器切换试验	切换失败	一般	切换前检查备用控制器运行状态正常
84	水轮发电（电动）机组	LCU 现地控制单元	人机接口装置清扫、功能检查、测试	静电损坏设备	一般	（1）使用防静电手套或佩戴防静电手环。 （2）工作前用手碰触金属导体，释放身体静电

续表

序号	类型	设备系统	检修项目	存在风险	风险等级	应对措施
85	水轮发电（电动）机组	LCU 现地控制单元	人机接口装置清扫、功能检查、测试	操作错误，损坏计算机	一般	严格按照规定进行操作，开机先加电源，后启动主机，关机与此相反
86	水轮发电（电动）机组	LCU 现地控制单元	模件清扫、检查、更换	人身触电	一般	戴上纱布手套，毛刷的金属裸露部分要用绝缘胶布包裹好
87	水轮发电（电动）机组	LCU 现地控制单元	模件清扫、检查、更换	静电损坏模件	一般	（1）使用防静电手套或佩戴防静电手环。 （2）工作前用手碰触金属导体，释放身体静电
88	水轮发电（电动）机组	LCU 现地控制单元	控制器参数及程序备份	移动存储设备有病毒	一般	（1）备份使用专用移动存储设备，该设备不得接入外网机。 （2）及时杀毒
89	水轮发电（电动）机组	LCU 现地控制单元	控制器参数及程序备份	备份覆盖原有备份文件	一般	备份前将原有文件进行转存或修改文件名称
90	水轮发电（电动）机组	LCU 现地控制单元	控制器参数及程序版本一致性核对	控制器参数与图纸不符	一般	使用前检查确认最新版图纸，并检查图纸台账，看有无变化记录
91	水轮发电（电动）机组	LCU 现地控制单元	控制柜清扫、滤网更换	粉尘污染	一般	（1）清扫过程人员佩戴防尘口罩。 （2）吹扫前先用吸尘器进行预清洁

续表

序号	类型	设备系统	检修项目	存在风险	风险等级	应对措施
92	水轮发电（电动）机组	LCU 现地控制单元	控制柜清扫、滤网更换	设备损坏	一般	注意做好设备防护，吹扫时注意调整合适风力及风向
93	水轮发电（电动）机组	LCU 现地控制单元	控制柜清扫、滤网更换	人身伤害	一般	拆除滤网时，注意做好防护，防止挤压受伤
94	水轮发电（电动）机组	LCU 现地控制单元	控制、保护整定值核对和记录	定值单版本不正确	一般	工作前检查确认最新版定值单，并检查定值台账，看有无记录
95	水轮发电（电动）机组	LCU 现地控制单元	控制、保护整定值核对和记录	装置整定值在校核过程中改动	一般	保护校核后，工作负责人应对照保护整定单进行核查
96	水轮发电（电动）机组	LCU 现地控制单元	交流采样装置清扫检查	设备损坏	一般	使用洁净干布对装置表面进行擦拭，严禁使用水和溶剂进行清洁
97	水轮发电（电动）机组	LCU 现地控制单元	交流采样装置绝缘电阻的测量	设备损坏	一般	试验仪器选用合适档位进行测试，防止过压设备损坏
98	水轮发电（电动）机组	LCU 现地控制单元	交流采样装置基本误差校验	设备损坏	一般	（1）设备校验前检查试验接线，防止错接、漏接。 （2）试验仪器选用合适档位，防止过压、过流设备损坏

续表

序号	类型	设备系统	检修项目	存在风险	风险等级	应对措施
99	水轮发电（电动）机组	LCU 现地控制单元	交流采样装置的外观检查	静电损坏设备	一般	（1）使用防静电手套或佩戴防静电手环。 （2）工作前用手碰触金属导体，释放身体静电
100	水轮发电（电动）机组	LCU 现地控制单元	加热器检查及其温控器设定值核对，盘柜照明检查	二次回路误碰，造成开路或短路	一般	对可能引发误碰的回路、设备、元件作业人员应设防护带和悬挂警示牌
101	水轮发电（电动）机组	LCU 现地控制单元	继电器硬布线回路检查、测试、功能试验	设备误动	一般	明确工作范围，做好隔离措施和防止设备误动措施
102	水轮发电（电动）机组	LCU 现地控制单元	继电器硬布线回路检查、测试、功能试验	人身触电	一般	使用绝缘工器具，做好个人防护、防误碰措施
103	水轮发电（电动）机组	LCU 现地控制单元	继电器硬布线回路检查、测试、功能试验	遗漏需恢复的端子、恢复检查不到位	一般	（1）严格执行二次隔离措施票，做好详细记录。 （2）仔细检查，一人恢复，一人检查。 （3）恢复接线后履行复检程序，重点进行信号核对和端子紧固检查
104	水轮发电（电动）机组	LCU 现地控制单元	端子紧固	损坏端子、恢复检查不到位	一般	（1）作业时使用合适的螺丝刀进行紧固。紧固端子时用力均匀，防止损坏端子。 （2）恢复接线后履行复检程序，重点进行信号核对和端子紧固检查

续表

序号	类型	设备系统	检修项目	存在风险	风险等级	应对措施
105	水轮发电（电动）机组	LCU现地控制单元	端子、元器件、电缆标识牌核对和更新	现场实际情况与图纸不符	一般	使用前检查确认最新版图纸，并检查图纸台账，看有无变化记录
106	水轮发电（电动）机组	LCU现地控制单元	端子、元器件、电缆标识牌核对和更新	人身触电	一般	使用绝缘工器具，做好个人防护、防误碰措施
107	水轮发电（电动）机组	LCU现地控制单元	电源测试、接地检查、防雷元件或装置检查、冗余电源切换试验、控制器电池检查及更换	人身触电	一般	对可能引发误碰的回路、元件应设防护带和悬挂警示牌
108	水轮发电（电动）机组	LCU现地控制单元	电源测试、接地检查、防雷元件或装置检查、冗余电源切换试验、控制器电池检查及更换	万用表量程或档位不正确导致表计损坏	一般	测量前仔细检查万用表档位及量程
109	水轮发电（电动）机组	LCU现地控制单元	电源测试、接地检查、防雷元件或装置检查、冗余电源切换试验、控制器电池检查及更换	控制器配置参数丢失	一般	做好备份工作，更换电池前确认控制器供电正常

续表

序号	类型	设备系统	检修项目	存在风险	风险等级	应对措施
110	水轮发电（电动）机组	LCU 现地控制单元	电源测试、接地检查、防雷元件或装置检查、冗余电源切换试验、控制器电池检查及更换	静电损坏电子元件	一般	更换控制器电池前，工作人员须消除身体静电
111	水轮发电（电动）机组	LCU 现地控制单元	电缆绝缘及接地检查、防火封堵检查、电缆回路接线检查、线槽盖板整理	人身触电	一般	检查过程中做好个人防护，对线槽整理时用力适中，防止误动带电端子
112	水轮发电（电动）机组	LCU 现地控制单元	电缆绝缘及接地检查、防火封堵检查、电缆回路接线检查、线槽盖板整理	线槽盖板划伤手指	一般	工作中戴防护手套，不直接接触线槽盖板破损处
113	水轮发电（电动）机组	LCU 现地控制单元	不间断电源系统（UPS）冗余切换试验	设备失电	一般	电源切换前，确保备用电源供电电压正常，装置运行正常
114	水轮发电（电动）机组	LCU 现地控制单元	不间断电源系统（UPS）检查、校验	静电损坏设备	一般	（1）使用防静电手套或佩戴防静电手环。 （2）工作前用手碰触金属导体，释放身体静电
115	水轮发电（电动）机组	LCU 现地控制单元	不间断电源系统（UPS）的清扫、接线检查、端子紧固、接地及防雷检查	人身触电	一般	使用绝缘工器具，做好个人防护、防误碰措施

续表

序号	类型	设备系统	检修项目	存在风险	风险等级	应对措施
116	水轮发电（电动）机组	LCU 现地控制单元	不间断电源系统（UPS）报警信号传动	设备失电	一般	失电报警信号传动前，确认蓄电池组或备用电源电压正常，装置运行正常
117	水轮发电（电动）机组	LCU 现地控制单元	变送器、继电器校验和更换	继电器针脚损坏	一般	（1）插拔继电器谨慎操作，严禁用蛮力。 （2）回装时将继电器针脚对准插座孔，并小心缓慢插入继电器
118	水轮发电（电动）机组	LCU 现地控制单元	变送器、继电器校验和更换	误动继电器定值，校验后定值未恢复	一般	试验前记录好定值设置，试验后及时恢复
119	水轮发电（电动）机组	LCU 现地控制单元	变送器、继电器校验和更换	设备损坏	一般	明确变送器、继电器设备参数，选择合适电源电压，正确接线，确保不发生短路情况
120	水轮发电（电动）机组	LCU 现地控制单元	变送器、继电器校验和更换	人身触电	一般	对仪器设备外壳要进行接地，防止试验电压伤人，保证继电器测量回路接线正确
121	水轮发电（电动）机组	LCU 现地控制单元	变送器、继电器校验和更换	变送器零点偏移	一般	试验前标记好调零旋钮初始位置，调节过程中做好记录，调零结束后立即用封条封存
122	水轮发电（电动）机组	LCU 现地控制单元	I/O 通道测试及信号传动试验	板卡损坏	一般	通道测试注意接线极性，测试仪表选择合适档位

续表

序号	类型	设备系统	检修项目	存在风险	风险等级	应对措施
123	水轮发电（电动）机组	LCU现地控制单元	I/O通道测试及信号传动试验	人身触电	一般	使用绝缘工器具，做好个人防护、防误碰措施
124	水轮发电（电动）机组	LCU现地控制单元	I/O通道测试及信号传动试验	设备误动	一般	明确工作范围，做好隔离措施和防止设备误动措施
125	水轮发电（电动）机组	LCU现地控制单元	监测和控制系统（水机保护、同期装置、测速系统）自动化元件校验和更换	人身触电	一般	对仪器设备外壳要进行接地，防止试验电压伤人
126	水轮发电（电动）机组	LCU现地控制单元	监测和控制系统（水机保护、同期装置、测速系统）自动化元件校验和更换	万用表量程或档位不正确导致表计损坏	一般	测量前仔细检查万用表档位及量程
127	水轮发电（电动）机组	LCU现地控制单元	监测和控制系统（水机保护、同期装置、测速系统）自动化元件校验和更换	拆接线错误、恢复检查不到位	一般	（1）拆设备时，注意对其进行保护，防止误伤自动化元件；拆接线时做好标记。 （2）拆接线完成后，由专人进行检查核对
128	水轮发电（电动）机组	LCU现地控制单元	监测和控制系统（水机保护、同期装置、测速系统）自动化元件校验和更换	工作电源短路或接地导致元件、表计故障	一般	工作电源和信号电缆应逐个拆除，电缆头应用绝缘胶带包裹，防止线芯外露

续表

序号	类型	设备系统	检修项目	存在风险	风险等级	应对措施
129	水轮发电（电动）机组	LCU现地控制单元	监测和控制系统（水机保护、同期装置、测速系统）自动化元件校验和更换	操作不当损坏设备	一般	（1）试验中注入电流、电压等参数时，不能超过试验规定值，防止损坏电气设备。 （2）试验设备应正确接地
130	水轮发电（电动）机组	LCU现地控制单元	监测和控制系统（水机保护、同期装置、测速系统）控制回路模拟动作试验	接线错误	一般	认真核对接线操作的步骤，防止漏项错项
131	水轮发电（电动）机组	LCU现地控制单元	监测和控制系统（水机保护、同期装置、测速系统）控制回路模拟动作试验	利用调试工具模拟后，未及时复位	一般	根据检查表格记录和核对模拟信号是否已经解除
132	水轮发电（电动）机组	LCU现地控制单元	监测和控制系统（水机保护、同期装置、测速系统）控制回路模拟动作试验	临时措施恢复不全面	一般	严格执行试验过程中的二次措施票进行逐项核对，确保无遗漏
133	水轮发电（电动）机组	LCU现地控制单元	监测和控制系统（水机保护、同期装置、测速系统）控制回路模拟动作试验	控制逻辑人为改动导致程序错误	一般	（1）认真检查使用的软件的正确性。 （2）确保不随意更改软件设置

续表

序号	类型	设备系统	检修项目	存在风险	风险等级	应对措施
134	水轮发电（电动）机组	LCU现地控制单元	继电器校验和更换	继电器针脚损坏	一般	（1）插拔继电器谨慎操作，严禁用蛮力。 （2）回装时将继电器针脚对准插座孔，并小心缓慢插入继电器
135	水轮发电（电动）机组	LCU现地控制单元	继电器校验和更换	误动继电器定值，校验后定值未恢复	一般	试验前记录好定值设置，试验后及时恢复
136	水轮发电（电动）机组	LCU现地控制单元	继电器校验和更换	操作不当设备损坏	一般	明确继电器设备参数，正确接线，确保不发生短路情况
137	水轮发电（电动）机组	LCU现地控制单元	继电器校验和更换	人身触电	一般	对仪器设备外壳要进行接地，防止试验电压伤人，保证继电器测量回路接线正确
138	水轮发电（电动）机组	LCU现地控制单元	机组温度保护装置回路检查及校验	损坏表计装置	一般	外加测试量不要超过允许的最大值
139	水轮发电（电动）机组	LCU现地控制单元	机组温度保护跳闸动作回路传动试验	连线错误	一般	认真核对连接操作的步骤，防止漏项错项
140	水轮发电（电动）机组	LCU现地控制单元	机组温度保护跳闸动作回路传动试验	传动试验过程中安全措施不足或不当造成设备误动	一般	检测前认真核对图纸及安全措施，确保传动信号正确

续表

序号	类型	设备系统	检修项目	存在风险	风险等级	应对措施
141	水轮发电（电动）机组	LCU现地控制单元	机组同期装置清扫检查及端子紧固	人身触电	一般	戴上纱布手套，毛刷的金属裸露部分要用绝缘胶布包裹好
142	水轮发电（电动）机组	LCU现地控制单元	机组同期装置清扫检查及端子紧固	工具使用不当造成端子箱内电缆损坏	一般	作业时应小心触碰端子箱内电缆
143	水轮发电（电动）机组	LCU现地控制单元	机组同期装置清扫检查及端子紧固	物品遗留	一般	清扫完关闭盘柜门前进行全面检查，清点使用的工器具
144	水轮发电（电动）机组	LCU现地控制单元	机组同期装置频率滑差测试	同期装置拆接线错误	一般	（1）拆接线时做好标记。 （2）拆接线完成后，由专人进行检查核对
145	水轮发电（电动）机组	LCU现地控制单元	机组同期装置频率滑差测试	损坏同期装置	一般	进行频差校核，外加测试量不要超过允许的最大值
146	水轮发电（电动）机组	LCU现地控制单元	机组同期装置开入量检查	同期装置拆接线错误	一般	（1）拆接线时做好标记。 （2）拆接线完成后，由专人进行检查核对
147	水轮发电（电动）机组	LCU现地控制单元	机组同期装置开出量检查	同期装置拆接线错误	一般	（1）拆接线时做好标记。 （2）拆接线完成后，由专人进行检查核对

续表

序号	类型	设备系统	检修项目	存在风险	风险等级	应对措施
148	水轮发电（电动）机组	LCU现地控制单元	机组同期装置角度偏差测试	同期装置拆接线错误	一般	（1）拆接线时做好标记。 （2）拆接线完成后，由专人进行检查核对
149	水轮发电（电动）机组	LCU现地控制单元	机组同期装置角度偏差测试	损坏同期装置	一般	进行角差校核，外加测试量不要超过允许的最大值
150	水轮发电（电动）机组	LCU现地控制单元	机组同期装置假同期试验	同期装置拆接线错误	一般	（1）拆接线时做好标记。 （2）拆接线完成后，由专人进行检查核对
151	水轮发电（电动）机组	LCU现地控制单元	机组同期装置假同期试验	试验安全措施不完善，引起机组真并网或非同期并列	一般	做好二次及一次安全隔离措施，严格执行相关安全措施票
152	水轮发电（电动）机组	LCU现地控制单元	机组同期装置定值整定核对检查	同期装置定值单版本不正确	一般	使用前检查确认最新版定值单，并检查定值台账，看有无异动记录
153	水轮发电（电动）机组	LCU现地控制单元	机组同期装置定值整定核对检查	同期装置整定值在校核过程中改动	一般	校核后，工作负责人应对照保护整定单进行核查
154	水轮发电（电动）机组	LCU现地控制单元	机组同期装置定值整定核对检查	人员疏忽导致部分定值未核对	一般	检查应两人同时进行，一人检查，一人复核，逐个进行

续表

序号	类型	设备系统	检修项目	存在风险	风险等级	应对措施
155	水轮发电（电动）机组	LCU 现地控制单元	机组同期装置电压偏差测试	同期装置拆接线错误	一般	（1）拆接线时做好标记。 （2）拆接线完成后，由专人进行检查核对
156	水轮发电（电动）机组	LCU 现地控制单元	机组同期装置电压偏差测试	电压回路短路损坏同期电压互感器	一般	对同期回路的电压回路进行专项测量，确保无短路情况
157	水轮发电（电动）机组	LCU 现地控制单元	机组同期装置电压偏差测试	损坏同期装置	一般	进行压差校核，外加测试量不要超过允许的最大值
158	水轮发电（电动）机组	LCU 现地控制单元	机组过速保护跳闸动作回路传动试验	连线错误	一般	认真核对连接操作的步骤，防止漏项错项
159	水轮发电（电动）机组	LCU 现地控制单元	机组过速保护跳闸动作回路传动试验	传动试验过程中安全措施不足或不当造成设备误动	一般	检测前认真核对图纸及安全措施，确保传动信号正确
160	水轮发电（电动）机组	LCU 现地控制单元	机组断水保护跳闸动作回路传动试验	连线错误	一般	认真核对连接操作的步骤，防止漏项错项
161	水轮发电（电动）机组	LCU 现地控制单元	机组断水保护跳闸动作回路传动试验	传动试验过程中安全措施不足或不当造成设备误动	一般	检测前认真核对图纸及安全措施，确保传动信号正确

续表

序号	类型	设备系统	检修项目	存在风险	风险等级	应对措施
162	水轮发电（电动）机组	LCU 现地控制单元	机组测速装置检验	连线错误	一般	认真核对连接操作的步骤，防止漏项错项
163	水轮发电（电动）机组	LCU 现地控制单元	机组测速装置检验	误动转速定值	一般	校验过程中对设定好的定值做好记录，校验结束后进行检查核对一致
164	水轮发电（电动）机组	LCU 现地控制单元	机组测速传感器检查	探头安装不当，造成探头损坏，测量不准确	一般	（1）探头拆卸前后进行安装距离测量，并做好记录。 （2）回装时做好测量电压值的测量，控制在 10V 左右的标准电压值
165	水轮发电（电动）机组	LCU 现地控制单元	机组测速传感器检查	接线错误	一般	拆线前做好记录和标记，回装后进行核对确认
166	水轮发电（电动）机组	LCU 现地控制单元	高压注油泵故障自动切换功能检查	模拟故障时误动无关元器件或接线端子，导致其他设备故障	一般	操作时要认真核对设备编号和名称，明确后方可操作
167	水轮发电（电动）机组	调速器液压系统	紧急停机阀动作试验	动作出口	一般	试验前确保相关措施已执行完毕，并进行再次检查，避免实际动作调速系统
168	水轮发电（电动）机组	调速器液压系统	紧急停机阀动作试验	二次回路误碰，造成开路或短路	一般	对可能引发误碰的回路、设备、元件作业，应设防护带和悬挂警示牌

续表

序号	类型	设备系统	检修项目	存在风险	风险等级	应对措施
169	水轮发电（电动）机组	调速器液压系统	紧急停机阀动作试验	继电器损坏	一般	在试验时，根据继电器标示牌，选择测量电压，核对无误后方可加电压进行
170	附属测控系统	电能量采集系统	电能量采集系统清扫检查	人身触电	一般	工作时使用带绝缘缠绕的工具工作，分清带电端子，做好防护，严禁用手直接触碰端子
171	附属测控系统	电能量采集系统	电能量采集系统数据报送终端运行正常，数据报送正常	误改设备参数	一般	（1）严格按照作业指导书要求执行，完成工作后将数据整理并保存好。 （2）参数修改要求专人监护，监护人确认后方可执行
172	附属测控系统	上库水力测量系统	水库水位测量系统清扫检查，电源检查	二次回路误碰，造成开路或短路	一般	对可能引发误碰的回路、设备、元件作业，应设防护带和悬挂警示牌
173	附属测控系统	上库水力测量系统	水库水位测量系统清扫检查，电源检查	清洗电极时碰水	一般	拆除时防止摔坏或碰坏水位计，拆除后立即放入专用工具盒中
174	附属测控系统	上库水力测量系统	水库水位测量系统水库水位数据核对	人员疏忽导致部分定值未核对	一般	检查应两人同时进行，一人检查，一人复核，逐个进行
175	附属测控系统	下库水力测量系统	水库水位测量系统清扫检查，电源检查	二次回路误碰，造成开路或短路	一般	对可能引发误碰的回路、设备、元件作业，应设防护带和悬挂警示牌

续表

序号	类型	设备系统	检修项目	存在风险	风险等级	应对措施
176	附属测控系统	下库水力测量系统	水库水位测量系统清扫检查，电源检查	清洗电极时碰水	一般	拆除时防止摔坏或碰坏水位计，拆除后立即放入专用工具盒中
177	附属测控系统	下库水力测量系统	水库水位测量系统水库水位数据核对	人员疏忽导致部分定值未核对	一般	检查应两人同时进行，一人检查，一人复核，逐个进行
178	附属测控系统	现地相量采集装置(PMU)	相量测量装置版本核对	控制器参数与图纸不符	一般	使用前检查确认最新版图纸，并检查图纸台账，看有无变化记录
179	附属测控系统	现地相量采集装置(PMU)	相量测量装置的清扫、端子检查及紧固	粉尘污染	一般	（1）清扫过程人员佩戴防尘口罩。 （2）吹扫前先用吸尘器进行预清洁
180	附属测控系统	现地相量采集装置(PMU)	相量测量装置的清扫、端子检查及紧固	设备损坏	一般	注意做好设备防护，吹扫时注意调整合适风力及风向
181	附属测控系统	现地相量采集装置(PMU)	相量测量装置的清扫、端子检查及紧固	损坏端子、恢复检查不到位	一般	（1）作业时使用合适的螺丝刀进行紧固。紧固端子时用力均匀，防止损坏端子。 （2）恢复接线后履行复检程序，重点进行信号核对和端子紧固检查

续表

序号	类型	设备系统	检修项目	存在风险	风险等级	应对措施
182	附属测控系统	现地相量采集装置（PMU）	相量测量装置的电源的检查	测试仪表损坏	一般	测试仪表选用合适档位量程
183	附属测控系统	现地相量采集装置（PMU）	相量测量装置模拟量零漂及采样精度的测试	板卡损坏	一般	通道测试注意接线极性，测试仪表选择合适档位
184	附属测控系统	现地相量采集装置（PMU）	相量测量装置开入量的检查	板卡损坏	一般	通道测试注意接线极性，测试仪表选择合适档位
185	附属测控系统	现地相量采集装置（PMU）	相量测量装置开入量的检查	人身触电	一般	使用绝缘工器具，做好个人防护、防误碰措施
186	附属测控系统	现地相量采集装置（PMU）	相量测量装置开入量的检查	设备误动	一般	明确工作范围，做好隔离措施和防止设备误动措施

续表

序号	类型	设备系统	检修项目	存在风险	风险等级	应对措施
187	附属测控系统	现地相量采集装置(PMU)	相量测量装置开出量的检查	板卡损坏	一般	通道测试注意接线极性，测试仪表选择合适档位
188	附属测控系统	现地相量采集装置(PMU)	相量测量装置开出量的检查	人身触电	一般	使用绝缘工器具，做好个人防护、防误碰措施
189	附属测控系统	现地相量采集装置(PMU)	相量测量装置开出量的检查	设备误动	一般	明确工作范围，做好隔离措施和防止设备误动措施
190	附属测控系统	现地相量采集装置(PMU)	相量测量装置的数据采集测试	数据业务中断	一般	测试时注意防止误碰通信设备连接线缆
191	附属测控系统	现地相量采集装置(PMU)	相量测量装置报警信号传动	互感器损坏	一般	信号传动时，做好二次安全隔离措施，防止电流互感器开路或电压互感器短路

续表

序号	类型	设备系统	检修项目	存在风险	风险等级	应对措施
192	附属测控系统	现地相量采集装置(PMU)	相量测量装置GPS对时检查	对时信号丢失	一般	防止误碰对时装置及连接线缆

第二节　机组励磁系统检修工作危险点及预控措施

励磁系统是水电站重要的二次设备，主要由磁场断路器、晶闸管、调节器等组成，用于维持发电机机端电压，合理分配并列运行机组之间的无功分配，提高电力系统的稳定性，是机组运行稳定的保证，也是电网无功及电压调节的杠杆。为保证励磁系统检修及试验工作中人身及设备安全，编制了典型安全风险，对作业过程中存在的危险点进行辨识，并分级、分类，制定预防及控制措施。通过检修作业前的危险点分析预控，能够有效促进检修作业过程中的风险管控，从而保证人身及设备安全。

励磁系统主要检修内容有盘柜清扫、端子紧固、元器件校验、绝缘电阻试验等，存在电压过高损坏设备、人身触电、物品遗留、机械伤人等风险。

本部分针对以上危险点进行分析，提出清扫中穿长袖工作服，使用合格的工器具、禁止用手触摸裸露的工器具金属部位等具体的预控措施，有效促进作业过程中的风险管控，降低作业风险，从而保证人身和设备安全，对励磁系统检修工作风险控制具有指导意义。

机组励磁系统检修风险库						
序号	类型	设备系统	检修项目	存在风险	风险等级	应对措施
1	机组励磁系统	励磁功率柜	盘柜清扫、端子紧固	静电损坏电子板	一般	正确使用防静电手环
2	机组励磁系统	励磁功率柜	盘柜清扫、端子紧固	工具使用不当损坏电子器件	一般	正确使用清扫、除尘工具，作业规范，防止损坏设备
3	机组励磁系统	励磁功率柜	盘柜清扫、端子紧固	人身触电	一般	（1）清扫中穿长袖工作服，使用合格的工器具。 （2）禁止用手触摸裸露的工器具金属部位
4	机组励磁系统	励磁功率柜	盘柜清扫、端子紧固	物品遗留	一般	清扫完成后仔细检查盘柜内部有无遗留工具，清点工具数量
5	机组励磁系统	励磁功率柜	风扇电机检修	人身触电	一般	确认风扇电机断开电源后再进行工作
6	机组励磁系统	励磁功率柜	风机清扫检查	设备伤人	一般	确认风扇电机断开电源后再进行工作
7	机组励磁系统	励磁功率柜	风机清扫检查	物品遗留	一般	检查后进行物品清点，防止遗漏
8	机组励磁系统	励磁功率柜	磁场断路器检修	机械伤人	一般	断开磁场开关控制电源，并使其储能释放
9	机组励磁系统	励磁功率柜	功率柜内元器件校验	设备损坏	一般	工作前核对设备，仅测量其控制极电阻
10	机组励磁系统	励磁功率柜	功率元件及连接回路检查	物品遗留	一般	工作完成后仔细检查盘柜内部有无遗留工具，清点工具数量

续表

序号	类型	设备系统	检修项目	存在风险	风险等级	应对措施
11	机组励磁系统	励磁功率柜	功率元件及连接回路检查	操作不当损坏设备	一般	明确力矩要求，正确紧固螺丝
12	机组励磁系统	励磁功率柜	功率元件及连接回路检查	静电损坏电子板	一般	工作人员配带防静电设备
13	机组励磁系统	励磁功率柜	功率柜交、直流侧隔离开关检查	操作不当损坏设备	一般	操作方法要正确，操作时用力要均匀，防止损坏
14	机组励磁系统	励磁功率柜	功率柜交、直流侧隔离开关检查	设备伤人	一般	检查前对储能机构进行能量释放，并确保储能电机回路已断电
15	机组励磁系统	励磁功率柜	机组励磁系统功率柜主回路绝缘检查	设备损坏	一般	选用合适的电压等级进行绝缘试验
16	机组励磁系统	励磁功率柜	机组励磁系统功率柜主回路绝缘检查	人身触电	一般	（1）做好试验组织措施和安全措施，严格按照试验步骤进行。 （2）做好沟通工作，在试验现场安排人员看守，保持良好沟通
17	机组励磁系统	灭磁装置	绝缘电阻试验	电压过高损坏设备	一般	选用合适的电压等级进行绝缘试验
18	机组励磁系统	灭磁装置	导电回路电阻试验	接线错误或者方法不良导致测量不准确	一般	严格按照试验规程并对照现场情况进行试验，试验前再次对接线进行检查
19	机组励磁系统	灭磁装置	检查清扫灭磁开关	机械伤人	一般	断开磁场开关控制电源，并使其未储能

续表

序号	类型	设备系统	检修项目	存在风险	风险等级	应对措施
20	机组励磁系统	灭磁装置	检查清扫灭磁开关	物品遗留	一般	清扫完成后仔细检查盘柜内部有无遗留工具，清点工具数量
21	机组励磁系统	灭磁装置	检查清扫灭磁开关	人身触电	一般	（1）清扫中穿长袖工作服，使用合格的工器具；禁止用手触摸裸露的工器具金属部位。 （2）按要求做好防触电安全措施，确认安全措施中所列电源开关均已拉开。 （3）试验前通知相关人员，并设置专人监护
22	机组励磁系统	灭磁装置	磁场开关性能试验（绝缘和耐压试验、导电性能试验、同步性能测试、分段电流试验）	人身触电	一般	（1）严格按照试验步骤进行。 （2）做好沟通工作，在试验现场安排人员看守，保持良好沟通
23	机组励磁系统	灭磁装置	绝缘和耐压试验	人身触电	较大	（1）严格按照试验步骤进行。 （2）做好沟通工作，在试验现场安排人员看守，保持良好沟通
24	机组励磁系统	灭磁装置	跨接器试验	外加可调电源使用不当造成人员触电或设备损坏	一般	（1）严格按照试验步骤进行。 （2）做好沟通工作，在试验现场安排人员看守，保持良好沟通
25	机组励磁系统	励磁调节柜	励磁控制器整定值核对	误修改定值	一般	仔细检查定值，对其参数不进行任何修改
26	机组励磁系统	励磁调节柜	励磁调节器柜清扫检查、端子紧固	静电损坏电子板	一般	（1）端子紧固时，力度大小适中。 （2）正确使用防静电手环

续表

序号	类型	设备系统	检修项目	存在风险	风险等级	应对措施
27	机组励磁系统	励磁调节柜	励磁调节器柜清扫检查、端子紧固	人身触电	一般	（1）使用经过绝缘处理的毛刷。 （2）工作中穿长袖工作服并带手套。 （3）使用合格的工器具
28	机组励磁系统	励磁调节柜	励磁调节器柜清扫检查、端子紧固	使用工具不当损坏电子器件	一般	正确使用清扫、除尘工具，作业规范，防止损坏设备
29	机组励磁系统	励磁调节柜	励磁调节器柜清扫检查、端子紧固	物品遗留	一般	清扫完成后仔细检查盘柜内部有无遗留工具，清点工具数量
30	机组励磁系统	励磁调节柜	二次回路检查与传动校验	检查二次回路时误碰坏元件	一般	做好设备防护，严格做好防误碰措施
31	机组励磁系统	励磁调节柜	励磁调节器元器件校验	插拔继电器时损坏继电器	一般	插拔继电器操作要规范，注意插拔方向和方法要正确
32	机组励磁系统	励磁调节柜	励磁调节器元器件校验	试验工作电源选用不当造成元器件损坏	一般	根据调节器工作电源要求，选择合适的电源装置
33	机组励磁系统	励磁调节柜	开环高压小电流试验	误将电流加至转子	一般	验前必须检查转子电缆已经断开
34	机组励磁系统	励磁调节柜	开环高压小电流试验	人身触电	一般	做好临时电源的防误碰措施，固定要牢靠，做好电缆走线处、人员容易误碰处的防护
35	机组励磁系统	励磁调节柜	励磁调节器电源检查与切换试验	测量电压过程中人身触电	一般	（1）工作中穿长袖工作服并戴手套。 （2）使用合格的工器具，确保测量安全

续表

序号	类型	设备系统	检修项目	存在风险	风险等级	应对措施
36	机组励磁系统	励磁调节柜	手动/自动及两套独立调节通道切换试验	通道切换后造成励磁电压异常升高	一般	密切监视励磁电压及励磁电流，必要时紧急停机
37	机组励磁系统	励磁调节柜	零起升压、自动升压及软启励试验	软件参数设定错误	一般	试验中修改的参数在试验后及时变更回原状
38	机组励磁系统	励磁调节柜	升降压及逆变灭磁试验	软件参数设定错误	一般	试验中修改的参数在试验后及时变更回原状
39	机组励磁系统	励磁调节柜	空载状态下10%阶跃响应试验	信号发出后造成励磁电压异常升高	一般	密切监视励磁电压及励磁电流，必要时紧急停机
40	机组励磁系统	励磁调节柜	空载状态下10%阶跃响应试验	外界负载配置不合理造成设备损坏	一般	根据试验要求及设备容量确定好外界负载配置，并做好安全防护措施
41	机组励磁系统	起励装置	电测仪表及自动化元件校验	检查仪表等元件时造成元件损坏	一般	工作时在接线处进行检查，选用合适的万用表档位进行测量
42	机组励磁系统	起励装置	起励设备检查	人身触电	一般	确认起励回路已经断开后再进行工作
43	机组励磁系统	灭磁装置	机组励磁系统灭磁开关柜清扫、端子紧固	误损坏开关柜内板卡或元件	一般	清扫用细毛刷，防止损坏开关柜内元件
44	机组励磁系统	灭磁装置	机组励磁系统灭磁开关柜清扫、端子紧固	灭磁开关机构伤人	一般	检查前确认储能机构已释放能量
45	机组励磁系统	灭磁装置	机组励磁系统灭磁开关柜清扫、端子紧固	用力过大损坏端子	一般	紧固端子时用力均匀，防止损坏端子

续表

序号	类型	设备系统	检修项目	存在风险	风险等级	应对措施
46	机组励磁系统	灭磁装置	灭磁系统及转子过电压保护装置检查	人身触电	一般	（1）严格按照试验步骤进行。 （2）做好沟通工作，在试验现场安排人员看守，保持良好沟通
47	机组励磁系统	励磁变压器	励磁变压器清扫检查	人身触电	一般	（1）使用经过绝缘处理的毛刷。 （2）工作中穿长袖工作服并戴手套。 （3）使用合格的工器具
48	机组励磁系统	励磁变压器	励磁变压器清扫检查	损坏设备	一般	正确使用清扫、除尘工具，作业规范，防止损坏设备
49	机组励磁系统	励磁变压器	励磁变压器清扫检查	物品遗留	一般	清扫完成后仔细检查盘柜内部有无遗留工具，清点工具数量

第三节　线路保护及自动装置设备检修工作危险点及预控措施

线路保护常配备有光纤距离保护、光纤差动保护、短引线保护、开关保护、振荡解列、故障录波等装置。一般具有光纤距离保护、光纤差动保护、短引线保护、开关保护失灵保护、自动重合闸等功能，是电站重要的保护装置。为保证线路保护系统检修及试验工作中人身及设备安全，防止发生“三误”事故，编制了典型安全风险，对作业过程中存在的危险点进行辨识，并分级、分类，制定预防及控制措施。通过检修作业前的危险点分析预控，能够有效促进检修作业过程中的风险管控，从而保证人身及设备安全。

保护及自动装置主要检修内容为定值检验核对、保护屏清扫检查、互感器回路检查、逆变电源检查、电流及电压二次回路接线正确性检查等，存在人身触电、设备损坏、物品遗留、断路器误动作、误接线等风险。

本部分针对以上危险点进行分析，提出工作过程中戴手套，用绝缘胶布包裹好毛刷的金属裸露部分等具体的预控措施，有效促进作业过程中的风险管控，降低作业风险，从而保证人身和设备安全，对保护及自动装置检修工作风险控制具有指导意义。

线路保护及自动装置设备检修风险库						
序号	类型	设备系统	检修项目	存在风险	风险等级	应对措施
1	保护及自动装置	线路保护	线路继电保护打印定值清单并与定值整定单核对	人员疏忽导致部分定值未核对	一般	检查应两人同时进行，一人检查，一人复核，逐个进行
2	保护及自动装置	线路保护	线路继电保护打印定值清单并与定值整定单核对	保护装置时钟未核对，造成影响故障分析	一般	对保护装置时钟与 GPS 系统进行核对，存在差值的进行及时纠正
3	保护及自动装置	线路保护	线路继电保护装置定值核对	定值单版本不正确	一般	使用前检查确认最新版定值单，并检查定值台账，看有无异动记录
4	保护及自动装置	线路保护	线路继电保护装置定值核对	误整定	一般	核对时不要修改装置内部参数

续表

序号	类型	设备系统	检修项目	存在风险	风险等级	应对措施
5	保护及自动装置	线路保护	线路继电保护屏柜装置清扫及外部检查	人身触电	一般	工作过程中戴手套，用绝缘胶布包裹好毛刷的金属裸露部分
6	保护及自动装置	线路保护	线路继电保护屏柜装置清扫及外部检查	误碰其他自动化元件或设备	一般	清扫过程中应认真仔细，注意防止振动、防止误碰
7	保护及自动装置	线路保护	线路继电保护整定值检验	误拆、装端子	一般	执行操作监护制度，一人操作，一人监护，操作结束后再仔细核对检查
8	保护及自动装置	线路保护	线路继电保护整定值检验	定值单版本不正确	一般	使用前检查确认最新版定值单，并检查定值台账，看有无异动记录
9	保护及自动装置	线路保护	线路继电保护整定值检验	装置整定值在校核过程中改动	一般	保护校核后，工作负责人应对照保护整定单进行核查
10	保护及自动装置	线路保护	线路继电保护整定值检验	恢复接线时用力过大损坏端子	一般	紧固端子时用力均匀，防止损坏端子
11	保护及自动装置	线路保护	线路继电保护整组试验	保护联动试验安全隔离措施不当，导致误跳、设备停电	较大	联动试验前应严格按照试验方案进行，试验负责人再次对隔离措施进行检查
12	保护及自动装置	线路保护	线路继电保护整组试验	人身触电	一般	（1）勿触摸盘内带电端子。 （2）试验仪、试验台等安全接地
13	保护及自动装置	线路保护	线路继电保护整组试验	人员对装置特性不了解导致保护装置损坏	一般	工作人员仔细研究装置特性，在熟悉的基础上正确地进行工作

续表

序号	类型	设备系统	检修项目	存在风险	风险等级	应对措施
14	保护及自动装置	线路保护	线路继电保护装置逆变电源检查	误接线	一般	试验仪器与保护屏接线前仔细核对图纸上的端子号
15	保护及自动装置	线路保护	线路继电保护装置逆变电源检查	保护装置误动作	一般	试验前检查保护装置跳闸出口压板退出，电位正确
16	保护及自动装置	线路保护	线路继电保护装置软件版本号及校验码检查	不熟悉检查方法造成误操作	一般	检查前，应熟悉保护装置的操作方法
17	保护及自动装置	线路保护	校验工作检修自执行安全措施恢复	安全措施恢复不到位	一般	（1）执行安全措施时应做好标记。 （2）恢复措施时，一人恢复，一人监护，恢复完毕后再统一检查核对
18	保护及自动装置	线路保护	线路继电保护电流互感器二次回路检查	解线和恢复时用力过猛损坏端子、连片	一般	紧固端子时用力均匀，防止损坏端子
19	保护及自动装置	线路保护	线路继电保护电流互感器二次回路检查	人身触电	一般	对仪器设备外壳要进行接地，防止试验电压伤人
20	保护及自动装置	线路保护	线路继电保护电流互感器二次回路检查	人员疏忽试验记录错误	一般	工作人员要仔细认真，一一与铭牌进行核对，并做好记录
21	保护及自动装置	线路保护	线路继电保护电流互感器二次回路检查	拆、接线错误、恢复检查不到位	一般	（1）拆设备时，注意对其进行保护，防止误伤；拆接线时做好标记。 （2）拆接线完成后，由专人进行检查核对。 （3）执行操作监护制度，一人操作，一人监护，操作结束后再仔细核对检查

续表

序号	类型	设备系统	检修项目	存在风险	风险等级	应对措施
22	保护及自动装置	线路保护	线路继电保护电压互感器二次回路检查	解线和恢复时用力过猛损坏端子、连片	一般	紧固端子时用力均匀，防止损坏端子
23	保护及自动装置	线路保护	线路继电保护电压互感器二次回路检查	人身触电	一般	对仪器设备外壳要进行接地，防止试验电压伤人
24	保护及自动装置	线路保护	线路继电保护电压互感器二次回路检查	人员疏忽试验记录错误	一般	工作人员要仔细认真，一一与铭牌进行核对，并做好记录
25	保护及自动装置	线路保护	线路继电保护电压互感器二次回路检查	拆、接线错误、恢复检查不到位	一般	(1) 拆设备时，注意对其进行保护，防止误伤自动化元件；拆接线时做好标记。 (2) 拆接线完成后，由专人进行检查核对。 (3) 执行操作监护制度，一人操作，一人监护，操作结束后再仔细核对检查
26	保护及自动装置	线路保护	校验工作检修自执行安全措施恢复	安全措施恢复不到位	一般	(1) 执行安全措施时应做好标记。 (2) 恢复措施时，一人恢复，一人监护，恢复完毕后再统一检查核对
27	保护及自动装置	线路保护	线路保护装置软件版本号及校验码检查	不熟悉检查方法造成误操作	一般	检查前，应熟悉保护装置的操作方法
28	保护及自动装置	线路保护	线路保护装置逆变电源检查	误接线	一般	试验仪器与保护屏接线前仔细核对图纸上的端子号
29	保护及自动装置	线路保护	线路保护装置逆变电源检查	保护装置误动作	一般	试验前检查保护装置跳闸出口压板退出

续表

序号	类型	设备系统	检修项目	存在风险	风险等级	应对措施
30	保护及自动装置	线路保护	线路保护装置逆变电源检查	试验方法不正确导致设备损坏	一般	(1) 试验前应熟悉试验流程及方法。 (2) 加直流电压时应缓慢上升，防止加压过快或过大
31	保护及自动装置	线路保护	线路保护装置定值核对	定值单版本不正确	一般	使用前检查确认最新版定值单，并检查定值台账，看有无异动记录
32	保护及自动装置	线路保护	线路保护装置定值核对	误整定	一般	核对时不要修改装置内部参数
33	保护及自动装置	线路保护	线路保护整组试验	保护联动试验安全隔离措施不当，导致误跳、设备停电	较大	联动试验前应严格按照试验方案进行，试验负责人再次对隔离措施进行检查
34	保护及自动装置	线路保护	线路保护整组试验	人身触电	一般	(1) 勿触摸盘内带电端子。 (2) 试验仪、试验台等安全接地
35	保护及自动装置	线路保护	线路保护整组试验	人员对装置特性不了解导致保护装置损坏	一般	工作人员仔细研究装置特性，在熟悉的基础上正确地进行工作
36	保护及自动装置	线路保护	线路保护整定值检验	解线和恢复连片时用力过猛损坏端子、连片，恢复检查不到位	一般	(1) 紧固端子时用力均匀，防止损坏端子。 (2) 恢复接线后履行复检程序，重点进行信号核对和端子紧固检查
37	保护及自动装置	线路保护	线路保护整定值检验	误拆、装端子	一般	执行操作监护制度，一人操作，一人监护，操作结束后再仔细核对检查
38	保护及自动装置	线路保护	线路保护整定值检验	校验时损坏保护装置	一般	(1) 加电压量、电流量不要超过装置允许的最大值。 (2) 定值校验完毕后逐个进行核对

续表

序号	类型	设备系统	检修项目	存在风险	风险等级	应对措施
39	保护及自动装置	线路保护	线路保护整定值检验	定值单版本不正确	一般	使用前检查确认最新版定值单，并检查定值台账，看有无异动记录
40	保护及自动装置	线路保护	线路保护整定值检验	装置整定值在校核过程中改动	一般	保护校核后，工作负责人应对照保护整定单进行核查
41	保护及自动装置	线路保护	线路保护整定值检验	人员疏忽导致部分定值未核对	一般	检查应两人同时进行，一人检查，一人复核，逐个进行
42	保护及自动装置	线路保护	线路保护输出触点及输出信号检查	断路器误动作	一般	试验时应将断路器退出运行
43	保护及自动装置	线路保护	线路保护屏柜装置清扫及外部检查	人身触电	一般	工作过程中戴手套，用绝缘胶布包裹好毛刷的金属裸露部分
44	保护及自动装置	线路保护	线路保护屏柜装置清扫及外部检查	光纤损坏	一般	做好光纤等的防护工作
45	保护及自动装置	线路保护	线路保护屏柜装置清扫及外部检查	万用表量程或档位不正确导致表计损坏	一般	测量前仔细检查万用表档位及量程
46	保护及自动装置	线路保护	线路保护模数转换模块数据采样检验	误接线	一般	检验前，对照图纸检查试验仪器与盘柜端子的接线正确
47	保护及自动装置	线路保护	线路保护模数转换模块数据采样检验	操作不当设备损坏	一般	防止加量过大或时间过长损坏设备
48	保护及自动装置	线路保护	线路保护利用一次电流及工作电压检查电流及电压二次回路接线正确性	设备损坏	一般	试验时按照规范电压（电流）进行试验防止设备损坏

续表

序号	类型	设备系统	检修项目	存在风险	风险等级	应对措施
49	保护及自动装置	线路保护	线路保护利用一次电流及工作电压检查电流及电压二次回路接线正确性	误接线	一般	接线前仔细核对图纸
50	保护及自动装置	线路保护	线路保护开关量输入回路检查	操作不当设备损坏	一般	防止加量过大或时间过长损坏设备
51	保护及自动装置	线路保护	线路保护电压端子接线检查维护	人身触电	一般	工作前分清带电端子，做好防护
52	保护及自动装置	线路保护	线路保护电压端子接线检查维护	损坏端子	一般	紧固端子时，防止用力过大
53	保护及自动装置	线路保护	线路保护电流端子接线检查维护	人身触电	一般	工作前分清带电端子，做好防护
54	保护及自动装置	线路保护	线路保护电流端子接线检查维护	损坏端子	一般	紧固端子时，防止用力过大
55	保护及自动装置	线路保护	线路保护打印定值清单并与定值整定单核对	人员疏忽导致部分定值未核对	一般	检查应两人同时进行，一人检查，一人复核，逐个进行
56	保护及自动装置	线路保护	线路继电保护纵联保护通道检验	误操作	一般	校验时，按作业指导书执行
57	保护及自动装置	线路保护	线路继电保护输出触点及输出信号检查	断路器误动作	一般	试验时应将断路器退出运行

续表

序号	类型	设备系统	检修项目	存在风险	风险等级	应对措施
58	保护及自动装置	线路保护	线路继电保护利用一次电流及工作电压检查电流及电压二次回路接线正确性	设备损坏	一般	试验时按照规范电压（电流）进行试验防止设备损坏
59	保护及自动装置	线路保护	线路继电保护利用一次电流及工作电压检查电流及电压二次回路接线正确性	误接线	一般	接线前仔细核对图纸
60	保护及自动装置	线路保护	线路继电保护开入光耦检验	在校核过程中连线错误	一般	检验前，对照图纸检查试验仪器与盘柜端子的接线正确
61	保护及自动装置	线路保护	线路继电保护开关量输入回路检查	误接线	一般	试验前，检查试验仪器与端子连接正确
62	保护及自动装置	线路保护	线路继电保护开关量输入回路检查	操作不当设备损坏	一般	防止加量过大或时间过长损坏设备
63	保护及自动装置	线路保护	线路继电保护开关量输入回路检查	断路器误动作	一般	校验前，检查保护出口压板退出或将保护装置切至调试状态
64	保护及自动装置	线路保护	线路继电保护二次回路绝缘检查	解线和恢复时用力过猛损坏端子、连片	一般	紧固端子时用力均匀，防止损坏端子
65	保护及自动装置	线路保护	线路继电保护二次回路绝缘检查	人员疏忽导致测量的极性与实际相反	一般	工作人员要仔细认真，一一与铭牌进行核对，并做好记录

续表

序号	类型	设备系统	检修项目	存在风险	风险等级	应对措施
66	保护及自动装置	线路保护	线路继电保护二次回路绝缘检查	电压反送一次侧	一般	工作开始前确认电压互感器二次小开关在断开位置
67	保护及自动装置	线路保护	线路继电保护断路器、隔离开关及二次回路检查	工具使用不当造成接线端子、端子排损坏	一般	（1）作业时使用合适的螺丝刀进行紧固。 （2）紧固端子时注意力矩
68	保护及自动装置	线路保护	线路继电保护断路器、隔离开关及二次回路检查	人身触电	一般	工作前分清带电端子，做好防护
69	保护及自动装置	线路保护	线路继电保护断路器、隔离开关及二次回路检查	断路器误动作导致机械伤害	一般	断路器油压、气压、储能弹簧泄压
70	保护及自动装置	线路保护	线路继电保护断路器、隔离开关及二次回路检查	误碰其他自动化元件或设备	一般	对容易误碰的设备应加装防护罩或采取其他限制措施
71	保护及自动装置	线路保护	线路继电保护断路器、隔离开关及二次回路检查	物品遗留	一般	详细检查工器具
72	保护及自动装置	线路保护	线路继电保护出口继电器检验	设备损坏	一般	操作过程中，注意均匀用力，切勿用力过大损坏继电器或底座
73	保护及自动装置	线路保护	线路继电保护出口继电器检验	测试电压过大损坏继电器	一般	加电压量不要超过继电器允许的最大值

续表

序号	类型	设备系统	检修项目	存在风险	风险等级	应对措施
74	保护及自动装置	线路保护	线路保护整定值检验	遗漏需恢复的端子	一般	恢复时，一人恢复，一人监护，恢复结束后再仔细检查核对
75	保护及自动装置	线路保护	线路保护整定值检验	走错间隔	一般	工作前对所有工作组成员交代好工作任务、地点，工作时核对设备名称、编号
76	保护及自动装置	线路保护	线路继电保护整定值检验	遗漏需恢复的端子	一般	恢复时，一人恢复，一人监护，恢复结束后再仔细检查核对
77	保护及自动装置	线路保护	线路继电保护整定值检验	走错间隔	一般	工作前对所有工作组成员交代好工作任务、地点，工作时核对设备名称、编号
78	保护及自动装置	线路保护	开关量输入输出回路检验	误跳运行设备	一般	断开跳运行设备相关连片，断开过程中设专人监护
79	保护及自动装置	线路保护	整定值的整定及检验	误跳相邻设备	一般	工作前做好措施，解除远跳及失灵回路，解除相关回路时设专人监护
80	保护及自动装置	线路保护	整定值的整定及检验	误跳运行设备	一般	断开跳运行设备相关连片，断开过程中设专人监护
81	保护及自动装置	线路保护	整组试验	误停、误合断路器	较大	（1）联动试验前应严格按照试验方案进行，经运行许可。 （2）试验前做好措施并一一检查，核对措施时设专人监护

续表

序号	类型	设备系统	检修项目	存在风险	风险等级	应对措施
82	保护及自动装置	线路保护	线路过电压及远方跳闸就地判别装置各开出、开入回路工作性能的检验	防止误跳远方断路器	一般	将远跳回路连片断开，断开时设专人监护
83	保护及自动装置	线路保护	线路过电压及远方跳闸就地判别装置各开出、开入回路工作性能的检验	误跳运行设备	一般	断开跳运行设备相关连片，断开过程中设专人监护
84	保护及自动装置	线路保护	收发信机装置检验通道监测回路工作	高压触电	一般	到户外检测设备时，需注意安全距离，工作时设专人监护
85	保护及自动装置	线路保护	收信机收信灵敏度的检测（可与高频通道的检测同时进行）	高压触电	一般	到户外检测设备时，需注意安全距离，工作时设专人监护
86	保护及自动装置	线路保护	专用光纤接口装置各开出、开入回路工作性能的检验	防止误跳远方断路器	一般	将远跳回路连片断开，断开时设专人监护
87	保护及自动装置	线路保护	专用光纤接口装置各开出、开入回路工作性能的检验	误跳运行设备	一般	断开跳运行设备相关连片，断开过程中设专人监护

续表

序号	类型	设备系统	检修项目	存在风险	风险等级	应对措施
88	保护及自动装置	安全自动装置	各开出、开入回路工作性能的检验	误跳运行设备	一般	断开跳运行设备相关连片，断开过程中设专人监护
89	保护及自动装置	安全自动装置	安稳定值校验	误跳运行设备	一般	断开跳运行设备相关连片，断开过程中设专人监护
90	保护及自动装置	母线保护装置	开关量输入输出回路检验	误跳运行设备	一般	断开跳运行设备相关连片，断开过程中设专人监护
91	保护及自动装置	母线保护装置	开关量输入输出回路检验	误动运行回路	一般	仔细确认好跳运行设备的连片已断开，并用红色胶带隔离，断开运行设备连片时设专人监护
92	保护及自动装置	母线保护装置	整定值的整定及检验	误跳相邻设备	一般	工作前做好措施，解除远跳及失灵回路，解除相关回路时设专人监护
93	保护及自动装置	母线保护装置	整定值的整定及检验	误跳运行设备	一般	断开跳运行设备相关连片，断开过程中设专人监护
94	保护及自动装置	母线保护装置	整组试验	误停、误合断路器	较大	（1）联动试验前应严格按照试验方案进行，经运行许可。 （2）试验前做好措施并一一检查，核对措施时设专人监护
95	保护及自动装置	线路断路器保护装置	各开出、开入回路工作性能的检验	误跳运行设备	一般	断开跳运行设备相关连片，断开过程中设专人监护

续表

序号	类型	设备系统	检修项目	存在风险	风险等级	应对措施
96	保护及自动装置	线路断路器保护装置	整组试验	误停、误合断路器	较大	(1) 联动试验前应严格按照试验方案进行，经运行许可。 (2) 试验前做好措施并一一检查，核对措施时设专人监护
97	保护及自动装置	线路故障录波装置	模数变换系统检验	断开运行的电流回路，造成电流互感器二次开路	一般	工作时仔细认真，短接运行电流回路、断开运行电流回路时设专人监护，把运行的电流回路用红胶带封好
98	保护及自动装置	线路断路器保护装置	开关保护装置定值校验	误跳运行设备	一般	断开跳运行设备相关连片，断开过程中设专人监护
99	保护及自动装置	线路断路器保护装置	开关保护装置定值校验	误跳相邻设备	一般	工作前做好措施，解除跳其他设备回路，解除相关回路时设专人监护
100	保护及自动装置	电流互感器	电流互感器励磁特性、10%误差试验	电流互感器开路	一般	(1) 断开电流端子做好标记，恢复后需经第二人检查。 (2) 在测试时要仔细核对图纸，防止对运行中的电流互感器打开电流端子连片，断开电流互感器连片时设专人监护
101	保护及自动装置	电流互感器	电流互感器二次负载阻抗测试	电流互感器开路	一般	(1) 断开电流端子做好标记，恢复后需经第二人检查。 (2) 在测试时要仔细核对图纸，防止对运行中的电流互感器打开电流端子连接片，断开电流互感器连片时设专人监护

续表

序号	类型	设备系统	检修项目	存在风险	风险等级	应对措施
102	保护及自动装置	电流互感器	电流互感器二次负载阻抗测试	保护误跳闸	一般	将该电流互感器所涉及的保护装置停用，停用装置时设专人监护

第四节　主变压器保护系统检修工作危险点及预控措施

主变压器保护系统是水电站重要的二次设备，用于保证主变压器设备发生故障或异常时，在可能实现的最短时间和最小区域内，自动将故障设备从系统中切出，或发出信号由值班人员消除异常工况的根源，以减轻或避免设备的损坏和对其他设备的影响。为保证主变压器保护系统检修及试验工作中人身及设备安全，防止发生继电保护专业“三误”事故，编制了典型安全风险，对作业过程中存在的危险点进行辨识，并分级、分类，制定预防及控制措施。通过检修作业前的危险点分析预控，能够有效促进检修作业过程中的风险管控，从而保证人身及设备安全。

主变压器保护主要检修内容为保护定值核对及校验、保护屏柜装置清扫及检查、整组试验、输入输出回路检查、开入光耦检验等，存在人员疏忽导致部分定值未核对、误整定、误接线、装置损坏、人身触电、误拆/装端子、断路器误动作等风险。

本部分针对以上危险点进行分析，提出检查应两人同时进行，一人检查，一人复核，逐个进行等具体的预控措施，有效促进作业过程中的风险管控，降低作业风险，从而保证人身和设备安全，对主变压器保护设备检修工作风险控制具有指导意义。

主变压器保护系统检修风险库						
序号	类型	设备系统	检修项目	存在风险	风险等级	应对措施
1	主变压器系统	主变压器保护	主变压器继电保护打印定值清单并与定值整定单核对	人员疏忽导致部分定值未核对	一般	检查应两人同时进行，一人检查，一人复核，逐个进行
2	主变压器系统	主变压器保护	主变压器继电保护打印定值清单并与定值整定单核对	保护装置时钟未核对，造成影响故障分析	一般	对保护装置时钟与GPS系统进行核对，存在差值的进行及时纠正
3	主变压器系统	主变压器保护	主变压器继电保护装置定值核对	定值单版本不正确	一般	使用前检查确认最新版定值单，并检查定值台账，看有无异动记录
4	主变压器系统	主变压器保护	主变压器继电保护装置定值核对	误整定	一般	核对时，不要修改装置内部参数
5	主变压器系统	主变压器保护	主变压器继电保护模数转换模块数据采样检验	误接线	一般	检验前，对照图纸检查试验仪器与盘柜端子的接线正确
6	主变压器系统	主变压器保护	主变压器继电保护模数转换模块数据采样检验	装置损坏	一般	防止加量过大或时间过长损坏设备
7	主变压器系统	主变压器保护	主变压器继电保护屏柜装置清扫及外部检查	人身触电	一般	工作过程中戴手套，用绝缘胶布包裹好毛刷的金属裸露部分

续表

序号	类型	设备系统	检修项目	存在风险	风险等级	应对措施
8	主变压器系统	主变压器保护	主变压器继电保护屏柜装置清扫及外部检查	误碰自动化元件或设备	一般	清扫过程中应认真仔细，注意防止振动、防止误碰
9	主变压器系统	主变压器保护	主变压器继电保护整定值检验	误拆、装端子	一般	执行操作监护制度，一人操作，一人监护，操作结束后再仔细核对检查
10	主变压器系统	主变压器保护	主变压器继电保护整定值检验	定值单版本不正确	一般	使用前检查确认最新版定值单，并检查定值台账，看有无异动记录
11	主变压器系统	主变压器保护	主变压器继电保护整定值检验	装置整定值在校核过程中改动	一般	保护校核后，工作负责人应对照保护整定单进行核查
12	主变压器系统	主变压器保护	主变压器继电保护整定值检验	人员疏忽导致部分定值未核对	一般	检查应两人同时进行，一人检查，一人复核，逐个进行
13	主变压器系统	主变压器保护	主变压器继电保护整定值检验	恢复接线时用力过大损坏端子	一般	紧固端子时用力均匀，防止损坏端子
14	主变压器系统	主变压器保护	主变压器继电保护整组试验	人身触电	一般	(1) 勿触摸盘内带电端子。 (2) 试验仪、试验台等安全接地
15	主变压器系统	主变压器保护	主变压器继电保护装置逆变电源检查	误接线	一般	试验仪器与保护屏接线前仔细核对图纸上的端子号
16	主变压器系统	主变压器保护	主变压器继电保护装置逆变电源检查	保护装置误动作	一般	试验前检查保护装置跳闸出口压板退出，电位正确

续表

序号	类型	设备系统	检修项目	存在风险	风险等级	应对措施
17	主变压器系统	主变压器保护	主变压器继电保护装置软件版本号及校验码检查	不熟悉检查方法造成误操作	一般	检查前，应熟悉保护装置的操作方法
18	主变压器系统	主变压器保护	校验工作检修自执行安全措施恢复	安全措施恢复不到位	一般	（1）执行安全措施时应做好标记。 （2）恢复措施时，一人恢复，一人监护，恢复完毕后再统一检查核对
19	主变压器系统	主变压器保护	主变压器继电保护电流互感器二次回路检查	解线和恢复时用力过猛损坏端子、连片	一般	紧固端子时用力均匀，防止损坏端子
20	主变压器系统	主变压器保护	主变压器继电保护电流互感器二次回路检查	人身触电	一般	对仪器设备外壳要进行接地，防止试验电压伤人
21	主变压器系统	主变压器保护	主变压器继电保护电流互感器二次回路检查	人员疏忽试验记录错误	一般	工作人员要仔细认真，一一与铭牌进行核对，并做好记录
22	主变压器系统	主变压器保护	主变压器继电保护电流互感器二次回路检查	拆、接线错误，恢复检查不到位	一般	（1）拆设备时，注意对其进行保护，防止误伤自动化元件；拆接线时做好标记。 （2）拆接线完成后，由专人进行检查核对。 （3）执行操作监护制度，一人操作，一人监护，操作结束后再仔细核对检查
23	主变压器系统	主变压器保护	主变压器继电保护电压互感器二次回路检查	解线和恢复时用力过猛损坏端子、连片	一般	紧固端子时用力均匀，防止损坏端子

续表

序号	类型	设备系统	检修项目	存在风险	风险等级	应对措施
24	主变压器系统	主变压器保护	主变压器继电保护电压互感器二次回路检查	人身触电	一般	对仪器设备外壳要进行接地，防止试验电压伤人
25	主变压器系统	主变压器保护	主变压器继电保护电压互感器二次回路检查	人员疏忽试验记录错误	一般	工作人员要仔细认真，一一与铭牌进行核对，并做好记录
26	主变压器系统	主变压器保护	主变压器继电保护电压互感器二次回路检查	拆、接线错误，恢复检查不到位	一般	（1）拆设备时，注意对其进行保护，防止误伤自动化元件；拆接线时做好标记。 （2）拆接线完成后，由专人进行检查核对。 （3）执行操作监护制度，一人操作，一人监护，操作结束后再仔细核对检查
27	主变压器系统	主变压器保护	主变压器继电保护纵联保护通道检验	误操作	一般	校验时，按作业指导书执行
28	主变压器系统	主变压器保护	主变压器继电保护输出触点及输出信号检查	断路器误动作	一般	试验时，应将断路器退出运行
29	主变压器系统	主变压器保护	主变压器继电保护利用一次电流及工作电压检查电流及电压二次回路接线正确性	设备损坏	一般	试验时按照规范电压（电流）进行试验防止设备损坏
30	主变压器系统	主变压器保护	主变压器继电保护利用一次电流及工作电压检查电流及电压二次回路接线正确性	误接线	一般	接线前仔细核对图纸

续表

序号	类型	设备系统	检修项目	存在风险	风险等级	应对措施
31	主变压器系统	主变压器保护	主变压器继电保护开入光耦检验	在校核过程中连线错误	一般	检验前，对照图纸检查试验仪器与盘柜端子的接线正确
32	主变压器系统	主变压器保护	主变压器继电保护开关量输入回路检查	误接线	一般	试验前，检查试验仪器与端子连接正确
33	主变压器系统	主变压器保护	主变压器继电保护开关量输入回路检查	操作不当设备损坏	一般	防止加量过大或时间过长损坏设备
34	主变压器系统	主变压器保护	主变压器继电保护开关量输入回路检查	开关误动作	一般	校验前，检查保护出口压板退出或将保护装置切至调试状态
35	主变压器系统	主变压器保护	主变压器继电保护二次回路绝缘检查	解线和恢复时用力过猛损坏端子、连片	一般	紧固端子时用力均匀，防止损坏端子
36	主变压器系统	主变压器保护	主变压器继电保护二次回路绝缘检查	误拆、装端子	一般	执行操作监护制度，一人操作，一人监护，操作结束后再仔细核对检查
37	主变压器系统	主变压器保护	主变压器继电保护二次回路绝缘检查	人身触电	一般	(1) 对仪器设备外壳要进行接地，防止试验电压伤人。 (2) 设备对侧做好安全措施，保持通信联络，防止对侧人员触电
38	主变压器系统	主变压器保护	主变压器继电保护二次回路绝缘检查	人员疏忽导致测量的极性与实际相反	一般	工作人员要仔细认真，一一与铭牌进行核对，并做好记录

续表

序号	类型	设备系统	检修项目	存在风险	风险等级	应对措施
39	主变压器系统	主变压器保护	主变压器继电保护二次回路绝缘检查	电压反送一次侧	一般	工作开始前确认电压互感器二次小开关在断开位置
40	主变压器系统	主变压器保护	主变压器继电保护二次回路绝缘检查	拆、接线错误，恢复检查不到位	一般	（1）拆设备时，注意对其进行保护，防止误伤自动化元件；拆接线时做好标记。 （2）拆接线完成后，由专人进行检查核对
41	主变压器系统	主变压器保护	主变压器继电保护断路器、隔离开关及二次回路检查	工具使用不当造成接线端子、端子排损坏	一般	（1）作业时使用合适的螺丝刀进行紧固。 （2）紧固端子时注意力矩
42	主变压器系统	主变压器保护	主变压器继电保护断路器、隔离开关及二次回路检查	人身触电	一般	工作前分清带电端子，做好防护
43	主变压器系统	主变压器保护	主变压器继电保护断路器、隔离开关及二次回路检查	断路器误动作导致机械伤害	一般	断路器油压、气压、储能弹簧泄压
44	主变压器系统	主变压器保护	主变压器继电保护断路器、隔离开关及二次回路检查	误碰其他自动化元件或设备	一般	对容易误碰的设备应加装防护罩或采取其他限制措施
45	主变压器系统	主变压器保护	主变压器继电保护断路器、隔离开关及二次回路检查	物品遗留	一般	详细检查工器具

续表

序号	类型	设备系统	检修项目	存在风险	风险等级	应对措施
46	主变压器系统	主变压器保护	主变压器继电保护出口继电器检验	设备损坏	一般	操作过程中，注意均匀用力，切勿用力过大损坏继电器或底座
47	主变压器系统	主变压器保护	主变压器继电保护出口继电器检验	测试电压过大损坏继电器	一般	加电压量不要超过继电器允许的最大值
48	主变压器系统	主变压器保护	主变压器保护装置软件版本号及校验码检查	不熟悉检查方法造成误操作	一般	检查前，应熟悉保护装置的操作方法
49	主变压器系统	主变压器保护	主变压器保护装置逆变电源检查	误接线	一般	试验仪器与保护屏接线前仔细核对图纸上的端子号
50	主变压器系统	主变压器保护	主变压器保护装置逆变电源检查	保护装置误动作	一般	试验前检查保护装置跳闸出口压板退出，电位正确
51	主变压器系统	主变压器保护	主变压器保护装置定值核对	定值单版本不正确	一般	使用前检查确认最新版定值单，并检查定值台账，看有无异动记录
52	主变压器系统	主变压器保护	主变压器保护装置定值核对	误整定	一般	核对时不要修改装置内部参数
53	主变压器系统	主变压器保护	主变压器保护整组试验	保护联动试验安全隔离措施不当，导致误跳、设备停电	较大	联动试验前应严格按照试验方案进行，试验负责人再次对隔离措施进行检查
54	主变压器系统	主变压器保护	主变压器保护整组试验	人身触电	一般	（1）勿触摸盘内带电端子。 （2）试验仪、试验台等安全接地

续表

序号	类型	设备系统	检修项目	存在风险	风险等级	应对措施
55	主变压器系统	主变压器保护	主变压器保护整组试验	人员对装置特性不了解导致保护装置损坏	一般	工作人员仔细研究装置特性，在熟悉的基础上正确地进行工作
56	主变压器系统	主变压器保护	主变压器保护整组试验	误跳、误合开关	一般	试验前做好措施并一一检查
57	主变压器系统	主变压器保护	主变压器保护整定值检验	解线和恢复连片时用力过猛损坏端子、连片，恢复检查不到位	一般	（1）紧固端子时用力均匀，防止损坏端子。 （2）恢复接线后履行复检程序，重点进行信号核对和端子紧固检查
58	主变压器系统	主变压器保护	主变压器保护整定值检验	误拆、装端子	一般	执行操作监护制度，一人操作，一人监护，操作结束后再仔细核对检查
59	主变压器系统	主变压器保护	主变压器保护整定值检验	校验时损坏保护装置	一般	（1）加电压量、电流量不要超过装置允许的最大值。 （2）定值校验完毕后逐个进行核对
60	主变压器系统	主变压器保护	主变压器保护整定值检验	定值单版本不正确	一般	使用前检查确认最新版定值单，并检查定值台账，看有无异动记录
61	主变压器系统	主变压器保护	主变压器保护整定值检验	装置整定值在校核过程中改动	一般	保护校核后，工作负责人应对照保护整定单进行核查
62	主变压器系统	主变压器保护	主变压器保护整定值检验	人员疏忽导致部分定值未核对	一般	检查应两人同时进行，一人检查，一人复核，逐个进行
63	主变压器系统	主变压器保护	主变压器保护输出触点及输出信号检查	断路器误动作	一般	试验时应将断路器退出运行

续表

序号	类型	设备系统	检修项目	存在风险	风险等级	应对措施
64	主变压器系统	主变压器保护	主变压器保护屏柜装置清扫及外部检查	静电损坏保护装置	一般	正确使用防静电手套
65	主变压器系统	主变压器保护	主变压器保护屏柜装置清扫及外部检查	人身触电	一般	工作过程中戴手套，用绝缘胶布包裹好毛刷的金属裸露部分
66	主变压器系统	主变压器保护	主变压器保护屏柜装置清扫及外部检查	万用表量程或档位不正确导致表计损坏	一般	测量前仔细检查万用表档位及量程
67	主变压器系统	主变压器保护	主变压器保护利用一次电流及工作电压检查电流及电压二次回路接线正确性	设备损坏	一般	试验时按照规范电压（电流）进行，防止设备损坏
68	主变压器系统	主变压器保护	主变压器保护利用一次电流及工作电压检查电流及电压二次回路接线正确性	误接线	一般	接线前仔细核对图纸
69	主变压器系统	主变压器保护	主变压器保护开关量输入回路检查	误接线	一般	试验前，检查试验仪器与端子连接正确
70	主变压器系统	主变压器保护	主变压器保护开关量输入回路检查	操作不当设备损坏	一般	防止加量过大或时间过长损坏设备
71	主变压器系统	主变压器保护	主变压器保护电压端子接线检查维护	人身触电	一般	工作前分清带电端子，做好防护

续表

序号	类型	设备系统	检修项目	存在风险	风险等级	应对措施
72	主变压器系统	主变压器保护	主变压器保护电压端子接线检查维护	损坏端子	一般	紧固端子时，防止用力过大
73	主变压器系统	主变压器保护	主变压器保护电流端子接线检查维护	人身触电	一般	工作前分清带电端子，做好防护
74	主变压器系统	主变压器保护	主变压器保护打印定值清单并与定值整定单核对	人员疏忽导致部分定值未核对	一般	检查应两人同时进行，一人检查，一人复核，逐个进行
75	主变压器系统	主变压器保护	校验工作检修自执行安全措施恢复	安全措施恢复不到位	一般	（1）执行安全措施时应做好标记。 （2）恢复措施时，一人恢复，一人监护，恢复完毕后再统一检查核对
76	主变压器系统	主变压器保护	主变压器保护整定值检验	遗漏需恢复的端子	一般	恢复时，一人恢复，一人监护，恢复结束后再仔细检查核对
77	主变压器系统	主变压器保护	主变压器保护整定值检验	走错间隔	一般	工作前对所有工作组成员交代好工作任务、地点，工作时核对设备名称、编号
78	主变压器系统	主变压器保护	主变压器继电保护整定值检验	遗漏需恢复的端子	一般	恢复时，一人恢复，一人监护，恢复结束后再仔细检查核对
79	主变压器系统	主变压器保护	主变压器继电保护整定值检验	走错间隔	一般	工作前对所有工作组成员交代好工作任务、地点，工作时核对设备名称、编号
80	主变压器系统	电流互感器	电流互感器励磁特性、10%误差试验	电流互感器开路	一般	（1）断开电流端子做好标记，恢复后需经第二人检查。 （2）在测试时要仔细核对图纸，防止对运行中的电流互感器打开电流端子连片，断开电流互感器连片时设专人监护

续表

序号	类型	设备系统	检修项目	存在风险	风险等级	应对措施
81	主变压器系统	电流互感器	电流互感器二次负载阻抗测试	电流互感器开路	一般	(1) 断开电流端子做好标记，恢复后需经第二人检查。 (2) 在测试时要仔细核对图纸，防止对运行中的电流互感器打开电流端子连接片，断开电流互感器连片时设专人监护
82	主变压器系统	电流互感器	电流互感器二次负载阻抗测试	保护误跳闸	一般	将该电流互感器所涉及的保护装置停用，停用装置时设专人监护
83	主变压器系统	主变压器保护	开关量输入输出回路检验	误跳运行设备	一般	断开跳运行设备相关连片，断开过程中设专人监护
84	主变压器系统	主变压器保护	整定值的整定及检验	误跳运行设备	一般	断开跳运行设备相关连片，断开过程中设专人监护
85	主变压器系统	主变压器保护	整组试验	误停、误合断路器	较大	(1) 联动试验前应严格按照试验方案进行，经运行许可。 (2) 试验前做好措施并一一检查，核对措施时设专人监护

第五节 机组继电保护检修工作危险点及预控措施

继电保护系统是水电站重要的二次设备，用于保证电站电气设备发生故障或异常工况时，在可能实现的最短时间和最小区域内，自动将故障设备从系统中切出，或发出信号由值班人员消除异常工况的根源，以减轻或避免设备的损坏和对其他设备的影响。为保证继电保护系统检修及试验工作中人身及设备安全，防止发生继电保护专业“三误”事故，编制了典型安全风险，对作业过程中存在的危险点进行辨识，并分级、分类，制定预防及控制措施。通过检修作业前的危险点分析预控，能够有效促进检修作业过程中的风险管控，从而保证人身及设备安全。

机组继电保护检修主要内容为模数变换系统检验、装置清扫及检查、整定值的整定及检验、电流互感器（TA）和电压互感器（TV）回路检查及校验等。存在解线和恢复时用力过猛损坏端子或连片、人身触电、保护装置损坏、误整定等风险。

本部分针对以上危险点进行分析，提出工作过程中戴手套、用绝缘胶布包裹好毛刷的金属裸露部分等具体的预控措施，有效促进作业过程中的风险管控，降低作业风险，从而保证人身和设备安全，对机组继电保护装置检修工作风险控制具有指导意义。

机组继电保护检修风险库						
序号	类型	设备系统	检修项目	存在风险	风险等级	应对措施
1	机组继电保护	发电（电动）机保护	打印定值清单并与定值整定单核对	人员疏忽导致部分定值未核对	一般	核对应两人同时进行，一人检查，一人复核，逐个进行
2	机组继电保护	发电（电动）机保护	打印定值清单并与定值整定单核对	保护装置时钟未核对	一般	对保护装置时钟与GPS系统进行核对，存在差值的进行及时纠正

续表

序号	类型	设备系统	检修项目	存在风险	风险等级	应对措施
3	机组继电保护	发电（电动）机保护	打印定值清单并与定值整定单核对	定值单版本不正确	一般	使用前检查确认最新版定值单，并检查定值台账，看有无异动记录
4	机组继电保护	发电（电动）机保护	打印定值清单并与定值整定单核对	误整定	一般	核对时不要修改装置内部参数
5	机组继电保护	发电（电动）机保护	模数变换系统检验	保护装置损坏	一般	加电流量、电压量不超过装置允许值，装置检验完毕后逐个进行核对
6	机组继电保护	发电（电动）机保护	模数变换系统检验	测量过程中损坏仪器	一般	加电流量、电压量不超过仪器允许值
7	机组继电保护	发电（电动）机保护	模数变换系统检验	试验接线错误	一般	（1）校验前，对照图纸检查试验仪器与盘柜端子的接线正确。 （2）试验接线需经过第二人仔细检查，确认无误方可通电
8	机组继电保护	发电（电动）机保护	模数变换系统检验	电压反送电伤人、损坏设备	一般	将电压二次空气断路器断开，并做好记录

续表

序号	类型	设备系统	检修项目	存在风险	风险等级	应对措施
9	机组继电保护	发电(电动)机保护	装置清扫及外部检查	人身触电	一般	工作过程中戴手套，用绝缘胶布包裹好毛刷的金属裸露部分
10	机组继电保护	发电(电动)机保护	装置清扫及外部检查	误碰自动化元件或设备	一般	清扫过程中应认真仔细，注意防止振动、防止误碰
11	机组继电保护	发电(电动)机保护	整定值的整定及检验	误拆、装端子	一般	执行操作监护制度，一人操作，一人监护，操作结束后再仔细核对检查
12	机组继电保护	发电(电动)机保护	整定值的整定及检验	校验时损坏保护装置	一般	(1) 加电压量、电流量不要超过装置允许的最大值。 (2) 定值校验完毕后逐个进行核对
13	机组继电保护	发电(电动)机保护	整定值的整定及检验	定值单版本不正确	一般	使用前检查确认最新版定值单，并检查定值台账，看有无异动记录
14	机组继电保护	发电(电动)机保护	整定值的整定及检验	装置整定值在校核过程中误改动	一般	保护校核后，工作负责人应对照保护整定单进行核查
15	机组继电保护	发电(电动)机保护	整定值的整定及检验	人员疏忽导致部分定值未校验	一般	检查应两人同时进行，一人检查，一人复核，逐个进行

续表

序号	类型	设备系统	检修项目	存在风险	风险等级	应对措施
16	机组继电保护	发电（电动）机保护	整定值的整定及检验	解线和恢复连片时用力过猛损坏端子、连片，恢复检查不到位	一般	（1）紧固端子时用力均匀，防止损坏端子。 （2）恢复接线后履行复检程序，重点进行信号核对和端子紧固检查
17	机组继电保护	发电（电动）机保护	整定值的整定及检验	遗漏需恢复的端子或连片	一般	恢复时，一人恢复，一人检查，恢复结束后再仔细检查核对
18	机组继电保护	发电（电动）机保护	整定值的整定及检验	定值修改后未恢复	一般	保护校验后，按定值单恢复定值，恢复后经第二人核查
19	机组继电保护	发电（电动）机保护	整定值的整定及检验	误跳运行设备	一般	断开跳运行设备相关连片，断开过程中设专人监护
20	机组继电保护	发电（电动）机保护	整定值的整定及检验	电压反送电伤人、损坏设备	一般	将电压二次空气断路器断开，并做好记录
21	机组继电保护	发电（电动）机保护	整组试验	保护联动试验安全隔离措施不当，导致误跳、设备停电	较大	联动试验应严格按照试验方案进行，措施按照已批准的二次安全措施票执行
22	机组继电保护	发电（电动）机保护	整组试验	人身触电	一般	（1）勿触碰盘内带电端子。 （2）试验仪、试验台等安全接地。 （3）与相关班组人员沟通协调，防止断路器动作伤人

续表

序号	类型	设备系统	检修项目	存在风险	风险等级	应对措施
23	机组继电保护	发电(电动)机保护	整组试验	人员对装置特性不了解导致保护装置损坏	一般	工作人员仔细研究装置特性，在熟悉的基础上正确地进行工作
24	机组继电保护	发电(电动)机保护	整组试验	措施恢复时遗漏或错误	一般	按记录逐项恢复，恢复后经第二人检查、核对
25	机组继电保护	发电(电动)机保护	逆变电源检查	保护装置误动作	一般	试验前检查保护装置跳闸出口压板退出
26	机组继电保护	发电(电动)机保护	逆变电源检查	试验方法不正确导致设备损坏	一般	(1) 试验前应熟悉试验流程及方法。 (2) 加直流电压时应缓慢上升，防止加压过快或过大
27	机组继电保护	发电(电动)机保护	逆变电源检查	人身触电	一般	严禁触碰有电部位
28	机组继电保护	发电(电动)机保护	软件版本号校验检查	不熟悉检查方法造成误操作	一般	检查前，应熟悉保护装置的操作方法
29	机组继电保护	发电(电动)机保护	端子接线检查维护	人身触电	一般	工作时使用带绝缘缠绕的工具工作，分清带电端子，做好防护

续表

序号	类型	设备系统	检修项目	存在风险	风险等级	应对措施
30	机组继电保护	发电（电动）机保护	端子接线检查维护	接线或端子较多，容易遗漏、恢复检查不到位	一般	（1）检查时，携带手电辅助照明。 （2）检查接线时应仔细核对，防止遗漏。 （3）恢复接线后履行复检程序，重点进行信号核对和端子紧固检查
31	机组继电保护	发电（电动）机保护	端子接线检查维护	损坏端子	一般	紧固端子时用力均匀，防止损坏端子
32	机组继电保护	发电（电动）机保护	输出触点及输出信号检查	断路器误动作	一般	（1）试验前检查二次出口压板已退出。 （2）将断路器退出运行
33	机组继电保护	发电（电动）机保护	利用一次电流及工作电压检查电流及电压二次回路接线正确性	操作不当导致设备损坏	一般	试验时按照规范电压（电流）进行，防止设备损坏
34	机组继电保护	发电（电动）机保护	利用一次电流及工作电压检查电流及电压二次回路接线正确性	误接线	一般	接线前仔细核对图纸
35	机组继电保护	发电（电动）机保护	开关量输入输出回路检验	走错间隔	一般	加强监护，核对好设备铭牌

续表

序号	类型	设备系统	检修项目	存在风险	风险等级	应对措施
36	机组继电保护	发电(电动)机保护	开关量输入输出回路检验	传动出口断路器动作伤人	一般	与相关班组沟通好，避免交叉作业
37	机组继电保护	发电(电动)机保护	开关量输入输出回路检验	误短接运行设备接点造成短路或者影响设备运行	一般	工作时仔细核对图纸，将运行设备端子用红色胶布隔离，并经第二人确认
38	机组继电保护	发电(电动)机保护	开关量输入输出回路检验	拆接线错误	一般	拆接线时做好标记并记录清楚，恢复时应设第二人检查
39	机组继电保护	发电(电动)机保护	二次回路绝缘检查及试验	解线和恢复时用力过猛损坏端子、连片	一般	紧固端子时用力均匀，防止损坏端子
40	机组继电保护	发电(电动)机保护	二次回路绝缘检查及试验	误拆、装端子	一般	执行操作监护制度，一人操作，一人监护，操作结束后再仔细核对检查
41	机组继电保护	发电(电动)机保护	二次回路绝缘检查及试验	人身触电	一般	对仪器设备外壳要进行接地，防止试验电压伤人
42	机组继电保护	发电(电动)机保护	二次回路绝缘检查及试验	人员疏忽导致测量的极性与实际相反	一般	工作人员要仔细认真，一一与铭牌进行核对，并做好记录

续表

序号	类型	设备系统	检修项目	存在风险	风险等级	应对措施
43	机组继电保护	发电(电动)机保护	二次回路绝缘检查及试验	电压反送一次侧	一般	工作开始前确认电压互感器二次小开关在断开位置
44	机组继电保护	发电(电动)机保护	二次回路绝缘检查及试验	拆、接线错误，恢复检查不到位	一般	(1) 拆设备时，注意对其进行保护，防止误伤自动化元件；拆接线时做好标记。 (2) 拆接线完成后，由专人进行检查核对
45	机组继电保护	发电(电动)机保护	TA 和 TV 回路检查及校验	解线和恢复时用力过猛损坏端子、连片	一般	紧固端子时用力均匀，防止损坏端子
46	机组继电保护	发电(电动)机保护	TA 和 TV 回路检查及校验	人身触电	一般	对仪器设备外壳要进行接地，防止试验电压伤人
47	机组继电保护	发电(电动)机保护	TA 和 TV 回路检查及校验	电压反送一次侧	一般	工作开始前确认电压互感器二次小开关在断开位置
48	机组继电保护	发电(电动)机保护	TA 和 TV 回路检查及校验	人员疏忽试验记录错误	一般	工作人员要仔细认真，一一与铭牌进行核对，并做好记录
49	机组继电保护	发电(电动)机保护	TA 和 TV 回路检查及校验	拆、接线错误、恢复检查不到位	一般	(1) 拆设备时，注意对其进行保护，防止误伤自动化元件；拆接线时做好标记。 (2) 拆接线完成后，由专人进行检查核对。 (3) 执行操作监护制度，一人操作，一人监护，操作结束后再仔细核对检查

续表

序号	类型	设备系统	检修项目	存在风险	风险等级	应对措施
50	机组继电保护	发电(电动)机保护	开入光耦校验	在校核过程中连线错误	一般	校验前，对照图纸检查试验仪器与盘柜端子的接线正确
51	机组继电保护	发电(电动)机保护	线圈直阻测量	损坏仪表	一般	对于不能拆下的继电器需将直流电源断开，并注意万用表的档位
52	机组继电保护	发电(电动)机保护	继电器动作值检验	试验接线错误	一般	试验接线需经过第二人仔细检查，确认无误方可通电
53	机组继电保护	发电(电动)机保护	继电器动作值检验	损坏仪器	一般	试验中防止直流短路
54	机组继电保护	发电(电动)机保护	继电器动作值检验	损坏继电器	一般	动作电压禁止超过继电器的额定值
55	机组继电保护	发电(电动)机保护	继电器动作值检验	直流串电	一般	对于不能拆下的继电器需将直流电源断开
56	机组继电保护	发电(电动)机保护	继电器触点检查	触点接触不良	一般	触点的接触电阻符合要求

续表

序号	类型	设备系统	检修项目	存在风险	风险等级	应对措施
57	机组继电保护	发电(电动)机保护	继电器触点检查	触点测量错误	一般	与继电器的示意图仔细核对，分清楚动合触点和动开触点
58	机组继电保护	发电(电动)机保护	继电器外观检查	损坏继电器	一般	注意避免破坏继电器的外壳
59	机组继电保护	发电(电动)机保护	操作箱校验	损坏设备	一般	校验时应根据装置技术说明书并结合现场实际情况
60	机组继电保护	机组故障录波器	整定值的整定及检验	定值单版本不正确	一般	使用前检查确认最新版定值单，并检查定值台账，看有无异动记录
61	机组继电保护	机组故障录波器	整定值的整定及检验	误整定	一般	核对时不要修改装置内部参数
62	机组继电保护	机组故障录波器	整定值的整定及检验	装置损坏	一般	加电流量、电压量不超过装置允许值，装置检验完毕后逐个进行核对
63	机组继电保护	机组故障录波器	整定值的整定及检验	定值修改后未恢复	一般	保护校验后，按定值单恢复定值，恢复后经第二人核查

续表

序号	类型	设备系统	检修项目	存在风险	风险等级	应对措施
64	机组继电保护	机组故障录波器	整定值的整定及检验	措施恢复时遗漏或错误	一般	按记录逐项恢复，恢复后经第二人检查、核对
65	机组继电保护	机组故障录波器	整定值的整定及检验	电压反送电伤人、损坏设备	一般	将电压二次空气断路器断开，并做好记录
66	机组继电保护	机组故障录波器	软件版本号校验及检查	误操作	一般	检查前，应熟悉保护装置的操作方法
67	机组继电保护	机组故障录波器	逆变电源检查	试验方法不正确导致设备损坏	一般	（1）试验前应熟悉试验流程及方法。 （2）加直流电压时应缓慢上升，防止加压过快或过大
68	机组继电保护	机组故障录波器	逆变电源检查	误接线、恢复检查不到位	一般	（1）试验仪器与保护屏接线前仔细核对图纸上的端子号。 （2）恢复接线后履行复检程序，重点进行信号核对和端子紧固检查
69	机组继电保护	机组故障录波器	逆变电源检查	人身触电	一般	严禁触碰有电部位
70	机组继电保护	机组故障录波器	系统开机初始化时的监机	检查不到位	一般	认真检查初始化过程

续表

序号	类型	设备系统	检修项目	存在风险	风险等级	应对措施
71	机组继电保护	机组故障录波器	装置清扫及外部检查	人身触电	一般	(1) 工作过程中戴手套，用绝缘胶布包裹好毛刷的金属裸露部分。 (2) 严禁触碰有电部位
72	机组继电保护	机组故障录波器	装置清扫及外部检查	误碰自动化元件或设备	一般	清扫过程中应认真仔细，注意防止振动、防止误碰
73	机组继电保护	机组故障录波器	二次回路绝缘检查及试验	解线和恢复时用力过猛损坏端子、连片	一般	紧固端子时用力均匀，防止损坏端子
74	机组继电保护	机组故障录波器	二次回路绝缘检查及试验	误拆、装端子	一般	执行操作监护制度，一人操作，一人监护，操作结束后再仔细核对检查
75	机组继电保护	机组故障录波器	二次回路绝缘检查及试验	人身触电	一般	对仪器设备外壳要进行接地，防止试验电压伤人
76	机组继电保护	机组故障录波器	二次回路绝缘检查及试验	人员疏忽导致测量的极性与实际相反	一般	工作人员要仔细认真，一一与铭牌进行核对，并做好记录
77	机组继电保护	机组故障录波器	二次回路绝缘检查及试验	电压反送一次侧	一般	工作开始前确认电压互感器二次小开关在断开位置

续表

序号	类型	设备系统	检修项目	存在风险	风险等级	应对措施
78	机组继电保护	机组故障录波器	二次回路绝缘检查及试验	拆、接线错误、恢复检查不到位	一般	（1）拆设备时，注意对其进行保护，防止误伤自动化元件；拆接线时做好标记。 （2）拆接线完成后，由专人进行检查核对
79	机组继电保护	机组故障录波器	打印机设置和试验	误操作	一般	设置前应熟悉操作方法和步骤
80	机组继电保护	机组故障录波器	打印定值清单并与定值整定单核对	定值单版本不正确	一般	使用前检查确认最新版定值单，并检查定值台账，看有无异动记录
81	机组继电保护	机组故障录波器	模数变换系统检验	误接线、恢复检查不到位	一般	（1）校验前，对照图纸检查试验仪器与盘柜端子的接线正确。 （2）恢复接线后履行复检程序，重点进行信号核对和端子紧固检查
82	机组继电保护	机组故障录波器	模数变换系统检验	操作不当设备损坏	一般	防止加量过大或时间过长损坏设备
83	机组继电保护	机组故障录波器	模数变换系统检验	试验接线错误	一般	试验接线需经过第二人仔细检查，确认无误方可通电
84	机组继电保护	机组故障录波器	模数变换系统检验	电压反送电伤人、损坏设备	一般	将电压二次空气断路器断开，并做好记录

续表

序号	类型	设备系统	检修项目	存在风险	风险等级	应对措施
85	机组继电保护	机组故障录波器	模数变换系统检验	断开运行的电流回路，造成电流互感器二次开路	一般	工作时仔细认真，短接运行电流回路、断开运行电流回路时设专人监护，把运行的电流回路用红胶带封好
86	机组继电保护	机组故障录波器	端子接线检查维护	人身触电	一般	工作前分清带电端子，做好防护
87	机组继电保护	机组故障录波器	端子接线检查维护	接线或端子较多，容易遗漏、恢复检查不到位	一般	（1）检查时，携带手电辅助照明。 （2）检查接线时应仔细核对，防止遗漏。 （3）恢复接线后履行复检程序，重点进行信号核对和端子紧固检查
88	机组继电保护	机组故障录波器	端子接线检查维护	损坏端子	一般	紧固端子时用力均匀，防止损坏端子
89	机组继电保护	机组故障录波器	测距功能检验	误接线、恢复检查不到位	一般	（1）试验前，检查试验仪器与端子连接正确。 （2）恢复接线后履行复检程序，重点进行信号核对和端子紧固检查
90	机组继电保护	发电（电动）机保护	开关量输入输出回路检验	误跳运行设备	一般	断开跳运行设备相关连片，断开过程中设专人监护
91	机组继电保护	发电（电动）机保护	整定值的整定及检验	误跳运行设备	一般	断开跳运行设备相关连片，断开过程中设专人监护

续表

序号	类型	设备系统	检修项目	存在风险	风险等级	应对措施
92	机组继电保护	发电(电动)机保护	整组试验	误停、误合开关	较大	（1）联动试验前应严格按照试验方案进行，经运行许可。 （2）试验前做好措施并一一检查，核对措施时设专人监护
93	机组继电保护	机组故障录波器	模数变换系统检验	断开运行的电流回路，造成电流互感器二次开路	一般	工作时仔细认真，短接运行电流回路、断开运行电流回路时设专人监护，把运行的电流回路用红胶带封好
94	机组继电保护	机组故障录波器	模拟量启动值校验	误接线、恢复检查不到位	一般	（1）试验前，检查试验仪器与端子连接正确。 （2）恢复接线后履行复检程序，重点进行信号核对和端子紧固检查
95	机组继电保护	机组故障录波器	开入光耦校验	在校核过程中连线错误	一般	校验前，对照图纸检查试验仪器与盘柜端子的接线正确
96	机组继电保护	机组故障录波器	开关量输入回路及启动录波校验	误接线、恢复检查不到位	一般	（1）试验前，检查试验仪器与端子连接正确。 （2）恢复接线后履行复检程序，重点进行信号核对和端子紧固检查
97	机组继电保护	机组故障录波器	开关量输入回路及启动录波校验	装置损坏	一般	防止加量过大或时间过长损坏设备

续表

序号	类型	设备系统	检修项目	存在风险	风险等级	应对措施
98	机组继电保护	机组故障录波器	告警信号检查	误接线、恢复检查不到位	一般	（1）试验前，检查试验仪器与端子连接正确。 （2）恢复接线后履行复检程序，重点进行信号核对和端子紧固检查
99	机组继电保护	机组故障录波器	高频通道录波及手动录波校验	误接线、恢复检查不到位	一般	（1）试验前，检查试验仪器与端子连接正确。 （2）恢复接线后履行复检程序，重点进行信号核对和端子紧固检查
100	机组继电保护	机组故障录波器	TA 和 TV 回路检查及校验	解线和恢复时用力过猛损坏端子、连片，恢复检查不到位	一般	（1）紧固端子时用力均匀，防止损坏端子。 （2）恢复接线后履行复检程序，重点进行信号核对和端子紧固检查
101	机组继电保护	机组故障录波器	TA 和 TV 回路检查及校验	人身触电	一般	对仪器设备外壳要进行接地，防止试验电压伤人
102	机组继电保护	机组故障录波器	TA 和 TV 回路检查及校验	电压反送一次侧	一般	工作开始前确认电压互感器二次小开关在断开位置
103	机组继电保护	机组故障录波器	TA 和 TV 回路检查及校验	拆、接线错误	一般	拆除接线端子时做好标记
104	机组继电保护	机组故障录波器	TA 和 TV 回路检查及校验	遗漏需恢复的端子	一般	恢复时，一人恢复，一人监护，恢复结束后再仔细检查核对

续表

序号	类型	设备系统	检修项目	存在风险	风险等级	应对措施
105	机组继电保护	机组故障录波器	GPS对时功能校验	误操作	一般	校验前熟悉方法和步骤

第六节 直流系统检修工作危险点及预控措施

直流系统广泛应用于各水力、火力等发电厂，为给信号设备、保护、自动装置、事故照明、通信设备、应急电源及断路器分、合闸操作等提供直流电源。直流系统是一套独立的电源，它不受发电机、厂用电及系统运行方式的影响，并在外部交流电中断的情况下，能够保证由后备电源—蓄电池继续提供直流电源的重要设备。直流系统的可靠性、安全性直接影响到电力系统供电的稳定性。

直流系统主要由直流充电屏和电池屏组成。电池屏是由串联的电池组成，直流充电屏主要由整流模块、监控系统、绝缘监测单元、电池巡检单元、开关量监测单元、降压单元及一系列的交流输入、直流输出、电压显示、电流显示等配电单元组成。本部分内容主要针对以上设备的运维、检修过程中可能导致的人身触电、设备损坏、直流失压失电等危险点进行分析，提出相应控制措施，有效促进作业过程中的风险管控，从而保证人身和设备安全。

直流系统主要检修内容为屏柜装置清扫及外部检查、二次回路绝缘检查、蓄电池清扫等，存在人身触电、通风不良人身伤害、漏液伤人、误碰设备造成短路等风险。

本部分针对以上危险点进行分析，提出两人工作，一人配合，同时负责监护、使用绝缘类短把工器具，不得同时碰触电池正负极或一极与接地部分等具体的预控措施，有效促进作业过程中的风险管控，降低作业风险，从而保证人身和设备安全，对直流系统检修工作风险控制具有指导意义。

直流系统检修风险库

序号	类型	设备系统	检修项目	存在风险	风险等级	应对措施
1	直流系统	充电装置、绝缘监测装置	屏柜装置清扫及外部检查	静电损坏电子板	一般	（1）端子紧固时，力度大小适中。 （2）正确使用防静电手环或手套
2	直流系统	充电装置、绝缘监测装置	屏柜装置清扫及外部检查	人身触电	一般	（1）使用经过绝缘处理的毛刷。 （2）工作中穿长袖工作服并戴手套。 （3）使用合格的工器具
3	直流系统	充电装置、绝缘监测装置	屏柜装置清扫及外部检查	使用工具不当损坏电子器件	一般	（1）正确使用清扫、除尘工具，作业规范，防止损坏设备。 （2）端子紧固时，力度大小适中
4	直流系统	充电装置、绝缘监测装置	屏柜装置清扫及外部检查	物品遗留	一般	清扫完成后仔细检查盘柜内部有无遗留工具，清点工具数量

续表

序号	类型	设备系统	检修项目	存在风险	风险等级	应对措施
5	直流系统	充电装置、绝缘监测装置	屏柜装置清扫及外部检查	万用表量程或档位不正确导致表计损坏	一般	测量前仔细检查万用表档位及量程
6	直流系统	充电装置、绝缘监测装置	二次回路绝缘检查	解线和恢复时用力过猛损坏端子、连片	一般	紧固端子时用力均匀，防止损坏端子
7	直流系统	充电装置、绝缘监测装置	二次回路绝缘检查	误拆、装端子安全措施不彻底	一般	（1）拆、装端子前仔细核对端子号。 （2）执行操作监护制度，一人操作，一人监护，操作结束后再仔细核对检查
8	直流系统	充电装置、绝缘监测装置	二次回路绝缘检查	人身触电	一般	（1）对仪器设备外壳要进行接地，防止试验电压伤人。 （2）试验人员佩戴绝缘手套
9	直流系统	充电装置、绝缘监测装置	模块更换	操作不当导致模块损坏	一般	更换前检查模块插拔件形变正常，无短路

续表

序号	类型	设备系统	检修项目	存在风险	风险等级	应对措施
10	直流系统	蓄电池组	蓄电池清扫	人身触电	一般	(1) 人员穿戴符合试验规范要求，使用绝缘手套。 (2) 使用绝缘类短把工器具，不得同时碰触电池正负极或一极与接地部分。 (3) 不得两人同时清扫同一块蓄电池
11	直流系统	蓄电池组	蓄电池清扫	通风不良人身伤害	一般	工作加强通风，确保室内空气酸度不超标
12	直流系统	蓄电池组	蓄电池清扫	漏液伤人	一般	准备相应工具，做好电解液漏液处理
13	直流系统	蓄电池组	蓄电池清扫	误碰设备造成短路	一般	(1) 两人工作，一人配合，同时负责监护。 (2) 使用绝缘类短把工器具，不得同时碰触电池正负极或一极与接地部分
14	直流系统	蓄电池组	蓄电池连接检查	人身触电	一般	使用绝缘类工器具
15	直流系统	蓄电池组	单个蓄电池更换	人身触电	一般	(1) 铅酸电池更换时，穿戴防酸防护用品。 (2) 短接单个蓄电池短接线截面积应足够。 (3) 先短接，接触良好后退出需要更换电池。 (4) 使用绝缘类工器具
16	直流系统	蓄电池组	单个蓄电池更换	直流失压	一般	(1) 先短接，接触良好后退出需要更换电池。 (2) 充电装置运行正常
17	直流系统	蓄电池组	清扫完毕恢复盖板	盖板未恢复造成防护失效	一般	工作完毕恢复盖板，并检查

续表

序号	类型	设备系统	检修项目	存在风险	风险等级	应对措施
18	直流系统	蓄电池组	测量电解液高度、比重	未盖测量孔造成电解液蒸发	一般	工作完毕恢复电解液测量盖孔，并检查
19	直流系统	蓄电池组	蓄电池切换操作	误操作	一般	（1）制定操作流程，按照操作步骤进行。 （2）操作时两人进行，符合切换要求后操作。 （3）两组蓄电池不应并列运行
20	直流系统	蓄电池组	蓄电池核对性充放电	过放电（充电电压低）极板短路	一般	按照技术规程、厂家说明书进行放电
21	直流系统	蓄电池组	蓄电池核对性充放电	充电电流超过规定值损坏极板	一般	（1）按照技术规程、厂家说明书进行放电。 （2）充电前检查充电装置检查正常后，方能充电。 （3）充电过程加强蓄电池监视，发现问题停止充电，处理完毕后开始充电
22	直流系统	直流系统	查找直流接地	直流失电	一般	（1）查找和处理必须同时由两人进行。 （2）采取拉路寻找、分段处理的方法，试拉中应尽量缩短断电时间（≤3s）。拉路前应采取必要的措施，以防止直流失电可能引起保护的误动

第七节　机组状态监测系统检修工作危险点及预控措施

机组状态监测系统是水电站机组辅助系统，其利用自动化元件和计算机对机组的状态进行在线监测，能够实时了解机组的运行参数，当前工作状况，及时发现故障隐患，并能够进行报警监测和事故追忆，更能高速瞬时保存大量异常信息，便于进行事故分析。为保证机组状态监测系统检修及试验工作中人身及设备安全，编制了典型安全风险，对作业过程中对存在的危险点进行辨识，并分级、分类，制定预防及控制措施。通过检修作业前的危险点分析预控，能够有效促进检修作业过程中的风险管控，从而保证人身及设备安全。

机组状态监测系统主要检修内容有振动摆度监测系统端子紧固，摆度传感器回装联调试验，模件清扫、检查、更换等，存在人身触电、通信丢失、静电损坏模件等风险。

本部分针对以上危险点进行分析，提出恢复接线后履行复检程序，重点进行信号核对和端子紧固检查、测量电压在传感器合理范围内等具体的预控措施，有效促进作业过程中的风险管控，降低作业风险，从而保证人身和设备安全，对机组状态监测系统检修工作风险控制具有指导意义。

机组状态监测系统检修风险库						
序号	类型	设备系统	检修项目	存在风险	风险等级	应对措施
1	机组状态监测系统	机组振摆监测单元	振动摆度监测系统端子紧固	损坏端子、恢复检查不到位	一般	（1）作业时使用合适的螺丝刀进行紧固。紧固端子时用力均匀，防止损坏端子。 （2）恢复接线后履行复检程序，重点进行信号核对和端子紧固检查
2	机组状态监测系统	机组振摆监测单元	摆度传感器回装联调试验	回装过程中传感器位置错误	一般	（1）对继电器进行标签、确保回装到位。 （2）测量电压在传感器合理范围内

续表

序号	类型	设备系统	检修项目	存在风险	风险等级	应对措施
3	机组状态监测系统	机组振摆监测单元	振动摆度监测系统加热器检查及其温控器设定值核对，盘柜照明检查	万用表量程或档位不正确导致表计损坏	一般	测量前仔细检查万用表档位及量程
4	机组状态监测系统	机组振摆监测单元	振动摆度监测系统加热器检查及其温控器设定值核对，盘柜照明检查	二次回路误碰，造成开路或短路	一般	对可能引发误碰的回路、设备、元件作业人员应设防护带和悬挂警示牌
5	机组状态监测系统	机组振摆监测单元	振动摆度监测系统端子紧固	损坏端子、恢复检查不到位	一般	（1）作业时使用合适的螺丝刀进行紧固。紧固端子时用力均匀，防止损坏端子。 （2）恢复接线后履行复检程序，重点进行信号核对和端子紧固检查
6	机组状态监测系统	机组振摆监测单元	振动摆度监测系统端子、元器件、电缆标识牌核对和更新	现场实际情况与图纸不符	一般	使用前检查确认最新版图纸，并检查图纸台账，看有无变化记录
7	机组状态监测系统	机组振摆监测单元	振动摆度监测系统端子、元器件、电缆标识牌核对和更新	人身触电	一般	使用绝缘工器具，做好个人防护、防误碰措施
8	机组状态监测系统	机组振摆监测单元	振动摆度监测系统电缆绝缘及接地检查，防火封堵检查，电缆回路接线检查，线槽盖板整理	人身触电	一般	检查过程中做好个人防护，对线槽整理时用力适中，防止误动带电端子

续表

序号	类型	设备系统	检修项目	存在风险	风险等级	应对措施
9	机组状态监测系统	机组振摆监测单元	振动摆度监测系统电缆绝缘及接地检查，防火封堵检查，电缆回路接线检查，线槽盖板整理	线槽盖板划伤手指	一般	工作中戴防护手套，检查线槽盖板无缺失、无破损
10	机组状态监测系统	机组振摆监测单元	模件清扫、检查、更换	人身触电	一般	戴上纱布手套，毛刷的金属裸露部分要用绝缘胶布包裹好
11	机组状态监测系统	机组振摆监测单元	模件清扫、检查、更换	通信丢失	一般	机组恢复前检查通信正常
12	机组状态监测系统	机组振摆监测单元	模件清扫、检查、更换	静电损坏模件	一般	（1）使用防静电手套或佩戴防静电手环。 （2）工作前用手碰触金属导体，释放身体静电
13	机组状态监测系统	机组振摆监测单元	控制器参数及程序版本一致性核对	控制器参数与图纸不符	一般	使用前检查确认最新版图纸，并检查图纸台账，看有无变化记录
14	机组状态监测系统	机组振摆监测单元	控制、保护回路模拟动作试验、整定值核对和记录	定值单版本不正确	一般	工作前检查确认最新版定值单，并检查定值台账，看有无异动记录

续表

序号	类型	设备系统	检修项目	存在风险	风险等级	应对措施
15	机组状态监测系统	机组振摆监测单元	控制、保护回路模拟动作试验、整定值核对和记录	装置整定值在校核过程中改动	一般	保护校核后，工作负责人应对照保护整定单进行核查
16	机组状态监测系统	机组振摆监测单元	控制、保护回路模拟动作试验、整定值核对和记录	遗漏需恢复的端子、恢复检查不到位	一般	（1）严格执行二次隔离措施票，做好详细记录。 （2）仔细检查，一人恢复，一人检查。 （3）恢复接线后履行复检程序，重点进行信号核对和端子紧固检查
17	机组状态监测系统	机组振摆监测单元	加热器检查及其温控器设定值核对盘柜照明检查	万用表量程或档位不正确导致表计损坏	一般	测量前仔细检查万用表档位及量程
18	机组状态监测系统	机组振摆监测单元	机组各部振动和摆度传感器、前置器、模件检查和更换	风洞或水车室内遗落物品	一般	进出风洞和水车室要进行登记
19	机组状态监测系统	机组振摆监测单元	机组各部振动和摆度传感器、前置器、模件检查和更换	油污湿滑，跌倒	一般	穿防滑鞋，及时清理油污
20	机组状态监测系统	机组振摆监测单元	机组各部振动和摆度传感器、前置器、模件检查和更换	照明不充足，风洞或水车室内磕伤碰伤	一般	准备好充足的安全照明电源，并戴好安全帽

续表

序号	类型	设备系统	检修项目	存在风险	风险等级	应对措施
21	机组状态监测系统	机组振摆监测单元	机组各部振动和摆度传感器、前置器、模件检查和更换	传感器安装不合理损坏探头	一般	根据拆卸前间距进行回装，安装牢固，并参照装置工作电压进行测量，确保在10V左右的正常工作范围
22	机组状态监测系统	机组振摆监测单元	电源测试、接地检查、防雷元件或装置检查、冗余电源切换试验	误碰带电设备	一般	对可能引发误碰的回路、元件应设防护带和悬挂警示牌
23	机组状态监测系统	机组振摆监测单元	电源测试、接地检查、防雷元件或装置检查、冗余电源切换试验	万用表量程或档位不正确导致表计损坏	一般	测量前仔细检查万用表档位及量程
24	机组状态监测系统	机组振摆监测单元	参数和程序备份	程序版本错误	一般	工作前检查确认最新版程序
25	机组状态监测系统	机组振摆监测单元	摆度传感器回装联调试验	风洞或水车室内遗落物品	一般	进出风洞和水车室要进行登记
26	机组状态监测系统	机组振摆监测单元	摆度传感器回装联调试验	联调可能会造成保护动作跳闸	一般	联动试验前应严格按照试验方案进行，保护出口应解除
27	机组状态监测系统	机组局放监测单元	端子紧固	损坏端子	一般	作业时使用合适的螺丝刀进行紧固。紧固端子时用力均匀，防止损坏端子

续表

序号	类型	设备系统	检修项目	存在风险	风险等级	应对措施
28	机组状态监测系统	机组局放监测单元	电源测试、接地检查、防雷元件或装置检查、冗余电源切换试验	万用表量程或档位不正确导致表计损坏	一般	测量前检查确认万用表档位及量程
29	机组状态监测系统	机组局放监测单元	电源测试、接地检查、防雷元件或装置检查、冗余电源切换试验	误碰带电设备	一般	对可能引发误碰的回路、元件应设防护带和悬挂警示牌
30	机组状态监测系统	机组局放监测单元	模件检查和更换	遗落物品	一般	进出风洞做好人员与物品的登记，出风洞前再次进行检查
31	机组状态监测系统	机组气隙监测单元	端子紧固	损坏端子	一般	作业时使用合适的螺丝刀进行紧固。紧固端子时用力均匀，防止损坏端子
32	机组状态监测系统	机组气隙监测单元	电源测试、接地检查、防雷元件或装置检查、冗余电源切换试验	万用表量程或档位不正确导致表计损坏	一般	测量前检查确认万用表档位及量程
33	机组状态监测系统	机组气隙监测单元	电源测试、接地检查、防雷元件或装置检查、冗余电源切换试验	误碰带电设备	一般	对可能引发误碰的回路、元件应设防护带和悬挂警示牌
34	机组状态监测系统	机组气隙监测单元	模件检查和更换	遗落物品	一般	进出风洞做好人员与物品的登记，出风洞前再次进行检查

续表

序号	类型	设备系统	检修项目	存在风险	风险等级	应对措施
35	机组状态监测系统	机组振摆监测单元	（水泵）水轮机振动传感器检验	误走仓位	一般	（1）工作前确认工作地点。 （2）工作有专人监护。 （3）工作地点挂“在此工作”标示牌，标示牌编号与工作票所列编号一致。 （4）将相邻非工作区域用红白布带围起来
36	机组状态监测系统	机组振摆监测单元	（水泵）水轮机振动传感器检验	空间狭小、作业措施不当，造成机械挤压、磕碰伤害	一般	（1）合理安排作业内容和作业人员。 （2）作业人员应采取安全措施避免作业伤害
37	机组状态监测系统	机组振摆监测单元	（水泵）水轮机振动传感器检验	量程选择不当，损坏设备	一般	（1）严格按照操作规程操作，操作前认真检查并检查校验设备与被试设备的量程及极性，操作要缓慢。 （2）直流设备防止极性接反
38	机组状态监测系统	机组振摆监测单元	（水泵）水轮机摆度传感器检验	误走仓位	一般	（1）工作前确认工作地点。 （2）工作有专人监护。 （3）工作地点挂“在此工作”标示牌，标示牌编号与工作票所列编号一致。 （4）将相邻非工作区域用红白布带围起来
39	机组状态监测系统	机组振摆监测单元	（水泵）水轮机摆度传感器检验	空间狭小、作业措施不当，造成机械挤压、磕碰伤害	一般	（1）合理安排作业内容和作业人员。 （2）作业人员应采取安全措施避免作业伤害
40	机组状态监测系统	机组振摆监测单元	（水泵）水轮机摆度传感器检验	量程选择不当，损坏设备	一般	（1）严格按照操作规程操作，操作前认真检查并检查校验设备与被试设备的量程及极性，操作要缓慢。 （2）直流设备防止极性接反

第五章 水工金属结构

第一节 水工设施检修工作危险点及预控措施

水工设施的检修工作，主要是对水库坝体、厂房洞室群、输水系统及其他建筑物等进行常规性的检查、维护，对渗水、滑坡、裂缝、坍塌等缺陷进行处理的工作，以延长水工建筑物的使用寿命和提高安全运行水平。检修过程中由于可能采取爆破作业、水下作业、脚手架作业等作业手段，存在人身伤亡、高处坠落等作业风险。为保证水工设施检修及试验工作中人身及设备安全，编制了典型安全风险，对作业过程中存在的危险点进行辨识，并分级、分类，制定预防及控制措施。通过检修作业前的危险点分析预控，能够有效促进检修作业过程中的风险管控，从而保证人身及设备安全。

水工设施主要检修内容为钢筋混凝土面板裂缝处理、坝基渗漏处理、坝体横向和纵向裂缝处理等，存在用水对翻松坝体材料湿润时用水量超标出现坝体局部塌陷、高处坠落等风险。

本部分针对以上危险点进行分析，提出高处作业人员要做好防止人员和物件跌落的安全措施，必须戴安全帽、佩戴安全带、安全带的挂钩或绳子应挂在结实牢固的构件上、实行部门领导或专业副总师到岗到位监护制度等具体的预控措施，有效促进作业过程中的风险管控，降低作业风险，从而保证人身和设备安全，对水工设施检修工作风险控制具有指导意义。

水工设施检修风险库						
序号	类型	设备系统	检修项目	存在风险	风险等级	应对措施
1	水工设施	上（下）水库	钢筋混凝土面板裂缝处理	面板灌浆压力过大造成面板隆起或凹陷	一般	严格控制灌浆压力，根据需要由监理工程师进行旁站监督
2	水工设施	上（下）水库	钢筋混凝土面板裂缝处理	对灌浆孔封孔时出现高处坠落	一般	高处作业人员要做好防止人员和物件跌落的安全措施，必须戴安全帽，佩戴安全带，安全带的挂钩或绳子应挂在结实牢固的构件上，实行部门领导或专业副总师到岗到位监护制度
3	水工设施	上（下）水库	钢筋混凝土面板表层止水损坏处理	橡胶止水安装时出现硫化器灼伤	一般	正确使用硫化器及手套
4	水工设施	上（下）水库	钢筋混凝土面板表层止水损坏处理	对钢筋混凝土面板表层损坏止水拆除并填筑柔性填料时出现高处坠落	一般	高处作业人员要做好防止人员和物件跌落的安全措施，必须戴安全帽，佩戴安全带，安全带的挂钩或绳子应挂在结实牢固的构件上，实行部门领导或专业副总师到岗到位监护制度
5	水工设施	上（下）水库	坝基渗漏处理	用钻机在布孔位置钻孔出现更换钻杆时砸伤人员	一般	严格按操作规程进行
6	水工设施	上（下）水库	坝体生物病害处理	白蚁专防人员用喷药器进行药物喷杀时由于个人防护不当造成人身伤害	一般	按照规定的使用方法使用合格的喷药器，白蚁专防人员应正确佩戴专用防护面罩及手套

续表

序号	类型	设备系统	检修项目	存在风险	风险等级	应对措施
7	水工设施	上（下）水库	坝体生物病害处理	回填沟槽、用振动冲击夯分层夯实时由于作业防护不当造成人身伤害	一般	按工器具操作规程作业，使用侧柄，并双手操作
8	水工设施	上（下）水库	坝体渗漏处理	用钻机在布孔位置钻孔出现更换钻杆时砸伤人员	一般	严格按操作规程进行
9	水工设施	上（下）水库	绕坝渗漏处理	用钻机在布孔位置钻孔出现更换钻杆时砸伤人员	一般	严格按操作规程进行
10	水工设施	上（下）水库	坝体干缩和冻融裂缝处理	用水对翻松坝体材料湿润时用水量超标出现局部塌陷	一般	严格控制施工用水量
11	水工设施	上（下）水库	坝体干缩和冻融裂缝处理	用打夯机夯压翻松坝体时由于作业防护不当造成人身伤害	一般	按工器具操作规程作业，使用侧柄，并双手操作
12	水工设施	上（下）水库	坝体横向和纵向裂缝处理	沿缝灌石灰水时由于个人防护不当造成人身伤害	一般	正确使用防护镜、专用面罩、手套等防护用具
13	水工设施	上（下）水库	坝体横向和纵向裂缝处理	用挖掘机辅以铁锹、镐开挖时出现坝坡失稳	一般	（1）开挖料严禁堆放在坝顶或裂缝以下的坡面上。 （2）严格履行领导到岗到位监护制度

续表

序号	类型	设备系统	检修项目	存在风险	风险等级	应对措施
14	水工设施	上（下）水库	坝体横向和纵向裂缝处理	用水对翻松坝体材料湿润时用水量超标出现坝体局部塌陷	一般	严格控制施工用水量
15	水工设施	上（下）水库	坝体横向和纵向裂缝处理	开挖沟槽削坡时出现高空坠落	一般	（1）高处作业人员要做好防止人员和物件跌落的安全措施，必须戴安全帽，佩戴安全带，安全带的挂钩或绳子应挂在结实牢固的构件上并严禁低挂高用。 （2）严格履行领导到岗到位监护制度
16	水工设施	上（下）水库	坝体横向和纵向裂缝处理	用打夯机分层夯实时由于作业防护不当造成人身伤害	一般	按工器具操作规程作业，使用侧柄，并双手操作
17	水工设施	上（下）水库	坝体内部水平裂缝处理	用钻机在布孔位置钻孔出现更换钻杆时砸伤人员	一般	严格按操作规程进行
18	水工设施	上（下）水库	坝体滑坡处理	挖掘机下游坡挖导渗沟时下游坝坡发生次生灾害	较大	严格按照施工方案进行
19	水工设施	上（下）水库	坝体滑坡处理	修镇压台（坡脚）/压坡体（滑坡体下部）/砌石固脚时由于作业防护不当造成人身伤害	较大	按工器具操作规程作业，使用侧柄，并双手操作

续表

序号	类型	设备系统	检修项目	存在风险	风险等级	应对措施
20	水工设施	上（下）水库	坝体塌坑处理	用铁锹、镐、撬棍开挖（干砌石护坡、垫层、次堆石）塌坑时出现塌方造成人身伤害	较大	开挖合理坡度并进行临时支护
21	水工设施	上（下）水库	坝体塌坑处理	用振动冲击夯夯实回填料时由于作业防护不当造成人身伤害	较大	按工器具操作规程作业，使用侧柄，并双手操作
22	水工设施	上（下）水库	坝体护坡损坏处理	用撬棍开挖损坏护坡时出现上部护坡滑动滚落伤人	较大	打插筋防止石头滚落
23	水工设施	上（下）水库	大坝沥青防渗面板裂缝处理	切割机面板凿槽时出现切割飞溅物损伤眼睛或出现高处坠落	一般	（1）正确使用防护镜、专用面罩、手套等防护用具。 （2）高处作业人员要做好防止人员和物件跌落的安全措施，必须戴安全帽，佩戴安全带，安全带的挂钩或绳子应挂在结实牢固的构件上
24	水工设施	上（下）水库	大坝沥青防渗面板裂缝处理	修整碎石垫层时出现高处坠落	一般	（1）高处作业人员要做好防止人员和物件跌落的安全措施，必须戴安全帽，佩戴安全带，安全带的挂钩或绳子应挂在结实牢固的构件上。 （2）严格履行领导到岗到位监护制度

续表

序号	类型	设备系统	检修项目	存在风险	风险等级	应对措施
25	水工设施	上（下）水库	大坝沥青防渗面板裂缝处理	刷热沥青、加厚层施工、封闭层施工时出现烫伤或高处坠落	一般	（1）正确使用防护镜、专用面罩、手套等防护用具。 （2）高处作业人员要做好防止人员和物件跌落的安全措施，必须戴安全帽，佩戴安全带，安全带的挂钩或绳子应挂在结实牢固的构件上。 （3）严格履行领导到岗到位监护制度
26	水工设施	上（下）水库	水库库岸崩塌处理	起重工使用卷扬机、滑模以及混凝土浇筑时出现高处坠落	较大	（1）高处作业人员要做好防止人员和物件跌落的安全措施，必须戴安全帽，佩戴安全带，安全带的挂钩或绳子应挂在结实牢固的构件上。 （2）严格履行领导到岗到位监护制度
27	水工设施	上（下）水库	水库库底廊道裂缝处理和异常裂缝处理	在布孔位置用钻机钻孔时电动工器具接地和保护性能不良或廊道通风不畅，潮湿、空气污浊造成中毒、窒息	一般	（1）禁止随意拆接和更改电动工器具的接地和保护设施。 （2）加强对水工廊道区域通风维护管理，作业前对通风系统进行检查并采取预先通风制度
28	水工设施	上（下）水库	水库库底廊道裂缝处理和异常裂缝处理	使用灌浆泵灌浆时压力过大造成裂缝	一般	严格控制灌浆压力
29	水工设施	上（下）水库	水库水面较大面积结冰处理	使用錾子、铁锤、镐凿冰时工器具坠落冰面下，影响机组安全	一般	（1）工器具尾部拴绳固定。 （2）严格履行领导到岗到位监护制度

续表

序号	类型	设备系统	检修项目	存在风险	风险等级	应对措施
30	水工设施	上（下）水库	水库水面较大面积结冰处理	冰面凿开处加装塑料泡沫板时人员落水	一般	（1）系安全带并使用加长安全绳，穿救生衣。 （2）严格履行领导到岗到位监护制度
31	水工设施	上（下）水库	放空洞闸门井门槽变形过大处理	测量人员全站仪、水准仪门槽测量时发生高空坠落	一般	（1）高处作业人员要做好防止人员和物件跌落的安全措施，必须戴安全帽，佩戴安全带，安全带的挂钩或绳子应挂在结实牢固的构件上。 （2）严格履行领导到岗到位监护制度
32	水工设施	上（下）水库	放空洞闸门井门槽变形过大处理	混凝土工Ⅱ期砼处理时发生高处坠物	一般	设置防护网
33	水工设施	上（下）水库	放空洞闸门井门槽变形过大处理	主轨、反轨等埋设部件焊接作业个人防护不当	一般	（1）设置防护网。 （2）电焊作业人员应穿专用电焊服、绝缘鞋，正确使用面罩、手套、脚盖等防护用具。 （3）在受限空间或通风不良的地方，应采用送风式头盔、送风口罩或防毒口罩等
34	水工设施	上（下）水库	水库清污处理	清污人员及工器具作业时落水	一般	（1）系安全带并使用加长安全绳、穿救生衣，工器具尾部拴绳固定。 （2）严格履行领导到岗到位监护制度

续表

序号	类型	设备系统	检修项目	存在风险	风险等级	应对措施
35	水工设施	输水系统	输水系统钢衬焊缝开裂处理	金属无损探伤不慎造成区域辐射伤害	一般	（1）制定金属无损探伤操作管理流程，规范作业人员在实施金属无损探伤前安全措施的实施。 （2）金属探伤作业区域应设置安全围栏和警示，防止人员误入。 （3）在开始作业前，作业负责人应对安全隔离措施进行检查
36	水工设施	输水系统	输水系统钢衬焊缝开裂处理	焊接作业个人防护不当	一般	（1）电焊作业人员应穿专用电焊服、绝缘鞋，正确使用面罩、手套、脚盖等防护用具。 （2）在受限空间或通风不良的地方，应采用送风式头盔、送风口罩或防毒口罩等
37	水工设施	输水系统	输水系统混凝土裂缝处理	在布孔位置用钻机钻孔时电动工器具接地和保护性能不良或廊道通风不畅，潮湿、空气污浊造成中毒、窒息	一般	（1）禁止随意拆接和更改电动工器具的接地和保护设施。 （2）加强对水工廊道区域通风维护管理，作业前对通风系统进行检查并采取预先通风制度
38	水工设施	输水系统	输水系统混凝土裂缝处理	使用灌浆泵灌浆时压力过大造成裂缝	一般	严格控制灌浆压力
39	水工设施	地下厂房及洞室群	地下厂房各施工支洞塌方处理	锚杆孔安装锚杆时发生坠落	一般	锚杆锚固要求达到设计强度
40	水工设施	地下厂房及洞室群	地下厂房岩壁吊车梁裂缝处理	在测量和裂缝表面清理中发生高处坠落	一般	（1）正确使用个人安全防护用具； （2）严格履行领导到岗到位监护制度

续表

序号	类型	设备系统	检修项目	存在风险	风险等级	应对措施
41	水工设施	地下厂房及洞室群	地下厂房岩壁吊车梁裂缝处理	在打孔及灌浆过程中发生高处坠物	一般	（1）正确使用个人安全防护用具。 （2）严格履行领导到岗到位监护制度。 （3）工器具使用绳索拴固牢固。 （4）设置安全警戒线和防护网
42	水工设施	其他建（构）筑物	高边坡滑坡处理	作业面发生局部塌方或落石伤人	较大	（1）设置警戒线和警示牌。 （2）设置防护网。 （3）高处作业人员要做好防止人员和物件跌落的安全措施，必须戴安全帽，佩戴安全带，安全带的挂钩或绳子应挂在结实牢固的构件上。 （4）严格履行领导到岗到位监护制度
43	水工设施	其他建（构）筑物	高边坡滑坡处理	挖掘机清渣时发生次生灾害	较大	严格按照施工方案进行
44	水工设施	拦污栅	拦污栅清理	清污人员及器具落水	较大	（1）系安全带并使用加长安全绳、穿救生衣，工器具尾部拴绳固定。 （2）严格履行领导到岗到位监护制度

第二节　闸门系统检修工作危险点及预控措施

闸门系统检修工作，是为了保持或恢复闸门系统设备的性能而进行的维护和修理。闸门系统检修主要进行卷扬机式启闭机的电动机、变频器、钢丝绳等主要部件检修和液压式启闭机液压系统、接力器、电控柜等主要部件检修以及闸门启闭试验等检修维护作业。闸门系统检修工作存在高处作业、受限空间作业等作业项目，检修过程中易造成设备损坏或者人员伤害。为保证闸门系统检修及试验工作中人身及设备安全，编制了典型安全风险，对作业过程中存在的危险点进行辨识，并分级、分类，制定预防及控制措施。通过检修作业前的危险点分析预控，能够有效促进检修作业过程中的风险管控，从而保证人身及设备安全。

闸门系统主要检修内容为液压缸解体检查及处理、启闭机接力器活塞缸盘根更换、闸门本体防腐及水封更换等，存在人身伤害、高处坠落、人员及工器具落水等风险。

本部分针对以上危险点进行分析，提出液压缸管路拆卸前，应确保无残压、无残油、液压缸吊装过程下方不得站人等具体的预控措施，有效促进作业过程中的风险管控，降低作业风险，从而保证人身和设备安全，对闸门系统检修工作风险控制具有指导意义。

闸门系统检修风险库

序号	类型	设备系统	检修项目	存在风险	风险等级	应对措施
1	机组尾水事故闸门及启闭机	阀门液压操作系统	液压缸解体检查及处理	人身伤害	一般	（1）液压缸管路拆卸前，应确保无残压、无残油。 （2）液压缸分解及回装紧固连接螺栓时，防止挤压伤害。 （3）耐压试验时，严格按照试验方案实施，缓慢升压，防止爆管。 （4）耐压泵宜采用手动液压泵，加压过程及时排气。 （5）液压缸侧和液压泵侧需各设一块压力表。 （6）压力软管接头处应做好防甩伤人措施。 （7）液压缸吊装过程下方不得站人

续表

序号	类型	设备系统	检修项目	存在风险	风险等级	应对措施
2	机组尾水事故闸门及启闭机	事故闸门	泵、电机、联轴器解体检查、处理、回装	人身触电	一般	（1）检查前确认电源已隔离、验电。 （2）检查过程中确保电源不会被接通
3	机组尾水事故闸门及启闭机	阀门液压操作系统	液压缸耐压试验	人身伤害	较大	（1）液压缸管路拆卸前，应确保无残压、无残油。 （2）液压缸分解及回装紧固连接螺栓时，防止挤压伤害。 （3）耐压试验时，严格按照试验方案实施，缓慢升压，防止爆管。 （4）耐压泵宜采用手动液压泵，加压过程及时排气。 （5）液压缸侧和液压泵侧需各设一块压力表。 （6）压力软管接头处应做好防甩伤人措施。 （7）液压缸吊装过程下方不得站人
4	机组尾水事故闸门及启闭机	阀门液压操作系统	启闭机接力器活塞缸盘根更换	人身伤害	一般	（1）接力器管路拆卸前，应确保无残压、无残油。 （2）接力器分解及回装紧固连接螺栓时，防止挤压伤害。 （3）耐压试验时，严格按照试验方案实施，缓慢升压，防止爆管。 （4）耐压泵宜采用手动液压泵，加压过程及时排气。 （5）接力器侧和液压泵侧需各设一块压力表。 （6）压力软管接头处应做好防甩伤人措施。 （7）接力器吊装过程下方不得站人
5	机组尾水事故闸门及启闭机	事故闸门	闸门本体防腐及水封更换	人身伤害	一般	（1）闸门翻身时人不要站在闸门两侧。 （2）防腐时做好防护措施，现场通风良好。 （3）闸门放置平稳防倾倒

续表

序号	类型	设备系统	检修项目	存在风险	风险等级	应对措施
6	机组尾水事故闸门及启闭机	公共液压系统	测量电机绝缘电阻、接地电阻	人身触电	一般	（1）测量中规范作业，严禁触碰带电试验端子，正确佩戴好合格的个人防护用品。 （2）严禁无关人员进入工作现场
7	机组尾水事故闸门及启闭机	事故闸门	闸门提门、落门试验	试验过程出现发卡等异常未及时发现导致设备损坏	一般	（1）通信通畅。 （2）试验全过程设专人监护
8	机组尾水事故闸门及启闭机	公共液压系统	阀组检修	跑油	一般	关闭阀组进、出口隔离阀
9	机组尾水事故闸门及启闭机	公共液压系统	阀组检修	高空坠落	一般	（1）人字梯需经验收合格方可使用。 （2）在人字梯上作业时，必须有人监护。 （3）正确使用安全带
10	机组尾水事故闸门及启闭机	阀门液压操作系统	集油箱清扫检查及处理（同球阀）	人员伤害，工器遗漏	一般	（1）工作时须有专人监护，在有经验人员指导下工作，穿专用防滑鞋，工作场所应保证有足够的照明。 （2）正确使用清洗剂，并使用防护用品；进入油罐、油槽的人员和鞋子要用布做好防护。 （3）容器内严禁使用明火，严禁向内部输氧气。 （4）工作前后进行工具清点及登记
11	机组尾水事故闸门及启闭机	阀门液压操作系统	集油箱清扫检查及处理	探伤对人身体伤害	一般	（1）金属探伤作业区域应设置安全围栏和警示，防止人员误入。 （2）作业前应对安全隔离措施进行检查。 （3）作业前必须确认周围已经清场。 （4）做好个人防护措施

续表

序号	类型	设备系统	检修项目	存在风险	风险等级	应对措施
12	机组尾水事故闸门及启闭机	阀门液压操作系统	集油箱清扫检查及处理	照明不足及触电，人员窒息	一般	（1）工作时须有专人监护，在有经验人员指导下工作，晚上进行探伤试验。 （2）作业时使用移动照明灯，工作电压不超过24V，并在工作前先验电。 （3）工作时须有专人监护，并用排风扇进行通风
13	机组尾水事故闸门及启闭机	阀门液压操作系统	启闭机接力器活塞缸盘根更换	高处落物	一般	（1）脚手架由具备搭设资质的人员搭设，无关人员不得进入工作区域，脚手架需验收合格方可使用，不得从爬梯之外进行上下脚手架。 （2）在可能发生高处落物区域工作应采取安全网或其他防护措施，无关人员不得进入工作区域
14	机组尾水事故闸门及启闭机	阀门液压操作系统	启闭机接力器活塞缸盘根更换	高处坠落	一般	（1）高处作业人员要做好防止人员和物件跌落的安全措施，工作期间应避免探出脚手架护栏之外，无关人员不得进入工作区域。 （2）每日开工前，工作负责人应仔细检查脚手架状况，有异常及时进行处理。 （3）高处作业人员检修作业时须系好安全带，禁止安全带“低挂高用”。 （4）检修作业工器具使用时应放置在安全、牢靠地方，检修作业现场严禁无关人员进入
15	机组尾水事故闸门及启闭机	阀门液压操作系统	液压缸拆装	人身伤害	一般	（1）起吊过程中严禁人员站立在液压缸下方。 （2）液压缸吊出应由起重人员专门统一指挥

续表

序号	类型	设备系统	检修项目	存在风险	风险等级	应对措施
16	机组尾水事故闸门及启闭机	阀门液压操作系统	液压缸调试	设备损坏	一般	专人不间断浇水，防止摩擦损伤闸门水封
17	机组尾水事故闸门及启闭机	事故闸门	油管路检查及处理（含防腐/补漆）	高处坠落	一般	（1）人字梯需经验收合格方可使用。 （2）在人字梯上作业时，必须有人监护。 （3）正确使用安全带
18	机组尾水事故闸门及启闭机	事故闸门	闸门本体防腐及水封更换	高处坠落	一般	正确佩戴安全带，穿专用防滑鞋，工作场所应保证有足够的照明，专人负责起吊，专人负责指挥，使用合格起重工器具
19	机组尾水事故闸门及启闭机	事故闸门	闸门滑块/支撑更换	高处坠落	一般	施工人员一定要系好安全带
20	机组尾水事故闸门及启闭机	闸门液压操作系统	自动化元件、热工电测表计校验和更换	工作电源短路或接地导致元件、表计故障	一般	工作电源和信号电缆应逐个拆除，电缆头应用绝缘胶带包裹，防止线芯外露
21	机组尾水事故闸门及启闭机	闸门液压操作系统	自动化元件、热工电测表计校验和更换	设备状态（有压、无压、运行）不明确	一般	对运行设备的检测和试验工作，必须有试验方案和安全措施，并有专人监护
22	机组尾水事故闸门及启闭机	闸门液压操作系统	I/O通道测试及信号传动试验、控制回路模拟动作试验	模拟试验时发生事故、模拟试验后未及时复位	一般	（1）加强操作前对设备名称、编号、位置的检查和监护核对工作，发现有误或标识不清应立即停止操作。 （2）核对模拟信号是否已解除，模块是否有报警。 （3）操作中对模拟的信号进行记录

续表

序号	类型	设备系统	检修项目	存在风险	风险等级	应对措施
23	机组尾水事故闸门及启闭机	闸门液压操作系统	控制柜、端子箱、模块清扫；端子紧固；电缆、回路接线、线槽盖板整理；电缆绝缘及接地检查；防火封堵检查；端子、元器件、电缆标识牌核对和更新；加热器检查及其温控器设定值核对；盘柜照明检查	人身触电	一般	戴上纱布手套，毛刷的金属裸露部分要用绝缘胶布包裹好
24	机组尾水事故闸门及启闭机	闸门液压操作系统	闸门开度测量装置校验	高处坠落	一般	上下卷扬机过程中防跌倒坠落
25	机组尾水事故闸门及启闭机	事故闸门	卷扬机本体防腐	高处坠落	一般	上下卷扬机过程中防跌倒坠落
26	机组尾水事故闸门及启闭机	事故闸门	卷扬机变频器维护、检修	人身触电	一般	明确带电部位并与其保持安全距离
27	机组尾水事故闸门及启闭机	事故闸门	卷扬机变频器维护、检修	高处坠落	一般	上下卷扬机过程中防跌倒坠落
28	机组尾水事故闸门及启闭机	事故闸门	卷扬机电动机维护、检修	人身触电	一般	绝缘测试后可靠放电

续表

序号	类型	设备系统	检修项目	存在风险	风险等级	应对措施
29	机组尾水事故闸门及启闭机	事故闸门	卷扬机电动机维护、检修	高处坠落	一般	上下卷扬机过程中防跌倒坠落
30	机组尾水事故闸门及启闭机	事故闸门	卷扬机钢丝绳检查、维护、更换	高处坠落	一般	上下卷扬机过程中防跌倒坠落
31	机组尾水事故闸门及启闭机	事故闸门	卷扬机减速箱维护、检修	人身伤害	一般	(1) 检修前检查起吊设备完好。 (2) 吊装过程中防倾倒
32	机组尾水事故闸门及启闭机	事故闸门	卷扬机减速箱维护、检修	高处坠落	一般	上下卷扬机过程中防跌倒坠落
33	机组尾水事故闸门及启闭机	事故闸门	卷扬机制动器维护、检修	高处坠落	一般	上下卷扬机过程中防跌倒坠落
34	机组尾水事故闸门及启闭机	闸门液压操作系统	电气控制柜配合闸门系统整体功能调试及传动试验	人身触电	一般	作业人员应清楚带电部位

第六章　现场试验与检验

第一节　机组检修后整机启动试验危险点及预控措施

水轮发电机组结构复杂，辅助设备较多，机组控制流程烦琐，在检修结束后，需要进行严格的试验，测试各主、辅设备运行状况，各运行参数是否满足要求以及与监控程序配合情况等内容。机组检修后整机启动试验，涉及发电机、水轮机、调速器、球阀、励磁等主要设备试验，试验过程中不确定因素较多，随时有可能发生异常情况，如不采取相应预控措施，可能造设备及人身事故。为保证机组检修后整机启动试验工作中人身及设备安全，特针对作业过程中存在的危险点进行辨识，并分级、分类，制定预防及控制措施。通过对试验项目危险点分析预控，能够有效促进试验过程中的风险管控，从而保证人身及设备安全。

机组检修后整机启动试验主要内容为调速器带负荷试验、突变负荷试验、短路特性试验等，存在升流区域安全防护不慎造成触电事故的风险，以及试验期间振动、摆度、温度异常增大等风险。

本部分针对以上危险点进行分析，提出必要时停机后检查机组轴承部件，检查机组振动、摆度、温度突变原因，在进行整改后方可启机测试等具体的预控措施，有效促进作业过程中的风险管控，降低作业风险，从而保证人身和设备安全，对机组检修后整机启动试验工作风险控制具有指导意义。

机组检修后整机启动试验风险库						
序号	类型	设备系统	检修项目	存在风险	风险等级	应对措施
1	机组检修后整机启动试验	整组启动试验	调速器带负荷试验、突变负荷试验	试验期间，振动、摆度、温度异常增大	一般	（1）严密监视机组各部位振动、摆度和温度变化情况，如有异常，立即汇报现场负责人。 （2）分析设备振动、摆度、温度突变的原因，并初步判断其变化趋势，分析机组运行安全性。 （3）必要时停机后检查机组轴承部件，检查机组振动、摆度、温度突变原因，在进行整改后方可启机测试
2	机组检修后整机启动试验	整组启动试验	调速器带负荷试验、突变负荷试验	剪断销剪断导致导叶失控	一般	剪断销保护正常投入
3	机组检修后整机启动试验	整组启动试验	调速器带负荷试验、突变负荷试验	试验过程中油管道断裂，大量漏油	一般	（1）严密监视现场试验状况，保证通信畅通。 （2）发现故障后，立即人为紧急停机，待故障处理后再行恢复
4	机组检修后整机启动试验	整组启动试验	调速器空载及低油压保护试验	调速器压力油罐压力过低造成导叶无法全部关闭	一般	（1）试验前首先进行调速器静态模拟试验，确保空载及低油压动作逻辑正确。 （2）梳理球阀的紧急关闭流程，保证在导叶拒动或故障时球阀能够可靠关闭。 （3）压力油罐油位和压力正常。 （4）油泵及压油装置正常

续表

序号	类型	设备系统	检修项目	存在风险	风险等级	应对措施
5	机组检修后整机启动试验	整组启动试验	短路特性试验	检查电流互感器二次回路时因标识不清存在电流互感器开路	一般	（1）应加强对屏柜中电流互感器二次回路、端子与接线的维护和对应性检查。 （2）接线牢固可靠。 （3）标识准确
6	机组检修后整机启动试验	整组启动试验	短路特性试验	升流区域工作安全防护不慎，造成触电事故	一般	（1）采用固定护栏等来限定与带电设备的安全距离。 （2）对现场设备不具备做安全隔离措施的，应采取其他辅助防护（五防锁）以及操作限制措施加以防护。 （3）应加强对进入带电区域工作的工器具大小和长度的监管，避免使用可能导致带电安全距离不足的工器具。 （4）携带的工器具应校验合格，绝缘杆上不存在导致爬电的标签、污渍等
7	机组检修后整机启动试验	整组启动试验	短路特性试验	检查电流互感器二次回路接地端子时，未能及时发现问题导致人身和设备故障	一般	（1）应加强对屏柜中电流互感器二次回路、端子与接线的维护和对应性检查。 （2）接线牢固可靠。 （3）标识准确
8	机组检修后整机启动试验	整组启动试验	短路特性试验	短路试验过程中机组温度异常上升导致设备损坏	一般	（1）机组启动前检查确认温度保护投入正常。 （2）机组启动过程中安排专人实时监测温度数据，如有异常突变，汇报现场负责人后立即人为紧急停机

续表

序号	类型	设备系统	检修项目	存在风险	风险等级	应对措施
9	机组检修后整机启动试验	整组启动试验	短路特性试验	励磁系统模式和参数设置不当，造成强励或励磁系统失灵	较大	严格按照经批准的试验方案设置执行
10	机组检修后整机启动试验	整组启动试验	发电工况并网带负荷试验	发电带负荷长时间运行存在振动、摆度、温度异常增大或升高风险	一般	（1）机组运行过程中安排专人实时监测振动、摆动及温度数据。 （2）试验前检查振动、摆动及温度保护正常投入
11	机组检修后整机启动试验	整组启动试验	发电工况热稳定运行试验	发电带负荷长时间运行存在振动、摆度、温度异常增大或升高风险	一般	（1）机组运行过程中安排专人实时监测振动、摆动及温度数据。 （2）试验前检查振动、摆动及温度保护正常投入
12	机组检修后整机启动试验	整组启动试验	发电工况甩 100%负荷试验	水车室油、水管路断裂	重大	（1）发现油、水管道断裂或大量渗漏时，立即人为紧急停机，待机组停稳后，立即排除故障。 （2）在甩负荷试验结束后全面检查转动部件、振动较大区域的设备连接状况
13	机组检修后整机启动试验	整组启动试验	发电工况甩 100%负荷试验	大轴、顶盖及油盆固定拉紧螺栓松动或脱落	重大	（1）严密监视机组各部位的振动、摆度、温度等数值，如有突变，必要时立即人为停机检查。 （2）试验结束后，全面检查设备转动部件以及拉紧连接螺栓等部位

续表

序号	类型	设备系统	检修项目	存在风险	风险等级	应对措施
14	机组检修后整机启动试验	整组启动试验	发电工况用100%负荷试验	风洞内发电机部件松动或断裂	重大	（1）在风洞外设置专人进行监护，如试验期间有异常声响或味道，立即通知现场负责人，人为紧急停机，待停机后安全隔离措施执行后，进行全面检查。 （2）严密监视机组各部位的振动、摆度、温度等数值
15	机组检修后整机启动试验	整组启动试验	发电工况用100%负荷试验	机组飞逸	重大	检查调速系统正常，过速保护系统正常
16	机组检修后整机启动试验	整组启动试验	发电工况用100%负荷试验	试验期间，振动、摆度、温度异常增大	重大	（1）严密监视机组各部位振动、摆度和温度变化情况，如有异常，立即汇报现场负责人。 （2）分析设备振动、摆度、温度突变的原因，并初步判断其变化趋势，分析机组运行安全性。 （3）必要时停机后检查机组轴承部件，检查机组振动、摆度、温度突变原因，在进行整改后方可启机测试
17	机组检修后整机启动试验	整组启动试验	发电工况自动启动、假同期试验	同期装置TV采样未根据不同工况进行切换，可能造成设备损坏事故	一般	同期装置与发电电动机主回路换相相适应，确保机组不同运行工况启动或假同期试验时与回路相序一致
18	机组检修后整机启动试验	整组启动试验	发电工况自动启动、假同期试验	机组存在误并网风险	一般	确保机组出口隔离开关锁在分位

续表

序号	类型	设备系统	检修项目	存在风险	风险等级	应对措施
19	机组检修后整机启动试验	整组启动试验	工况转换试验	工况转换过程中存在振动、摆度、温度异常增大或升高风险	一般	机组运行过程中安排专人实时监测振动、摆动及温度数据，发现异常，及时反馈，如有需要，可以申请停机
20	机组检修后整机启动试验	整组启动试验	过速保护试验	机组过速试验过程中机械过速装置未能正确动作导致设备损坏	较大	（1）在进行过速试验前，对机械过速、电气过速整定值进行重新校核，确认整定值规范、正确。 （2）检查机械过速的液压回路在静态模拟时可靠动作。 （3）机械过速未能正确动作时，能够人为紧急停机
21	机组检修后整机启动试验	整组启动试验	过速保护试验	机组存在飞逸危险	重大	（1）过速试验时，需制定试验方案、试验步骤等。 （2）机组在达到过速整定值仍未动作时，需人为停机检查，重新整定设定值
22	机组检修后整机启动试验	整组启动试验	过速保护试验	水车室关键管路断裂，造成大量漏水、漏油	重大	（1）试验期间，工作人员撤离水车室，保证人身安全。 （2）设置专人通过工业电视或在远离水车室处监视设备运行状况，如有突发事件，立即通知现场负责人，紧急停机
23	机组检修后整机启动试验	整组启动试验	过速保护试验	机组过速试验过程中风洞内发电机部件脱落或断裂	较大	（1）试验期间，专人在风洞周围检查、巡检，如有异常声音或味道，立即通知试验人员，必要时停机检查。 （2）如有设备故障，停止试验，待安全隔离后进行故障处理

续表

序号	类型	设备系统	检修项目	存在风险	风险等级	应对措施
24	机组检修后整机启动试验	整组启动试验	过速保护试验	试验期间，未达到过速时导叶出现无法控制	较大	（1）保持试验人员通信畅通。 （2）试验期间，无关人员全部撤离试验现场。 （3）如未达到过速转速时导叶失去控制，立即人为紧急停机，停机后检查相应流程和设备
25	机组检修后整机启动试验	整组启动试验	过速保护试验	振动异常增大导致设备损坏	较大	（1）机组启动前检查确认检修期间已对振动、摆度传感器进行检查或校验。 （2）机组启动前检查确认振动保护投入正常。 （3）机组启动过程中安排专人实时监测振动数据，如有异常突变，汇报现场负责人后立即人为紧急停机
26	机组检修后整机启动试验	整组启动试验	过速保护试验	摆度异常增大导致设备损坏	较大	（1）机组启动前检查确认温度保护投入正常。 （2）机组启动过程中安排专人实时监测温度数据，如有异常突变，汇报现场负责人后立即人为紧急停机
27	机组检修后整机启动试验	整组启动试验	机组调相稳定运行试验	迷宫环和主轴密封温度异常	一般	检查冷却水正常
28	机组检修后整机启动试验	整组启动试验	机组调相稳定运行试验	调相长时间运行存在振动、摆度、温度异常增大或升高风险	一般	（1）机组运行过程中安排专人实时监测振动、摆动及温度数据。 （2）试验前检查振动、摆动及温度保护正常投入

续表

序号	类型	设备系统	检修项目	存在风险	风险等级	应对措施
29	机组检修后整机启动试验	整组启动试验	机组动平衡试验	配重块安装过程中存在伤人	较大	安排充足的工作人员，并有专人监护
30	机组检修后整机启动试验	整组启动试验	机组动平衡试验	遗留物品在风洞内	较大	严格执行登记注销手续
31	机组检修后整机启动试验	整组启动试验	机组手动升速试验（振动、摆度、温度检查）	振动异常增大导致设备损坏	一般	（1）机组启动前检查确认检修期间已对振动传感器进行检查或校验。 （2）机组启动前检查确认振动保护投入正常。 （3）机组启动过程中安排专人实时监测振动数据
32	机组检修后整机启动试验	整组启动试验	机组手动升速试验（振动、摆度、温度检查）	摆度异常增大导致设备损坏	一般	（1）机组启动前检查确认检修期间已对摆度传感器进行检查或校验。 （2）机组启动前检查确认摆度保护投入正常。 （3）机组启动过程中安排专人实时监测摆动数据
33	机组检修后整机启动试验	整组启动试验	机组手动升速试验（振动、摆度、温度检查）	温度异常上升导致设备损坏	一般	（1）机组启动前检查确认温度保护投入正常。 （2）机组启动过程中安排专人实时监测温度数据

续表

序号	类型	设备系统	检修项目	存在风险	风险等级	应对措施
34	机组检修后整机启动试验	整组启动试验	机组手动升速试验（振动、摆度、温度检查）	机组存在误并网风险	一般	检查机组控制方式在现地单步模式
35	机组检修后整机启动试验	整组启动试验	机组手动升速试验（振动、摆度、温度检查）	通信不畅，未能及时反馈异常信息风险	一般	所有参加调试人员必须携带对讲机，保持通信畅通
36	机组检修后整机启动试验	整组启动试验	机组同期核相试验	机组存在误并网风险	较大	（1）检查机组同期装置功能处于切除状态。 （2）加强对电气一次设备分、合闸核对位置检查，并结合电流互感器和电压互感器检查，避免非全相并网或解列。 （3）对二次状态显示不一致，应查找原因解决
37	机组检修后整机启动试验	整组启动试验	机组稳定性试验和压力脉动试验（有条件进行）	机组压力脉动明显增大，振动、摆度也呈上升趋势	较大	（1）机械保护正常投入。 （2）紧急停机按钮边设置专人
38	机组检修后整机启动试验	整组启动试验	励磁负载试验	进相试验期间发生失磁	较大	（1）设置专人在现地控制盘监视机组运行状况，一旦失磁，立即人为紧急停机。 （2）待机组停机并执行安全隔离措施后，对定、转子及机械部件进行全面检查

续表

序号	类型	设备系统	检修项目	存在风险	风险等级	应对措施
39	机组检修后整机启动试验	整组启动试验	励磁负载试验	PSS试验期间出现功率摆动增大现象	较大	(1) 应立即采取措施将调节器切换到备用通道。 (2) 应立即将励磁方式切至手动，若摆动仍不能消除，应立即停机
40	机组检修后整机启动试验	整组启动试验	励磁负载试验	电流互感器回路开路或电压互感器回路短路造成设备损坏	一般	负载试验前，相关负责人应对屏柜中的电流互感器和电压互感器二次回路、端子与接线的正确性和可靠性进行认真检查
41	机组检修后整机启动试验	整组启动试验	励磁负载试验	电磁干扰对试验造成干扰或导致机组跳机	一般	试验中使用对讲机应距离AVR柜5m以上
42	机组检修后整机启动试验	整组启动试验	零起升压及空载特性试验	检查电压互感器二次回路时因标识不清存在电流互感器开路	一般	(1) 应加强对屏柜中电压互感器二次回路、端子与接线的维护和对应性检查。 (2) 接线牢固可靠。 (3) 标识准确
43	机组检修后整机启动试验	整组启动试验	零起升压及空载特性试验	升压区域工作安全防护不慎，造成触电事故	较大	(1) 采用固定护栏等来限定与带电设备的安全距离。 (2) 对现场设备不具备做安全隔离措施的，应采取其他辅助防护（五防锁）以及操作限制措施加以防护。 (3) 应加强对进入带电区域工作的工器具大小和长度的监管，避免使用可能导致带电安全距离不足的工器具。 (4) 携带的工器具应校验合格，绝缘杆上不存在导致爬电的标签、污渍等

续表

序号	类型	设备系统	检修项目	存在风险	风险等级	应对措施
44	机组检修后整机启动试验	整组启动试验	零起升压及空载特性试验	试验过程中存在勿碰、损坏二次设备、回路、元件	一般	(1) 试验区域的作业人员应观察周围的环境，对作业活动位置和范围进行调整。 (2) 对可能引发误碰的设备、元件的作业人员应设防护带和悬挂警示牌
45	机组检修后整机启动试验	整组启动试验	零起升压及空载特性试验	检查电压互感器二次回路接地端子时，未能及时发现问题导致人身和设备故障	一般	(1) 应加强对屏柜中的电压互感器二次回路、端子与接线的维护和对应性检查。 (2) 接线牢固可靠。 (3) 标识准确
46	机组检修后整机启动试验	整组启动试验	首次冲转试验	首次冲转过程中机组振动、摆度、温度异常增大导致设备损坏	一般	(1) 机组启动前检查确认振动保护投入正常。 (2) 机组启动过程中安排专人实时监测振动数据，如有异常突变，汇报现场负责人后立即人为紧急停机
47	机组检修后整机启动试验	整组启动试验	首次冲转试验	首次冲转过程中机组温度异常上升导致设备损坏	一般	(1) 机组启动前检查确认温度保护投入正常。 (2) 机组启动过程中安排专人实时监测温度数据，如有异常突变，汇报现场负责人后立即人为紧急停机
48	机组检修后整机启动试验	整组启动试验	首次冲转试验	机组首次启动存在异音、异味未能及时发现导致设备损坏	一般	(1) 机组启动前检查各检修部位无异物留存（特别是风洞内），密闭容器、空间作业登记注销手续完善。 (2) 机组启动过程中安排专人实时监测，如有异常突变，汇报现场负责人后立即人为紧急停机

续表

序号	类型	设备系统	检修项目	存在风险	风险等级	应对措施
49	机组检修后整机启动试验	整组启动试验	水泵工况启动试验	水泵工况启动试验过程中机组振动、摆度、温度异常增大导致设备损坏	一般	(1) 机组启动前检查确认检修期间已对振动、摆度传感器进行检查或校验。 (2) 机组启动前检查确认振动保护投入正常。 (3) 机组启动过程中安排专人实时监测振动数据，如有异常突变，汇报现场负责人后立即人为紧急停机
50	机组检修后整机启动试验	整组启动试验	水泵工况热稳定运行试验	水泵工况热稳定运行试验过程中机组振动、摆度、温度异常增大导致设备损坏	一般	(1) 机组启动前检查确认检修期间已对振动、摆度传感器进行检查或校验。 (2) 机组启动前检查确认振动保护投入正常。 (3) 机组启动过程中安排专人实时监测振动数据，如有异常突变，汇报现场负责人后立即人为紧急停机
51	机组检修后整机启动试验	整组启动试验	水泵水轮机效率试验、耗水率试验（有条件进行）	导叶内部被安装在尾水管的试验仪器脱落卡塞，造成无法调节	一般	(1) 严密监视机组的运行状况，有异常声响或摆度、振动突然增大时，立即人为停机。 (2) 导叶在运行时无法进行调节，立即人为停机后检查导叶操作机构，必要时排空蜗壳后进入检查
52	机组检修后整机启动试验	整组启动试验	尾水和蜗壳充水试验	充水速率过快，造成设备损坏	一般	(1) 严格执行充水速率要求，避免过快充水。 (2) 充水结束后进行蜗壳、尾水排气，待尾闸平压后再进行提门
53	机组检修后整机启动试验	整组启动试验	引水道充（排）水试验	充（排）水速率过快造成设备损坏	重大	(1) 严格控制充（排）水速率，避免过快充（排）水。 (2) 充（排）水过程中安排专人记录压力和时间。 (3) 加强对各施工支洞、引水隧洞的渗压量和渗流量的监测

续表

序号	类型	设备系统	检修项目	存在风险	风险等级	应对措施
54	机组检修后整机启动试验	整组启动试验	水泵断电试验	试验期间，振动、摆度、温度异常增大	较大	（1）严密监视机组各部位振动、摆度和温度变化情况，如有异常，立即汇报现场负责人。 （2）分析设备振动、摆度、温度突变的原因，并初步判断其变化趋势，分析机组运行安全性。 （3）必要时停机后检查机组轴承部件，检查机组振动、摆度、温度突变原因，在进行整改后方可启机测试
55	机组检修后整机启动试验	整组启动试验	动水关球阀试验	设备损坏	重大	（1）应严格按照试验方案进行。 （2）试验期间无关人员撤离试验现场。 （3）试验后对水机设备进行全面检查

第二节　高压试验危险点及预控措施

根据电气行业统计数据，电气设备的各类故障，多是由于设备的绝缘损坏导致。预防性试验是保证设备安全运行的重要措施，通过试验，掌握设备绝缘情况，及时发现绝缘内部隐藏的缺陷，并通过检修加以消除，以免设备在运行中发生绝缘击穿，造成停电或设备损坏等不可挽回的损失。电力生产的实践证明，对电气设备按规程规定开展试验工作，是防患于未然，保证电力系统安全稳定运行的重要措施之一。在开展预防性试验过程中，其工作量大且程序复杂，通常需要试验人员近距离的接触需要试验的设备，这也容易造成人员伤亡事故的发生。对电气设备预防性试验危险点的分析并进行控制，有助于试验人员了解预防性试验中存在的安全风险，避免事故的发生。本部分内容通过对水电站设备不同部件的预防性试验过程中的危险点进行分析，并提出相应控制措施，能够有效促进试验过程中的风险管控，从而保证人身及设备安全。

高压试验主要内容为定子绕组泄漏电流和直流耐压试验、耐压试验等，存在人身触电等风险。

本部分针对以上危险点进行分析，提出试验装置电源需带漏电保护器，电源开关使用具有明显隔离点的双极刀闸、做好试验安全措施，试验过程中设专人监护等具体的预控措施，有效促进作业过程中的风险管控，降低作业风险，从而保证人身和设备安全，对高压试验工作风险控制具有指导意义。

高压试验风险库						
序号	类型	设备系统	检修项目	存在风险	风险等级	应对措施
1	发电电动机电压设备	发电（电动）机定子线棒（绕组）	定子绕组泄漏电流和直流耐压试验	人身触电	较大	（1）试验装置电源需带漏电保护器，电源开关使用具有明显隔离点的双极刀闸。 （2）人员穿戴符合试验规范要求，放电时使用绝缘手套。 （3）做好试验安全措施，试验过程中设专人监护，与带电设备保持安全距离
2	发电电动机电压设备	发电（电动）机定子线棒（绕组）	定子绕组交流耐压试验	人身触电	较大	（1）试验装置电源需带漏电保护器，电源开关使用具有明显隔离点的双极刀闸。 （2）人员穿戴符合试验规范要求，放电时使用绝缘手套。 （3）做好试验安全措施，试验过程中设专人监护，与带电设备保持安全距离。 （4）拆、接线前及试验结束后对被试设备充分放电，确保所有升压设备电源断开，验明无电压后再开始拆、接线

续表

序号	类型	设备系统	检修项目	存在风险	风险等级	应对措施
3	开关站设备	断路器	耐压试验	人身触电	较大	（1）试验装置电源需带漏电保护器，电源开关使用具有明显隔离点的双极刀闸。 （2）做好试验安全措施，试验过程中设专人监护，与带电设备保持安全距离
4	开关站设备	避雷器	金属氧化物避雷器直流 1mA 电压（U_{1mA}）及 0.75U_{1mA} 下的泄漏电流	人身触电	一般	（1）试验装置电源需带漏电保护器，电源开关使用具有明显隔离点的双极刀闸。 （2）人员穿戴符合试验规范要求，放电时使用绝缘手套。 （3）做好试验安全措施，试验过程中设专人监护，与带电设备保持安全距离
5	开关站设备	电压互感器	（电磁式油浸绝缘电压互感器）交流耐压试验	有人身触电风险	较大	（1）试验装置电源需带漏电保护器，电源开关使用具有明显隔离点的双极刀闸。 （2）做好试验安全措施，试验过程中派专人监护，与带电设备保持安全距离
6	开关站设备	电压互感器	（电磁式 SF_6 气体绝缘电压互感器）交流耐压试验	人身触电	较大	（1）试验装置电源需带漏电保护器，电源开关使用具有明显隔离点的双极刀闸。 （2）做好试验安全措施，试验过程中设专人监护，与带电设备保持安全距离
7	开关站设备	电流互感器	（电磁式油浸绝缘电流互感器）交流耐压试验	人身触电	较大	（1）试验装置电源需带漏电保护器，电源开关使用具有明显隔离点的双极刀闸。 （2）做好试验安全措施，试验过程中派专人监护，与带电设备保持安全距离

续表

序号	类型	设备系统	检修项目	存在风险	风险等级	应对措施
8	开关站设备	电流互感器	（电磁式 SF_6 绝缘电流互感器）老练及交流耐压试验	人身触电	较大	（1）试验装置电源需带漏电保护器，电源开关使用具有明显隔离点的双极刀闸。 （2）做好试验安全措施，试验过程中设专人监护，与带电设备保持安全距离
9	开关站设备	隔离开关	交流耐压试验	人身触电	较大	（1）试验装置电源需带漏电保护器，电源开关使用具有明显隔离点的双极刀闸。 （2）做好试验安全措施，试验过程中设专人监护，与带电设备保持安全距离。 （3）拆、接线前及试验结束后对被试设备充分放电，确保所有升压设备电源断开，验明无电压后再开始拆、接线

第三节　金属检测危险点及预控措施

金属无损检测是在不损坏试件的前提下，以物理或化学方法为手段，借助先进的技术和设备器材，对试件的内部及表面的结构、性质及状态进行检查和测试的方法。无损检测技术对缺陷检测的应用范围广，灵敏度高，检测结果可靠，通过应用无损检测技术，可以探测到肉眼无法看到的试件表面、内部缺陷，故无损检测已广泛应用于各个领域。随着水电站单机容量不断增加，且高水头电站不断出现，对水电站承压设备管理提出更高要求，故无损检测在水电站运维管理上作用日益重要。为规范金属检测现场作业行为，防止工作中发生不安全事件，对水电站设备无损检测中存在危险点进行分析，并结合每件设备的环境、试验方法等特点，列举出危险点及控制措施，适合无损检测专业人员现场工作使用。

金属检测主要存在辐射造成人员伤害、人员及工器具落水等风险。

本部分针对以上危险点进行分析，提出金属探伤作业区域应设置安全围栏和警示，防止人员误入、曝光时人员至安全区域后进行，放射源由专人保管等具体的预控措施，有效促进作业过程中的风险管控，降低作业风险，从而保证人身和设备安全，对金属检测工作风险控制具有指导意义。

金属检测风险库						
序号	类型	设备系统	检修项目	存在风险	风险等级	应对措施
1	水泵水轮机及其辅助设备	调相压水设备	管路补漆、防锈、漏水、漏气检查与处理及水压试验、无损检测	辐射伤人	一般	发布通知，设置警戒隔离区，挂标志牌
2	水泵水轮机及其辅助设备	调相压水设备	管路补漆、防锈、漏水、漏气检查与处理及水压试验、无损检测	高空坠落	一般	（1）使用爬梯，有专人监护扶持，使用安全带。 （2）登高前应对梯子安放位置进行检查，对地面高低不平、湿滑、地面松软的应采取特殊的加垫、防滑措施
3	水泵水轮机及其辅助设备	调相压水设备	管路补漆、防锈、漏水、漏气检查与处理及水压试验、无损检测	高压水伤人	一般	（1）各封闭端密封件、打压试验管路及接头质量可靠，安装符合要求，严格控制升压速度和保压时间。 （2）正确使用防护用品，发现异常立即卸压

续表

序号	类型	设备系统	检修项目	存在风险	风险等级	应对措施
4	水泵水轮机及其辅助设备	调相压水设备	管路补漆、防锈、漏水、漏气检查与处理及水压试验、无损检测	易燃易爆	一般	做好防火措施
5	水泵水轮机及其辅助设备	调相压水设备	射线无损检测	辐射伤人	较大	发布通知，设立隔离区，挂安全标志牌，禁止无关人员进入
6	水泵水轮机及其辅助设备	调相压水设备	气罐无损检测	高空坠落或者人员受伤	一般	（1）打磨时佩戴防护眼镜。 （2）登高打磨时使用安全带
7	水泵水轮机及其辅助设备	调相压水设备	气罐无损检测	受限空间作业人员伤害	一般	（1）工作时须有专人监护，在有经验人员指导下工作，晚上进行探伤试验。 （2）作业时使用移动照明灯，工作电压不超过24V，并在工作前先验电。 （3）工作时气罐进人孔严禁关闭，并用排风扇对气罐内部通风
8	机组调速系统	调速器液压系统	无损检测	辐射造成人员伤害	一般	（1）金属探伤作业区域应设置安全围栏和警示，防止人员误入。 （2）开始作业前，作业负责人应对安全隔离措施进行检查，必须确认周围是否已经清场。 （3）曝光时人员至安全区域后进行，放射源由专人保管，高处放置设备应平稳可靠

续表

序号	类型	设备系统	检修项目	存在风险	风险等级	应对措施
9	机组进水阀系统	液压系统（含接力器）	进水阀操作管路焊缝无损检测	辐射造成人员伤害	一般	（1）金属探伤作业区域应设置安全围栏和警示，防止人员误入。 （2）开始作业前，作业负责人应对安全隔离措施进行检查，必须确认周围是否已经清场。 （3）曝光时人员至安全区域后进行，放射源由专人保管，高处放置设备应平稳可靠
10	机组技术供水系统	管路及阀门	无损检测	辐射造成人员伤害	一般	（1）金属探伤作业区域应设置安全围栏和警示，防止人员误入。 （2）开始作业前，作业负责人应对安全隔离措施进行检查，必须确认周围是否已经清场。 （3）曝光时人员至安全区域后进行，放射源由专人保管，高处放置设备应平稳可靠
11	水工设施（抽蓄）	输水系统	钢管厚度测量、无损检测	辐射造成人员伤害	一般	（1）金属探伤作业区域应设置安全围栏和警示，防止人员误入。 （2）开始作业前，作业负责人应对安全隔离措施进行检查，必须确认周围是否已经清场。 （3）曝光时人员至安全区域后进行，放射源由专人保管，高处放置设备应平稳可靠
12	发电电动机及其辅助设备	机械制动装置	气罐的定期无损检测	射线探伤辐射对人身体伤害	一般	（1）金属探伤作业区域应设置安全围栏和警示，防止人员误入。 （2）作业前应对安全隔离措施进行检查。 （3）作业前必须确认周围是否已经清场。 （4）做好个人防护措施

续表

序号	类型	设备系统	检修项目	存在风险	风险等级	应对措施
13	发电电动机及其辅助设备	机械制动装置	气罐定期无损检测的准备	人身伤害	一般	（1）进入气罐前必须确认气罐无压，如果有有害物质残留应置换和清洗。 （2）进入气罐内，只能使用安全电压的工具。 （3）进入气罐时，必须有人在气罐外部能看见内部工作人员的地方监护。 （4）打磨过程中佩戴好护目镜。 （5）做好防坠落措施。 （6）正确使用打磨工具。 （7）进入气罐内做好通风措施
14	气系统	压力气罐	无损检测	辐射造成人员伤害	一般	（1）金属探伤作业区域应设置安全围栏和警示，防止人员误入。 （2）开始作业前，作业负责人应对安全隔离措施进行检查，必须确认周围是否已经清场。 （3）曝光时人员至安全区域后进行，放射源由专人保管，高处放置设备应平稳可靠
15	水工设施（抽蓄）	溢洪道（溢流坝段）闸门系统	钢闸门第一次安全检测	人员及工器具落水	一般	（1）系安全带并使用加长安全绳、穿救生衣。 （2）工器具尾部拴绳固定
16	水工设施（抽蓄）	溢洪道（溢流坝段）闸门系统	钢闸门定期安全检测	人员及工器具落水	一般	（1）系安全带并使用加长安全绳、穿救生衣。 （2）工器具尾部拴绳固定

续表

序号	类型	设备系统	检修项目	存在风险	风险等级	应对措施
17	水工设施（抽蓄）	溢洪道（溢流坝段）闸门系统	钢闸门特殊情况检测	人员及工器具落水	一般	（1）系安全带并使用加长安全绳、穿救生衣。 （2）工器具尾部拴绳固定
18	闸门系统（抽蓄）	上库闸门系统	上库闸门第一次安全检测	人员及工器具落水	一般	（1）系安全带并使用加长安全绳、穿救生衣。 （2）工器具尾部拴绳固定
19	闸门系统（抽蓄）	上库闸门系统	上库闸门定期安全检测	人员及工器具落水	一般	（1）系安全带并使用加长安全绳、穿救生衣。 （2）工器具尾部拴绳固定
20	闸门系统（抽蓄）	上库闸门系统	上库闸门特殊情况检测	人员及工器具落水	一般	（1）系安全带并使用加长安全绳、穿救生衣。 （2）工器具尾部拴绳固定
21	闸门系统（抽蓄）	下库闸门系统	下库闸门门第一次安全检测	人员及工器具落水	一般	（1）系安全带并使用加长安全绳、穿救生衣。 （2）工器具尾部拴绳固定
22	闸门系统（抽蓄）	下库闸门系统	下库闸门门定期安全检测	人员及工器具落水	一般	（1）系安全带并使用加长安全绳、穿救生衣。 （2）工器具尾部拴绳固定
23	闸门系统（抽蓄）	下库闸门系统	下库闸门特殊情况检测	人员及工器具落水	一般	（1）系安全带并使用加长安全绳、穿救生衣。 （2）工器具尾部拴绳固定
24	闸门系统（抽蓄）	上库拦污栅	外观检查	人员及工器具落水	一般	（1）系安全带并使用加长安全绳、穿救生衣。 （2）工器具尾部拴绳固定

续表

序号	类型	设备系统	检修项目	存在风险	风险等级	应对措施
25	闸门系统（抽蓄）	下库拦污栅	外观检查	人员及工器具落水	一般	（1）系安全带并使用加长安全绳、穿救生衣。 （2）工器具尾部拴绳固定

第四节 电测热工危险点及预控措施

热工、电测仪表作为当代水力发电厂自动化控制的基础，通过测量及后续数据的处理、分析，不仅可以实现自动控制系统电力生产全流程无人参与，还可以以此预测及诊断事故，保证机组的安全、稳定运行。通过仪表的记录和计算，可以科学的分析机组的经济性、可靠性，从而改进机组的操作、运行方式，提高机组的经济运行效率。因此，加强热工、电测仪表的管理便成为水电站运维过程中重要环节。为保证电测热工相关工作中人身及设备安全，编制了典型安全风险，对作业过程中存在的危险点进行辨识，并分级、分类，制定预防及控制措施。通过检修作业前的危险点分析预控，能够有效促进检修作业过程中的风险管控，从而保证人身及设备安全。

电测热工主要工作内容为测量用电压互感器基本误差测试、电测量表计校验等，存在触电伤人、错接错解电测端子等风险。

本部分针对以上危险点进行分析，提出在工作前核对需要校验的相关设备，解开的端子应做好标示，端子接回后应检查接触良好无松动现象，所有端子的标号均与电测仪表上编号相对应等具体的预控措施，有效促进作业过程中的风险管控，降低作业风险，从而保证人身和设备安全，对电测热工相关工作风险控制具有指导意义。

电测热工风险库						
序号	类型	设备系统	检修项目	存在风险	风险等级	应对措施
1	高压输电设备	开关站设备	电测量表计校验	误走仓位	一般	（1）工作前确认工作地点。 （2）工作有专人监护。 （3）工作地点挂“在此工作”标示牌，标示牌编号与工作票所列编号一致。 （4）将相邻非工作区域用红白布带围起来
2	高压输电设备	开关站设备	电测量表计校验	触电伤人	一般	（1）工作时须有专人监护。 （2）工作中必须与带电设备保持安全距离，并了解周边设备运行情况。 （3）工作前确认工作位置，以防走错仓位。 （4）工作中所使用的电气工具器必须经检验合格，并有可靠接地。 （5）端子检查时应用绝缘螺丝刀。 （6）严禁用手直接触碰接线端子
3	高压输电设备	开关站设备	电测量表计校验	错接错解电测端子	一般	（1）严格执行二次工作安全措施票，在工作前核对需要校验的相关设备，防止误动其他设备，解开的端子应做好标示，端子接回后应检查无松动现象，所有端子的标号均与电测仪表上编号相对应。 （2）工作结束后认真核对回路恢复情况

续表

序号	类型	设备系统	检修项目	存在风险	风险等级	应对措施
4	高压输电设备	开关站设备	电测量表计校验	量程选择不当，损坏设备	一般	（1）严格按照操作规程操作，操作前认真检查并检查校验设备与被试设备的量程及极性，操作要缓慢。 （2）直流设备防止极性接反
5	高压输电设备	开关站设备	电气量变送器校验	误走仓位	一般	（1）工作前确认工作地点。 （2）工作有专人监护。 （3）工作地点挂“在此工作”标示牌，标示牌编号与工作票所列编号一致。 （4）将相邻非工作区域用红白布带围起来
6	高压输电设备	开关站设备	电气量变送器校验	电测校验过程中电流互感器二次侧开路、电压互感器二次侧短路	一般	（1）工作中严格按二次安全措施票做好相关二次安全措施。 （2）在工作前核对需要校验的相关设备，防止误动其他设备，解开的端子应包裹好绝缘胶布
7	高压输电设备	开关站设备	电气量变送器校验	触电伤人	一般	（1）工作时须有专人监护。 （2）工作中必须与带电设备保持安全距离，并了解周边设备运行情况。 （3）工作前确认工作位置，以防走错仓位。 （4）工作中所使用的电气工具器必须经检验合格，并有可靠接地。 （5）端子检查时应用绝缘螺丝刀。 （6）严禁用手直接触碰接线端子

续表

序号	类型	设备系统	检修项目	存在风险	风险等级	应对措施
8	高压输电设备	开关站设备	电气量变送器校验	错接错解电测端子	一般	(1) 严格执行二次工作安全措施票，在工作前核对需要校验的相关设备，防止误动其他设备，解开的端子应做好标示，端子接回后应检查无松动现象，所有端子的标号均与电测仪表上编号相对应。 (2) 工作结束后认真核对回路恢复情况
9	水轮发电（电动）机组	发电电动机及其辅助设备	电测量表计校验	误走仓位	一般	(1) 工作前确认工作地点。 (2) 工作有专人监护。 (3) 工作地点挂“在此工作”标示牌，标示牌编号与工作票所列编号一致。 (4) 将相邻非工作区域用红白布带围起来
10	水轮发电（电动）机组	发电电动机及其辅助设备	电测量表计校验	触电伤人	一般	(1) 工作时须有专人监护。 (2) 工作中必须与带电设备保持安全距离，并了解周边设备运行情况。 (3) 工作前确认工作位置，以防走错仓位。 (4) 工作中所使用的电气工具器必须经检验合格，并有可靠接地。 (5) 端子检查时应用绝缘螺丝刀。 (6) 严禁用手直接触碰接线端子
11	水轮发电（电动）机组	发电电动机及其辅助设备	电测量表计校验	错接错解电测端子	一般	(1) 严格执行二次工作安全措施票，在工作前核对需要校验的相关设备，防止误动其他设备，解开的端子应做好标示，端子接回后应检查无松动现象，所有端子的标号均与电测仪表上编号相对应。 (2) 工作结束后认真核对回路恢复情况

续表

序号	类型	设备系统	检修项目	存在风险	风险等级	应对措施
12	水轮发电（电动）机组	发电电动机及其辅助设备	电测量表计校验	量程选择不当，损坏设备	一般	（1）严格按照操作规程操作，操作前认真检查，并核对校验设备与被试设备的量程及极性，操作要缓慢。 （2）直流设备防止极性接反
13	水轮发电（电动）机组	发电电动机及其辅助设备	电能表检测	误走仓位	一般	（1）工作前确认工作地点。 （2）工作有专人监护。 （3）工作地点挂“在此工作”标示牌，标示牌编号与工作票所列编号一致。 （4）将相邻非工作区域用红白布带围起来
14	水轮发电（电动）机组	发电电动机及其辅助设备	电能表检测	电测校验过程中电流互感器二次侧开路、电压互感器二次侧短路	一般	（1）工作中严格按二次安全措施票做好相关二次安全措施。 （2）在工作前核对需要校验的相关设备，防止误动其他设备，解开的端子应包裹好绝缘胶布
15	水轮发电（电动）机组	发电电动机及其辅助设备	电能表检测	触电伤人	一般	（1）工作时须有专人监护。 （2）工作中必须与带电设备保持安全距离，并了解周边设备运行情况。 （3）工作前确认工作位置，以防走错仓位。 （4）工作中所使用的电气工具器必须经检验合格，并有可靠接地。 （5）端子检查时应用绝缘螺丝刀。 （6）严禁用手直接触碰接线端子

续表

序号	类型	设备系统	检修项目	存在风险	风险等级	应对措施
16	水轮发电（电动）机组	发电电动机及其辅助设备	电能表检测	错接错解电测端子	一般	（1）严格执行二次工作安全措施票，在工作前核对需要校验的相关设备，防止误动其他设备，解开的端子应做好标示，端子接回后应检查无松动现象，所有端子的标号均与电测仪表上编号相对应。 （2）工作结束后认真核对回路恢复情况
17	水轮发电（电动）机组	发电电动机及其辅助设备	电气量变送器校验	误走仓位	一般	（1）工作前确认工作地点。 （2）工作有专人监护。 （3）工作地点挂“在此工作”标示牌，标示牌编号与工作票所列编号一致。 （4）将相邻非工作区域用红白布带围起来
18	水轮发电（电动）机组	发电电动机及其辅助设备	电气量变送器校验	电测校验过程中电流互感器二次侧开路、电压互感器二次侧短路	一般	（1）工作中严格按二次安全措施票做好相关二次安全措施。 （2）在工作前核对需要校验的相关设备，防止误动其他设备，解开的端子应包裹好绝缘胶布
19	水轮发电（电动）机组	发电电动机及其辅助设备	电气量变送器校验	触电伤人	一般	（1）工作时须有专人监护。 （2）工作中必须与带电设备保持安全距离，并了解周边设备运行情况。 （3）工作前确认工作位置，以防走错仓位。 （4）工作中所使用的电气工具器必须经检验合格，并有可靠接地。 （5）端子检查时应用绝缘螺丝刀。 （6）严禁用手直接触碰接线端子

续表

序号	类型	设备系统	检修项目	存在风险	风险等级	应对措施
20	水轮发电（电动）机组	发电电动机及其辅助设备	电气量变送器校验	错接错解电测端子	一般	（1）严格执行二次工作安全措施票，在工作前核对需要校验的相关设备，防止误动其他设备，解开的端子应做好标示，端子接回后应检查无松动现象，所有端子的标号均与电测仪表上编号相对应。 （2）工作结束后认真核对回路恢复情况
21	水轮发电（电动）机组	水泵水轮机及其辅助设备	发电机示流计、流量计校验	误走仓位	一般	（1）工作前确认工作地点。 （2）工作有专人监护。 （3）工作地点挂“在此工作”标示牌，标示牌编号与工作票所列编号一致。 （4）将相邻非工作区域用红白布带围起来
22	水轮发电（电动）机组	水泵水轮机及其辅助设备	发电机示流计、流量计校验	压力设备区域不当泄压造成人员伤害、机械损坏	一般	在压力设备区域工作，作业前作业人员应与电站方技术人员共同到现场确认安全措施已执行到位方可开始工作
23	水轮发电（电动）机组	水泵水轮机及其辅助设备	发电机示流计、流量计校验	空间狭小、作业措施不当，造成的机械挤压、磕碰伤害	一般	（1）合理安排作业内容和作业人员。 （2）作业人员应采取安全措施避免作业伤害
24	水轮发电（电动）机组	水泵水轮机及其辅助设备	发电机示流计、流量计校验	量程选择不当，损坏设备	一般	（1）严格按照操作规程操作，操作前认真检查，并核对校验设备与被试设备的量程及极性，操作要缓慢。 （2）直流设备防止极性接反

续表

序号	类型	设备系统	检修项目	存在风险	风险等级	应对措施
25	水轮发电（电动）机组	水泵水轮机及其辅助设备	发电机示流计、流量计校验	工器具遗漏	一般	（1）工作时履行登记手续。 （2）所用的工器具前后做好清点与核对
26	水轮发电（电动）机组	水泵水轮机及其辅助设备	发电（电动）机液位计校验	误走仓位	一般	（1）工作前确认工作地点。 （2）工作有专人监护。 （3）工作地点挂“在此工作”标示牌，标示牌编号与工作票所列编号一致。 （4）将相邻非工作区域用红白布带围起来
27	水轮发电（电动）机组	水泵水轮机及其辅助设备	发电（电动）机液位计校验	压力设备区域不当泄压造成人员伤害、机械损坏	一般	在压力设备区域工作，作业前作业人员应与电站方技术人员共同到现场确认安全措施已执行到位方可开始工作
28	水轮发电（电动）机组	水泵水轮机及其辅助设备	发电（电动）机液位计校验	空间狭小、作业措施不当，造成的机械挤压、磕碰伤害	一般	（1）合理安排作业内容和作业人员。 （2）作业人员应采取安全措施避免作业伤害
29	水轮发电（电动）机组	水泵水轮机及其辅助设备	发电（电动）机液位计校验	量程选择不当，损坏设备	一般	（1）严格按照操作规程操作，操作前认真检查，并核对校验设备与被试设备的量程及极性，操作要缓慢。 （2）直流设备防止极性接反

续表

序号	类型	设备系统	检修项目	存在风险	风险等级	应对措施
30	水轮发电（电动）机组	发电电动机及其辅助设备	发电（电动）机温度表计校验	误走仓位	一般	（1）工作前确认工作地点。 （2）工作有专人监护。 （3）工作地点挂“在此工作”标示牌，标示牌编号与工作票所列编号一致。 （4）将相邻非工作区域用红白布带围起来
31	水轮发电（电动）机组	发电电动机及其辅助设备	发电（电动）机温度表计校验	空间狭小、作业措施不当，造成的机械挤压、磕碰伤害	一般	（1）合理安排作业内容和作业人员。 （2）作业人员应采取安全措施避免作业伤害
32	水轮发电（电动）机组	发电电动机及其辅助设备	发电（电动）机温度表计校验	量程选择不当，损坏设备	一般	（1）严格按照操作规程操作，操作前认真检查，并核对校验设备与被试设备的量程及极性，操作要缓慢。 （2）直流设备防止极性接反
33	水轮发电（电动）机组	发电电动机及其辅助设备	发电（电动）机温度表计校验	烫伤	一般	工作时注意加温设备，防止烫伤
34	水轮发电（电动）机组	发电电动机及其辅助设备	发电（电动）机测温电阻校验	误走仓位	一般	（1）工作前确认工作地点。 （2）工作有专人监护。 （3）工作地点挂“在此工作”标示牌，标示牌编号与工作票所列编号一致。 （4）将相邻非工作区域用红白布带围起来

续表

序号	类型	设备系统	检修项目	存在风险	风险等级	应对措施
35	水轮发电（电动）机组	发电电动机及其辅助设备	发电（电动）机测温电阻校验	空间狭小、作业措施不当，造成的机械挤压、磕碰伤害	一般	（1）合理安排作业内容和作业人员。 （2）作业人员应采取安全措施避免作业伤害
36	水轮发电（电动）机组	发电电动机及其辅助设备	发电（电动）机测温电阻校验	量程选择不当，损坏设备	一般	（1）严格按照操作规程操作，操作前认真检查，并核对校验设备与被试设备的量程及极性，操作要缓慢。 （2）直流设备防止极性接反
37	水轮发电（电动）机组	发电电动机及其辅助设备	发电（电动）机测温电阻校验	烫伤	一般	工作时注意加温设备，防止烫伤
38	水轮发电（电动）机组	水泵水轮机及其辅助设备	（水泵）水轮机压力表校验	误走仓位	一般	（1）工作前确认工作地点。 （2）工作有专人监护。 （3）工作地点挂“在此工作”标示牌，标示牌编号与工作票所列编号一致。 （4）将相邻非工作区域用红白布带围起来
39	水轮发电（电动）机组	水泵水轮机及其辅助设备	（水泵）水轮机压力表校验	压力设备区域不当泄压造成人员伤害、机械损坏	一般	在压力设备区域工作，作业前作业人员应与电站方技术人员共同到现场确认安全措施已执行到位方可开始工作
40	水轮发电（电动）机组	水泵水轮机及其辅助设备	（水泵）水轮机压力表校验	空间狭小、作业措施不当，造成的机械挤压、磕碰伤害	一般	（1）合理安排作业内容和作业人员。 （2）作业人员应采取安全措施避免作业伤害

续表

序号	类型	设备系统	检修项目	存在风险	风险等级	应对措施
41	水轮发电（电动）机组	水泵水轮机及其辅助设备	（水泵）水轮机压力表校验	量程选择不当，损坏设备	一般	（1）严格按照操作规程操作，操作前认真检查，并核对校验设备与被试设备的量程及极性，操作要缓慢。 （2）直流设备防止极性接反
42	水轮发电（电动）机组	水泵水轮机及其辅助设备	（水泵）水轮机压力开关校验	误走仓位	一般	（1）工作前确认工作地点。 （2）工作有专人监护。 （3）工作地点挂“在此工作”标示牌，标示牌编号与工作票所列编号一致。 （4）将相邻非工作区域用红白布带围起来
43	水轮发电（电动）机组	水泵水轮机及其辅助设备	（水泵）水轮机压力开关校验	压力设备区域不当泄压造成人员伤害、机械损坏	一般	在压力设备区域工作，作业前作业人员应与电站方技术人员共同到现场确认安全措施已执行到位方可开始工作
44	水轮发电（电动）机组	水泵水轮机及其辅助设备	（水泵）水轮机压力开关校验	空间狭小、作业措施不当，造成的机械挤压、磕碰伤害	一般	（1）合理安排作业内容和作业人员。 （2）作业人员应采取安全措施避免作业伤害
45	水轮发电（电动）机组	水泵水轮机及其辅助设备	（水泵）水轮机压力开关校验	量程选择不当，损坏设备	一般	（1）严格按照操作规程操作，操作前认真检查，并核对校验设备与被试设备的量程及极性，操作要缓慢。 （2）直流设备防止极性接反

续表

序号	类型	设备系统	检修项目	存在风险	风险等级	应对措施
46	水轮发电（电动）机组	水泵水轮机及其辅助设备	（水泵）水轮机压力变送器校验	误走仓位	一般	（1）工作前确认工作地点。 （2）工作有专人监护。 （3）工作地点挂“在此工作”标示牌，标示牌编号与工作票所列编号一致。 （4）将相邻非工作区域用红白布带围起来
47	水轮发电（电动）机组	水泵水轮机及其辅助设备	（水泵）水轮机压力变送器校验	压力设备区域不当泄压造成人员伤害、机械损坏	一般	在压力设备区域工作，作业前作业人员应与电站方技术人员共同到现场确认安全措施已执行到位方可开始工作
48	水轮发电（电动）机组	水泵水轮机及其辅助设备	（水泵）水轮机压力变送器校验	误拆接线	一般	在工作前核对需要校验的相关设备，解开的端子应做好标示，端子接回后应检查接触良好无松动现象，所有端子的标号均与电测仪表上编号相对应
49	水轮发电（电动）机组	水泵水轮机及其辅助设备	（水泵）水轮机压力变送器校验	量程选择不当，损坏设备	一般	（1）严格按照操作规程操作，操作前认真检查，并核对校验设备与被试设备的量程及极性，操作要缓慢。 （2）直流设备防止极性接反
50	水轮发电（电动）机组	水泵水轮机及其辅助设备	（水泵）水轮机流量计、示流计校验	误走仓位	一般	（1）工作前确认工作地点。 （2）工作有专人监护。 （3）工作地点挂“在此工作”标示牌，标示牌编号与工作票所列编号一致。 （4）将相邻非工作区域用红白布带围起来

续表

序号	类型	设备系统	检修项目	存在风险	风险等级	应对措施
51	水轮发电（电动）机组	水泵水轮机及其辅助设备	（水泵）水轮机流量计、示流计校验	空间狭小、作业措施不当，造成的机械挤压、磕碰伤害	一般	（1）合理安排作业内容和作业人员。 （2）作业人员应采取安全措施避免作业伤害
52	水轮发电（电动）机组	水泵水轮机及其辅助设备	（水泵）水轮机流量计、示流计校验	量程选择不当，损坏设备	一般	（1）严格按照操作规程操作，操作前认真检查，并核对校验设备与被试设备的量程及极性，操作要缓慢。 （2）直流设备防止极性接反
53	水轮发电（电动）机组	水泵水轮机及其辅助设备	（水泵）水轮机温度表计校验	误走仓位	一般	（1）工作前确认工作地点。 （2）工作有专人监护。 （3）工作地点挂“在此工作”标示牌，标示牌编号与工作票所列编号一致。 （4）将相邻非工作区域用红白布带围起来
54	水轮发电（电动）机组	水泵水轮机及其辅助设备	（水泵）水轮机温度表计校验	空间狭小、作业措施不当，造成的机械挤压、磕碰伤害	一般	（1）合理安排作业内容和作业人员。 （2）作业人员应采取安全措施避免作业伤害
55	水轮发电（电动）机组	水泵水轮机及其辅助设备	（水泵）水轮机温度表计校验	量程选择不当，损坏设备	一般	（1）严格按照操作规程操作，操作前认真检查，并核对校验设备与被试设备的量程及极性，操作要缓慢。 （2）直流设备防止极性接反

续表

序号	类型	设备系统	检修项目	存在风险	风险等级	应对措施
56	水轮发电（电动）机组	水泵水轮机及其辅助设备	（水泵）水轮机温度表计校验	烫伤	一般	工作时注意加温设备，防止烫伤
57	水轮发电（电动）机组	机组进水阀系统	压力表校验	误走仓位	一般	（1）工作前确认工作地点。 （2）工作有专人监护。 （3）工作地点挂“在此工作”标示牌，标示牌编号与工作票所列编号一致。 （4）将相邻非工作区域用红白布带围起来
58	水轮发电（电动）机组	机组进水阀系统	压力表校验	压力设备区域不当泄压造成人员伤害、机械损坏	一般	在压力设备区域工作，作业前作业人员应与电站方技术人员共同到现场确认安全措施已执行到位方可开始工作
59	水轮发电（电动）机组	机组进水阀系统	压力表校验	量程选择不当，损坏设备	一般	（1）严格按照操作规程操作，操作前认真检查，并核对校验设备与被试设备的量程及极性，操作要缓慢。 （2）直流设备防止极性接反
60	水轮发电（电动）机组	机组进水阀系统	压力开关校验	误走仓位	一般	（1）工作前确认工作地点。 （2）工作有专人监护。 （3）工作地点挂“在此工作”标示牌，标示牌编号与工作票所列编号一致。 （4）将相邻非工作区域用红白布带围起来

续表

序号	类型	设备系统	检修项目	存在风险	风险等级	应对措施
61	水轮发电（电动）机组	机组进水阀系统	压力开关校验	压力设备区域不当泄压造成人员伤害、机械损坏	一般	在压力设备区域工作，作业前作业人员应与电站方技术人员共同到现场确认安全措施已执行到位方可开始工作
62	水轮发电（电动）机组	机组进水阀系统	压力开关校验	量程选择不当，损坏设备	一般	（1）严格按照操作规程操作，操作前认真检查，并核对校验设备与被试设备的量程及极性，操作要缓慢。 （2）直流设备防止极性接反
63	水轮发电（电动）机组	机组进水阀系统	压力变送器校验	误走仓位	一般	（1）工作前确认工作地点。 （2）工作有专人监护。 （3）工作地点挂“在此工作”标示牌，标示牌编号与工作票所列编号一致。 （4）将相邻非工作区域用红白布带围起来
64	水轮发电（电动）机组	机组进水阀系统	压力变送器校验	压力设备区域不当泄压造成人员伤害、机械损坏	一般	在压力设备区域工作，作业前作业人员应与电站方技术人员共同到现场确认安全措施已执行到位方可开始工作
65	水轮发电（电动）机组	机组进水阀系统	压力变送器校验	量程选择不当，损坏设备	一般	（1）严格按照操作规程操作，操作前认真检查，并核对校验设备与被试设备的量程及极性，操作要缓慢。 （2）直流设备防止极性接反

续表

序号	类型	设备系统	检修项目	存在风险	风险等级	应对措施
66	机组调速系统	测速系统	转速表、机械转速测量装置检定	误走仓位	一般	（1）工作前确认工作地点。 （2）工作有专人监护。 （3）工作地点挂“在此工作”标示牌，标示牌编号与工作票所列编号一致。 （4）将相邻非工作区域用红白布带围起来
67	机组调速系统	测速系统	转速表、机械转速测量装置检定	触电伤人	一般	（1）工作时须有专人监护。 （2）工作中必须与带电设备保持安全距离，并了解周边设备运行情况。 （3）工作前确认工作位置，以防走错仓位。 （4）工作中所使用的电气工具器必须经检验合格，并有可靠接地。 （5）端子检查时应用绝缘螺丝刀。 （6）严禁用手直接触碰接线端子
68	机组调速系统	测速系统	转速表、机械转速测量装置检定	错接错解电测端子	一般	（1）严格执行二次工作安全措施票，在工作前核对需要校验的相关设备，防止误动其他设备，解开的端子应做好标示，端子接回后应检查无松动现象，所有端子的标号均与电测仪表上编号相对应。 （2）工作结束后认真核对回路恢复情况
69	机组调速系统	测速系统	转速表、机械转速测量装置检定	量程选择不当，损坏设备	一般	（1）严格按照操作规程操作，操作前认真检查，并核对校验设备与被试设备的量程及极性，操作要缓慢。 （2）直流设备防止极性接反

续表

序号	类型	设备系统	检修项目	存在风险	风险等级	应对措施
70	机组调速系统	测速系统	电气转速测量装置检定	误走仓位	一般	（1）工作前确认工作地点。 （2）工作有专人监护。 （3）工作地点挂“在此工作”标示牌，标示牌编号与工作票所列编号一致。 （4）将相邻非工作区域用红白布带围起来
71	机组调速系统	测速系统	电气转速测量装置检定	触电伤人	一般	（1）工作时须有专人监护。 （2）工作中必须与带电设备保持安全距离，并了解周边设备运行情况。 （3）工作前确认工作位置，以防走错仓位。 （4）工作中所使用的电气工具器必须经检验合格，并有可靠接地。 （5）端子检查时应用绝缘螺丝刀。 （6）严禁用手直接触碰接线端子
72	机组调速系统	测速系统	电气转速测量装置检定	错接错解电测端子	一般	（1）严格执行二次工作安全措施票，在工作前核对需要校验的相关设备，防止误动其他设备，解开的端子应做好标示，端子接回后应检查无松动现象，所有端子的标号均与电测仪表上编号相对应。 （2）工作结束后认真核对回路恢复情况
73	机组调速系统	测速系统	电气转速测量装置检定	量程选择不当，损坏设备	一般	（1）严格按照操作规程操作，操作前认真检查，并核对校验设备与被试设备的量程及极性，操作要缓慢。 （2）直流设备防止极性接反

续表

序号	类型	设备系统	检修项目	存在风险	风险等级	应对措施
74	机组调速系统	控制系统	压力表校验	误走仓位	一般	（1）工作前确认工作地点。 （2）工作有专人监护。 （3）工作地点挂“在此工作”标示牌，标示牌编号与工作票所列编号一致。 （4）将相邻非工作区域用红白布带围起来
75	机组调速系统	控制系统	压力表校验	压力设备区域不当泄压造成人员伤害、机械损坏	一般	在压力设备区域工作，作业前作业人员应与电站方技术人员共同到现场确认安全措施已执行到位方可开始工作
76	机组调速系统	控制系统	压力表校验	量程选择不当，损坏设备	一般	（1）严格按照操作规程操作，操作前认真检查，并核对校验设备与被试设备的量程及极性，操作要缓慢。 （2）直流设备防止极性接反
77	机组调速系统	控制系统	压力开关校验	误走仓位	一般	（1）工作前确认工作地点。 （2）工作有专人监护。 （3）工作地点挂“在此工作”标示牌，标示牌编号与工作票所列编号一致。 （4）将相邻非工作区域用红白布带围起来
78	机组调速系统	控制系统	压力开关校验	压力设备区域不当泄压造成人员伤害、机械损坏	一般	在压力设备区域工作，作业前作业人员应与电站方技术人员共同到现场确认安全措施已执行到位方可开始工作

续表

序号	类型	设备系统	检修项目	存在风险	风险等级	应对措施
79	机组调速系统	控制系统	压力开关校验	量程选择不当，损坏设备	一般	（1）严格按照操作规程操作，操作前认真检查，并核对校验设备与被试设备的量程及极性，操作要缓慢。 （2）直流设备防止极性接反
80	机组调速系统	控制系统	压力变送器校验	误走仓位	一般	（1）工作前确认工作地点。 （2）工作有专人监护。 （3）工作地点挂“在此工作”标示牌，标示牌编号与工作票所列编号一致。 （4）将相邻非工作区域用红白布带围起来
81	机组调速系统	控制系统	压力变送器校验	压力设备区域不当泄压造成人员伤害、机械损坏	一般	在压力设备区域工作，作业前作业人员应与电站方技术人员共同到现场确认安全措施已执行到位方可开始工作
82	机组调速系统	控制系统	压力变送器校验	量程选择不当，损坏设备	一般	（1）严格按照操作规程操作，操作前认真检查，并核对校验设备与被试设备的量程及极性，操作要缓慢。 （2）直流设备防止极性接反
83	机组励磁系统	励磁变压器	校验温控器	误动跳上级开关	一般	（1）将温控器拆下校验。 （2）对于不能拆除的，工作前将温控器跳闸改信号或者解除出口线并用绝缘胶布包好

续表

序号	类型	设备系统	检修项目	存在风险	风险等级	应对措施
84	机组励磁系统	励磁变压器	校验温控器	接线错误	一般	接线前详细阅读设备使用说明书，接线完成后应进行核对
85	机组励磁系统	励磁调节柜	电测量表计校验	误走仓位	一般	（1）工作前确认工作地点。 （2）工作有专人监护。 （3）工作地点挂“在此工作”标示牌，标示牌编号与工作票所列编号一致。 （4）将相邻非工作区域用红白布带围起来
86	机组励磁系统	励磁调节柜	电测量表计校验	触电伤人	一般	（1）工作时须有专人监护。 （2）工作中必须与带电设备保持安全距离，并了解周边设备运行情况。 （3）工作前确认工作位置，以防走错仓位。 （4）工作中所使用的电气工具器必须经检验合格，并有可靠接地。 （5）端子检查时应用绝缘螺丝刀。 （6）严禁用手直接触碰接线端子
87	机组励磁系统	励磁调节柜	电测量表计校验	错接错解电测端子	一般	（1）严格执行二次工作安全措施票，在工作前核对需要校验的相关设备，防止误动其他设备，解开的端子应做好标示，端子接回后应检查无松动现象，所有端子的标号均与电测仪表上编号相对应。 （2）工作结束后认真核对回路恢复情况

续表

序号	类型	设备系统	检修项目	存在风险	风险等级	应对措施
88	机组励磁系统	励磁调节柜	电测量表计校验	量程选择不当，损坏设备	一般	（1）严格按照操作规程操作，操作前认真检查，并核对校验设备与被试设备的量程及极性，操作要缓慢。 （2）直流设备防止极性接反
89	机组励磁系统	励磁调节柜	电气量变送器校验	误走仓位	一般	（1）工作前确认工作地点。 （2）工作有专人监护。 （3）工作地点挂“在此工作”标示牌，标示牌编号与工作票所列编号一致。 （4）将相邻非工作区域用红白布带围起来
90	机组励磁系统	励磁调节柜	电气量变送器校验	电测校验过程中电流互感器二次侧开路、电压互感器二次侧短路	一般	（1）工作中严格按二次安全措施票做好相关二次安全措施。 （2）在工作前核对需要校验的相关设备，防止误动其他设备，解开的端子应包裹好绝缘胶布
91	机组励磁系统	励磁调节柜	电气量变送器校验	触电伤人	一般	（1）工作时须有专人监护。 （2）工作中必须与带电设备保持安全距离，并了解周边设备运行情况。 （3）工作前确认工作位置，以防走错仓位。 （4）工作中所使用的电气工具器必须经检验合格，并有可靠接地。 （5）端子检查时应用绝缘螺丝刀。 （6）严禁用手直接触碰接线端子

续表

序号	类型	设备系统	检修项目	存在风险	风险等级	应对措施
92	机组励磁系统	励磁调节柜	电气量变送器校验	错接错解电测端子	一般	（1）严格执行二次工作安全措施票，在工作前核对需要校验的相关设备，防止误动其他设备，解开的端子应做好标示，端子接回后应检查无松动现象，所有端子的标号均与电测仪表上编号相对应。 （2）工作结束后认真核对回路恢复情况
93	主变压器系统	主变压器	温控器校验	测温探头插错位置，运行放电损坏变压器	一般	检查完毕，插回探头时注意分清高低压侧线圈
94	主变压器系统	主变压器	温控器校验	误动跳上级开关	一般	工作前将温控器跳闸改信号
95	主变压器系统	主变压器	温控器校验	接线错误，损坏温控器	一般	仔细核对图纸，防止误接线
96	主变压器系统	其他监测装置	绕组温度指示器校验	安全带、安全绳使用不当	一般	（1）作业人员应按照规范悬挂安全带、安全绳、防坠器。 （2）使用前作业人员应对安全带、绳悬挂处的坚固性、悬挂的可靠性进行检查，严禁悬挂在有锋利棱角、有锈蚀、有裂痕、松动的固定物上。 （3）安全带固定处应高于或平行作业点，严禁安全带、防坠器低挂高用
97	主变压器系统	其他监测装置	绕组温度指示器校验	空间狭小、作业措施不当，造成的机械挤压、磕碰伤害	一般	（1）合理安排作业内容和作业人员。 （2）作业人员应采取安全措施避免作业伤害

续表

序号	类型	设备系统	检修项目	存在风险	风险等级	应对措施
98	主变压器系统	其他监测装置	绕组温度指示器校验	计量设备未经过标定或标定不合格	一般	工作前作业人员应检查计量设备标定是否合格有效，对标定不合格的或标定超期的仪器应封存
99	厂用电设备	变压器	温控器校验	测温探头插错位置，运行放电损坏变压器	一般	检查完毕，插回探头时注意分清高低压侧线圈
100	厂用电设备	变压器	温控器校验	误动跳上级开关	一般	工作前将温控器跳闸改信号
101	厂用电设备	变压器	温控器校验	接线错误，损坏温控器	一般	仔细核对图纸，防止误接线
102	厂用电设备	高压开关柜	测量用电压互感器基本误差测试	误走仓位	一般	（1）工作前确认工作地点。 （2）工作有专人监护。 （3）工作地点挂“在此工作”标示牌，标示牌编号与工作票所列编号一致。 （4）将相邻非工作区域用红白布带围起来
103	厂用电设备	高压开关柜	测量用电压互感器基本误差测试	电测校验过程中电压互感器二次侧短路	一般	做好相关二次安全措施，在工作前核对需要校验的相关设备，防止误动其他设备，解开的端子应包裹好绝缘胶布

续表

序号	类型	设备系统	检修项目	存在风险	风险等级	应对措施
104	厂用电设备	高压开关柜	测量用电压互感器基本误差测试	触电伤人	一般	（1）工作时须有专人监护。 （2）工作中必须与带电设备保持安全距离，并了解周边设备运行情况。 （3）工作前确认工作位置，以防走错仓位。 （4）工作中所使用的电气工具器必须经检验合格，并有可靠接地。 （5）端子检查时应用绝缘螺丝刀。 （6）严禁用手直接触碰接线端子
105	厂用电设备	高压开关柜	测量用电压互感器基本误差测试	错接错解电测端子	一般	在工作前核对需要校验的相关设备，解开的端子应做好标示，端子接回后应检查接触良好无松动现象，所有端子的标号均与电测仪表上编号相对应
106	厂用电设备	高压开关柜	测量用电流互感器基本误差测试	误走仓位	一般	（1）工作前确认工作地点。 （2）工作有专人监护。 （3）工作地点挂“在此工作”标示牌，标示牌编号与工作票所列编号一致。 （4）将相邻非工作区域用红白布带围起来
107	厂用电设备	高压开关柜	测量用电流互感器基本误差测试	电测校验过程中电流互感器二次侧开路	一般	做好相关二次安全措施，在工作前核对需要校验的相关设备，防止误动其他设备，解开的端子应包裹好绝缘胶布

续表

序号	类型	设备系统	检修项目	存在风险	风险等级	应对措施
108	厂用电设备	高压开关柜	测量用电流互感器基本误差测试	触电伤人	一般	（1）工作时须有专人监护。 （2）工作中必须与带电设备保持安全距离，并了解周边设备运行情况。 （3）工作前确认工作位置，以防走错仓位。 （4）工作中所使用的电气工具器必须经检验合格，并有可靠接地。 （5）端子检查时应用绝缘螺丝刀。 （6）严禁用手直接触碰接线端子
109	厂用电设备	高压开关柜	测量用电流互感器基本误差测试	错接错解电测端子	一般	在工作前核对需要校验的相关设备，解开的端子应做好标示，端子接回后应检查接触良好无松动现象，所有端子的标号均与电测仪表上编号相对应
110	厂用电设备	高压开关柜	电测量表计校验	误走仓位	一般	（1）工作前确认工作地点。 （2）工作有专人监护。 （3）工作地点挂“在此工作”标示牌，标示牌编号与工作票所列编号一致。 （4）将相邻非工作区域用红白布带围起来
111	厂用电设备	高压开关柜	电测量表计校验	触电伤人	一般	（1）工作时须有专人监护。 （2）工作中必须与带电设备保持安全距离，并了解周边设备运行情况。 （3）工作前确认工作位置，以防走错仓位。 （4）工作中所使用的电气工具器必须经检验合格，并有可靠接地 （5）端子检查时应用绝缘螺丝刀。 （6）严禁用手直接触碰接线端子

续表

序号	类型	设备系统	检修项目	存在风险	风险等级	应对措施
112	厂用电设备	高压开关柜	电测量表计校验	错接错解电测端子	一般	（1）严格执行二次工作安全措施票，在工作前核对需要校验的相关设备，防止误动其他设备，解开的端子应做好标示，端子接回后应检查无松动现象，所有端子的标号均与电测仪表上编号相对应。 （2）工作结束后认真核对回路恢复情况
113	厂用电设备	高压开关柜	电测量表计校验	量程选择不当，损坏设备	一般	（1）严格按照操作规程操作，操作前认真检查，并核对校验设备与被试设备的量程及极性，操作要缓慢。 （2）直流设备防止极性接反
114	厂用电设备	高压开关柜	电能表检测	误走仓位	一般	（1）工作前确认工作地点。 （2）工作有专人监护。 （3）工作地点挂“在此工作”标示牌，标示牌编号与工作票所列编号一致。 （4）将相邻非工作区域用红白布带围起来
115	厂用电设备	高压开关柜	电能表检测	电测校验过程中电流互感器二次侧开路、电压互感器二次侧短路	一般	（1）工作中严格按二次安全措施票做好相关二次安全措施。 （2）在工作前核对需要校验的相关设备，防止误动其他设备，解开的端子应包裹好绝缘胶布

续表

序号	类型	设备系统	检修项目	存在风险	风险等级	应对措施
116	厂用电设备	高压开关柜	电能表检测	触电伤人	一般	(1) 工作时须有专人监护。 (2) 工作中必须与带电设备保持安全距离，并了解周边设备运行情况。 (3) 工作前确认工作位置，以防走错仓位。 (4) 工作中所使用的电气工具器必须经检验合格，并有可靠接地。 (5) 端子检查时应用绝缘螺丝刀。 (6) 严禁用手直接触碰接线端子
117	厂用电设备	高压开关柜	电能表检测	错接错解电测端子	一般	(1) 严格执行二次工作安全措施票，在工作前核对需要校验的相关设备，防止误动其他设备，解开的端子应做好标示，端子接回后应检查无松动现象，所有端子的标号均与电测仪表上编号相对应。 (2) 工作结束后认真核对回路恢复情况
118	厂用电设备	高压开关柜	电气量变送器校验	误走仓位	一般	(1) 工作前确认工作地点。 (2) 工作有专人监护。 (3) 工作地点挂“在此工作”标示牌，标示牌编号与工作票所列编号一致。 (4) 将相邻非工作区域用红白布带围起来
119	厂用电设备	高压开关柜	电气量变送器校验	电测校验过程中电流互感器二次侧开路、电压互感器二次侧短路	一般	(1) 工作中严格按二次安全措施票做好相关二次安全措施。 (2) 在工作前核对需要校验的相关设备，防止误动其他设备，解开的端子应包裹好绝缘胶布

续表

序号	类型	设备系统	检修项目	存在风险	风险等级	应对措施
120	厂用电设备	高压开关柜	电气量变送器校验	触电伤人	一般	（1）工作时须有专人监护。 （2）工作中必须与带电设备保持安全距离，并了解周边设备运行情况。 （3）工作前确认工作位置，以防走错仓位。 （4）工作中所使用的电气工具器必须经检验合格，并有可靠接地。 （5）端子检查时应用绝缘螺丝刀。 （6）严禁用手直接触碰接线端子
121	厂用电设备	高压开关柜	电气量变送器校验	错接错解电测端子	一般	（1）严格执行二次工作安全措施票，在工作前核对需要校验的相关设备，防止误动其他设备，解开的端子应做好标示，端子接回后应检查无松动现象，所有端子的标号均与电测仪表上编号相对应。 （2）工作结束后认真核对回路恢复情况
122	SFC及启动母线系统	输入输出单元	温控器校验	测温探头插错位置，运行放电损坏变压器	一般	检查完毕，插回探头时注意分清高低压侧线圈
123	SFC及启动母线系统	输入输出单元	温控器校验	误动跳上级开关	一般	工作前将温控器跳闸改信号
124	SFC及启动母线系统	输入输出单元	温控器校验	接线错误，损坏温控器	一般	仔细核对图纸，防止误接线

续表

序号	类型	设备系统	检修项目	存在风险	风险等级	应对措施
125	水泵水轮机及其辅助设备	水导轴承	水导测温元件检验	滑跌伤人	一般	水导测温元件检验时要穿专用防滑鞋
126	水泵水轮机及其辅助设备	水导轴承	水导测温元件检验	恢复检查不到位造成端子松动或接线错误	一般	(1) 严格按接线图及线缆标识恢复接线。 (2) 恢复接线后履行复检程序，重点进行信号核对和端子紧固检查
127	水泵水轮机及其辅助设备	主轴密封	主轴密封测温元件校验	元件损坏、拆接线错误	一般	(1) 作业前检查安全隔离的正确性，对运行设备的检测和试验工作，必须有试验方案和安全措施，并有专人监护。 (2) 拆接线时做好标记
128	机组进水阀系统	进水阀控制柜	压油装置热工仪表及自动化元件校验	表计测量压力管路内残压伤人	一般	拆表前确认表计阀门已关严，表计压力指示为0，人的正面避开表计测压口
129	机组调速系统	测速系统	测速装置及过速开关校验	拆接线错误	一般	拆接线时做好标记
130	机组调速系统	测速系统	测速装置及过速开关校验	人身触电	一般	尽可能避免金属裸露工具与低压电源的接触，防止低压触电

续表

序号	类型	设备系统	检修项目	存在风险	风险等级	应对措施
131	机组调速系统	测速系统	测速装置及过速开关校验	元件损坏	一般	（1）按照检修规程使用试验工具。 （2）注意对元件进行保护
132	机组调速系统	控制系统	电测表计校验和更换	校验元件错误导致元件损坏	一般	（1）操作前对设备状态的确认和检查。 （2）校验前需核实设备额定值及参数，确保图纸和实际标识和编号的一致性
133	机组调速系统	控制系统	电测表计校验和更换	拆接线错误	一般	（1）拆接线时做好标记。 （2）拆接线完成后，由专人进行检查核对
134	水泵水轮机及其辅助设备	止漏环	上下迷宫环测温元件校验	高处坠落	一般	拆装元件时防止高处坠落
135	发电电动机电压设备	出口断路器	热工表计校验	工作电源短路或接地导致元件、表计故障	一般	工作电源和信号电缆应逐个拆除，电缆头应用绝缘胶带包裹，防止线芯外露
136	发电电动机电压设备	母线	发电机封闭母线测温元件校验	更换时接线错误，安装不牢固	一般	（1）拆除接线进行标记，回装时一一确认，使用合格工器具，对紧固后的螺丝进行逐个检查，确保安装牢固。 （2）拆接线工作使用二次安全措施票
137	发电电动机电压设备	母线	发电机封闭母线测温元件校验	回装时损伤测温电阻	一般	（1）使用合格工器具，防止损伤测温电阻。 （2）工作人员由有经验的人员担任

续表

序号	类型	设备系统	检修项目	存在风险	风险等级	应对措施
138	发电电动机电压设备	电压互感器	测量用电压互感器基本误差测试	误走仓位	一般	（1）工作前确认工作地点。 （2）工作有专人监护。 （3）工作地点挂“在此工作”标示牌，标示牌编号与工作票所列编号一致。 （4）将相邻非工作区域用红白布带围起来
139	发电电动机电压设备	电压互感器	测量用电压互感器基本误差测试	电测校验过程中电压互感器二次侧短路	一般	做好相关二次安全措施，在工作前核对需要校验的相关设备，防止误动其他设备，解开的端子应包裹好绝缘胶布
140	发电电动机电压设备	电压互感器	测量用电压互感器基本误差测试	触电伤人	一般	（1）工作时须有专人监护。 （2）工作中必须与带电设备保持安全距离，并了解周边设备运行情况。 （3）工作前确认工作位置，以防走错仓位。 （4）工作中所使用的电气工具器必须经检验合格，并有可靠接地。 （5）端子检查时应用绝缘螺丝刀。 （6）严禁用手直接触碰接线端子
141	发电电动机电压设备	电压互感器	测量用电压互感器基本误差测试	错接错解电测端子	一般	在工作前核对需要校验的相关设备，解开的端子应做好标示，端子接回后应检查接触良好无松动现象，所有端子的标号均与电测仪表上编号相对应

续表

序号	类型	设备系统	检修项目	存在风险	风险等级	应对措施
142	发电电动机电压设备	电压互感器	测量用电压互感器二次压降校核	误走仓位	一般	（1）工作前确认工作地点。 （2）工作有专人监护。 （3）工作地点挂“在此工作”标示牌，标示牌编号与工作票所列编号一致。 （4）将相邻非工作区域用红白布带围起来
143	发电电动机电压设备	电压互感器	测量用电压互感器二次压降校核	电测校验过程中电压互感器二次侧短路	一般	做好相关二次安全措施，接入测量设备前对试验设备进行短路检测，接入设备时严防电压互感器二次短路
144	发电电动机电压设备	电压互感器	测量用电压互感器二次压降校核	触电伤人	一般	（1）工作时须有专人监护。 （2）工作中必须与带电设备保持安全距离，并了解周边设备运行情况。 （3）工作前试验仪器先接地。工作前确认工作位置，以防走错仓位。 （4）工作中所使用的电气工具器必须经检验合格，并有可靠接地。 （5）端子检查时应用绝缘螺丝刀。 （6）严禁用手直接触碰接线端子
145	发电电动机电压设备	电压互感器	测量用电压互感器二次压降校核	错接电测端子	一般	在工作前核对需要校验的相关设备，接线前根据图纸核对端子排，防止接错端子排

续表

序号	类型	设备系统	检修项目	存在风险	风险等级	应对措施
146	发电电动机电压设备	电流互感器	测量用电流互感器基本误差测试	误走仓位	一般	（1）工作前确认工作地点。 （2）工作有专人监护。 （3）工作地点挂“在此工作”标示牌，标示牌编号与工作票所列编号一致。 （4）将相邻非工作区域用红白布带围起来
147	发电电动机电压设备	电流互感器	测量用电流互感器基本误差测试	电测校验过程中电流互感器二次侧开路	一般	做好相关二次安全措施，在工作前核对需要校验的相关设备，防止误动其他设备，解开的端子应包裹好绝缘胶布
148	发电电动机电压设备	电流互感器	测量用电流互感器基本误差测试	触电伤人	一般	（1）工作时须有专人监护。 （2）工作中必须与带电设备保持安全距离，并了解周边设备运行情况。 （3）工作前确认工作位置，以防走错仓位。 （4）工作中所使用的电气工具器必须经检验合格，并有可靠接地。 （5）端子检查时应用绝缘螺丝刀。 （6）严禁用手直接触碰接线端子
149	发电电动机电压设备	电流互感器	测量用电流互感器基本误差测试	错接错解电测端子	一般	在工作前核对需要校验的相关设备，解开的端子应做好标示，端子接回后应检查接触良好无松动现象，所有端子的标号均与电测仪表上编号相对应
150	发电电动机及其辅助设备	推力轴承	发电机推力轴承测温元件校验	损坏测温元件	一般	（1）掌握拆卸、回装测温元件方式，禁止使用蛮力。 （2）对已拆卸的测温元件做好防护措施

续表

序号	类型	设备系统	检修项目	存在风险	风险等级	应对措施
151	发电电动机及其辅助设备	推力轴承	发电机推力轴承测温元件校验	恢复时接线错误或安装不到位	一般	（1）拆除接线端子时做好标记。 （2）测温元件应按规定的插入深度插入并固定好
152	发电电动机及其辅助设备	推力轴承	发电机推力轴承测温元件校验	物品遗留	一般	进出下机架随身物品应登记，无关物品应取出放在指定地点处，防止工器具遗留
153	发电电动机及其辅助设备	空气冷却系统	发电机空气冷却器测温元件校验	测温元件校验完成，恢复时接线错误	一般	拆除接线端子时做好标记
154	发电电动机及其辅助设备	空气冷却系统	发电机空气冷却器测温元件校验	设备编号没有核对记录清楚，导致遗漏或者重复校验或校验完后设备没有恢复至初始状态	一般	（1）按照顺序逐个校验，并每次都做记录。 （2）记录校验前设备的装备
155	机组状态监测系统	机组振摆监测单元	（水泵）水轮机振动传感器检验	误走仓位	一般	（1）工作前确认工作地点。 （2）工作有专人监护。 （3）工作地点挂“在此工作”标示牌，标示牌编号与工作票所列编号一致。 （4）将相邻非工作区域用红白布带围起来

续表

序号	类型	设备系统	检修项目	存在风险	风险等级	应对措施
156	机组状态监测系统	机组振摆监测单元	（水泵）水轮机振动传感器检验	空间狭小、作业措施不当，造成机械挤压、磕碰伤害	一般	（1）合理安排作业内容和作业人员。 （2）作业人员应采取安全措施避免作业伤害
157	机组状态监测系统	机组振摆监测单元	（水泵）水轮机振动传感器检验	量程选择不当，损坏设备	一般	（1）严格按照操作规程操作，操作前认真检查，并核对校验设备与被试设备的量程及极性，操作要缓慢。 （2）直流设备防止极性接反
158	机组状态监测系统	机组振摆监测单元	（水泵）水轮机摆度传感器检验	误走仓位	一般	（1）工作前确认工作地点。 （2）工作有专人监护。 （3）工作地点挂“在此工作”标示牌，标示牌编号与工作票所列编号一致。 （4）将相邻非工作区域用红白布带围起来
159	机组状态监测系统	机组振摆监测单元	（水泵）水轮机摆度传感器检验	空间狭小、作业措施不当，造成机械挤压、磕碰伤害	一般	（1）合理安排作业内容和作业人员。 （2）作业人员应采取安全措施避免作业伤害
160	机组状态监测系统	机组振摆监测单元	（水泵）水轮机摆度传感器检验	量程选择不当，损坏设备	一般	（1）严格按照操作规程操作，操作前认真检查，并核对校验设备与被试设备的量程及极性，操作要缓慢。 （2）直流设备防止极性接反

续表

序号	类型	设备系统	检修项目	存在风险	风险等级	应对措施
161	高压输电设备	开关站设备	自动化元件	误走仓位	一般	（1）工作前确认工作地点。 （2）工作有专人监护。 （3）工作地点挂“在此工作”标示牌，标示牌编号与工作票所列编号一致。 （4）将相邻非工作区域用红白布带围起来
162	高压输电设备	开关站设备	自动化元件	触电伤人	一般	（1）工作时须有专人监护。 （2）工作中必须与带电设备保持安全距离，并了解周边设备运行情况。 （3）工作前确认工作位置，以防走错仓位。 （4）工作中所使用的电气工具器必须经检验合格，并有可靠接地。 （5）端子检查时应用绝缘螺丝刀。 （6）严禁用手直接触碰接线端子
163	高压输电设备	开关站设备	自动化元件	错接错解电测端子	一般	（1）严格执行二次工作安全措施票，在工作前核对需要校验的相关设备，防止误动其他设备，解开的端子应做好标示，端子接回后应检查无松动现象，所有端子的标号均与电测仪表上编号相对应。 （2）工作结束后认真核对回路恢复情况
164	高压输电设备	开关站设备	自动化元件	量程选择不当，损坏设备	一般	（1）严格按照操作规程操作，操作前认真检查，并核对校验设备与被试设备的量程及极性，操作要缓慢。 （2）直流设备防止极性接反

第七章　水电站典型重大安全风险作业参考表

为落实《中华人民共和国突发事件应对法》和《国家电网公司直属产业安全风险预警管控工作规范》中关于现场安全风险辨识、预警、管控的要求，特编制《水电站典型重大安全风险作业参考表》，以期起到对现场重大安全风险防控的指导和借鉴作用。

现场的重大安全风险作业包括但不限于《水电站典型重大安全风险作业参考表》中所列内容，本参考表中的重大安全风险作业主要包括基建、运行、修试等过程中存在的易发、频发并且危害后果严重的典型性作业项目。例如：引水道充排水等操作类作业；发电机定子、转子、500kV 变压器钟罩起吊等大件吊装作业；特殊环境特殊类型的脚手架搭拆作业；发电机过速保护试验、甩负荷试验等危险程度高的试验类作业项目以及高边坡塌方处理等恶劣自然环境下的作业项目。针对表中具体的作业项目分析了其中存在的安全风险，并从组织措施和技术措施入手编制了详细的风险预控措施。

水电站典型重大安全风险作业参考表

序号	工作内容	存在风险	风险等级	应对措施
1	转子吊出	（1）螺栓、销钉未被全部拆除。	重大	（1）制定转子吊出方案，该方案应包括吊前、吊运过程中、吊运到位后的工作流程、指挥流程、吊运注意事项、人员职责及安排、应急处置措施等。

续表

序号	工作内容	存在风险	风险等级	应对措施
1	转子吊出	（2）平衡梁水平度不够或调整不到位导致定转子相碰。 （3）起吊过程中转子滑车造成人员伤害、设备损坏。 （4）吊运行进过程中转子晃动。 （5）转子倾斜	重大	（2）吊出前对所有参与吊运的人员进行宣贯，使之明确吊运步骤、指挥流程、危险点、应急处置措施。 （3）起吊前检查天车的制动系统工作正常，并在天车上安排专人全程监视，发现有滑车的先兆要实施人为制动。 （4）起吊前检查平衡梁水平度，水平度满足要求后才能进行转子试吊；防止转子吊出过程中定转子相碰。 （5）转子吊出前应逐一检查核对所有与转子相连接部件的螺栓、销钉已拆除，无影响吊出的部件。 （6）转子吊出时安排适量人员用木质间隙板在空气间隙内抽动间隙板，如遇卡住立即报告并停止起吊。 （7）吊起的转子按指定路线匀速行进，行进路线上确保无障碍物，检查确认转子最低处高于其行进路线上最高物顶端。 （8）装、拆吊具时应系安全带，防止高处坠落；起吊转子时下方严禁人员站立和行走。 （9）确保转子支墩与转子接触面水平及高程满足要求；必要时支墩之间用角钢连接。 （10）严格执行管理人员到岗到位制度，管理人员到岗到位后应就现场存在的风险和预控措施逐项检查、落实，履行好自身应承担的职责
2	转子回装	（1）螺栓、销钉未被全部回装。 （2）平衡梁水平度不够或调整不到位导致定转子相碰。	重大	（1）制定转子回装吊运方案，该方案应包括吊前、吊运过程中、吊运到位后的工作流程、指挥流程、吊运注意事项、人员职责及安排、应急处置措施等。 （2）吊运前对所有参与吊运的人员进行宣贯，使之明确吊运步骤、指挥流程、危险点、应急处置措施。 （3）起吊前检查天车的制动系统工作正常，并在天车上安排专人全程监视，发现有滑车的先兆要实施人为制动。 （4）起吊前检查平衡梁水平度，水平度满足要求后才能进行转子试吊；防止转子回装过程中定转子相碰。

续表

序号	工作内容	存在风险	风险等级	应对措施
2	转子回装	（3）起吊过程中转子滑车造成人员伤害、设备损坏。 （4）吊运行进过程中转子晃动	重大	（5）吊起的转子按指定路线匀速行进，行进路线上确保无障碍物，检查确认转子最低处高于其行进路线上最高物顶端。 （6）转子进入定子内径时安排适量人员用木质间隙板在空气间隙内抽动间隙板，如遇卡住立即报告。 （7）起吊物体下方严禁人员站立和行走。 （8）转子回装后，逐一检查所有螺栓、销钉，确保无遗漏。 （9）严格执行管理人员到岗到位制度，管理人员到岗到位后应就现场存在的风险和预控措施逐项检查、落实，履行好自身应承担的职责
3	定子吊出	（1）螺栓、销钉未被全部拆除。 （2）起吊过程中定子滑车造成人员伤害、设备损坏。 （3）吊运行进过程中定子晃动。 （4）定子倾斜	重大	（1）制定定子吊出方案，该方案应包括吊前、吊中、吊运到位后的工作流程、指挥流程、吊运注意事项、人员职责及安排、应急处置措施等。 （2）吊出前对所有参与吊运的人员进行宣贯，使之明确吊运步骤、指挥流程、危险点、应急处置措施。 （3）起吊前检查天车的制动系统工作正常，并在天车上安排专人全程监视，发现有滑车的先兆要实施人为制动。 （4）起吊前检查平衡梁水平度，水平度满足要求后才能进行定子试吊；防止定子吊出过程中定转子相碰。 （5）定子吊出前应逐一检查核对所有与转子相连接部件的螺栓、销钉已拆除，无影响吊出的部件。 （6）吊起的定子按指定路线匀速行进，行进路线上确保无障碍物，检查确认定子最低处高于其行进路线上最高物顶端。 （7）装、拆吊具时应系安全带，防止高处坠落；起吊定子时下方严禁人员站立和行走。 （8）确保定子支墩与定子接触面水平及高程满足要求；必要时支墩之间用角钢连接。 （9）严格执行管理人员到岗到位制度，管理人员到岗到位后应就现场存在的风险和预控措施逐项检查、落实，履行好自身应承担的职责

续表

序号	工作内容	存在风险	风险等级	应对措施
4	定子回装	（1）起吊过程中定子滑车造成人员伤害、设备损坏。 （2）吊运行进过程中定子晃动	重大	（1）制定定子回装吊运方案，该方案应包括吊前、吊运过程中、吊运到位后的工作流程、指挥流程、吊运注意事项、人员职责及安排、应急处置措施等。 （2）吊运前对所有参与吊运的人员进行宣贯，使之明确吊运步骤、指挥流程、危险点、应急处置措施。 （3）起吊前检查天车的制动系统工作正常，并在天车上安排专人全程监视，发现有滑车的先兆要实施人为制动。 （4）起吊前检查平衡梁水平度，水平度满足要求后才能进行定子试吊；防止定子回装过程中定转子相碰。 （5）吊起的定子按指定路线匀速行进，行进路线上确保无障碍物，检查确认定子最低处高于其行进路线上最高物顶端。 （6）起吊物体下方严禁人员站立和行走。 （7）严格执行管理人员到岗到位制度，管理人员到岗到位后应就现场存在的风险和预控措施逐项检查、落实，履行好自身应承担的职责
5	顶盖吊出	（1）水轮机顶盖吊出时可能发生高处坠落，导致人员伤害和设备损坏。 （2）水轮机顶盖吊出与其他物体发生磕碰损伤	重大	（1）水轮机顶盖吊出前对所有参与工作的人员进行宣贯，使之明确水轮机顶盖吊出步骤、危险点、应急处置措施。 （2）严禁人员站立在起吊物下方、无关人员不得进入工作区域。 （3）水轮机顶盖吊出时因空间限制需中途翻身时应制定专门吊出方案；防止水轮机顶盖翻身过程中高空坠落或与周围物体的剧烈碰撞。 （4）水轮机顶盖吊出应统一指挥；桥机司机无法直接接受指挥人员信号时，可设中间传递信号人员。 （5）水轮机顶盖吊出过程中应由指挥人员统一控制起升速度和起升高度。 （6）水轮机顶盖吊出起吊时，应首先进行试起吊，确认桥机无异常。 （7）桥机上设专人监护，并有防滑车的应急措施。 （8）严格执行管理人员到岗到位制度，管理人员到岗到位后应就现场存在的风险和预控措施逐项检查、落实，履行好自身应承担的职责

续表

序号	工作内容	存在风险	风险等级	应对措施
6	顶盖回装	（1）水轮机顶盖吊入时可能发生高处坠落，导致人员伤害和设备损坏。 （2）水轮机顶盖吊入时与其他物体发生磕碰损伤	重大	（1）水轮机顶盖吊入前对所有参与工作的人员进行宣贯，使之明确水轮机顶盖吊入步骤、危险点、应急处置措施。 （2）严禁人员站立在起吊物下方，无关人员不得进入工作区域。 （3）水轮机顶盖吊入时因空间限制需中途翻身时应制定专门吊入方案；防止水轮机顶盖翻身过程中高处坠落或与周围物体剧烈碰撞。 （4）水轮机顶盖吊入应统一指挥；桥机司机无法直接接受指挥人员信号时，可设中间传递信号人员。 （5）水轮机顶盖吊入过程中应由指挥人员统一控制下降速度和下降高度。 （6）水轮机顶盖吊入起吊时，应首先进行试起吊，确认桥机无异常。 （7）桥机上设专人监护，并有防滑车的应急措施。 （8）严格执行管理人员到岗到位制度，管理人员到岗到位后应就现场存在的风险和预控措施逐项检查、落实，履行好自身应承担的职责
7	转轮吊出	（1）转轮吊出时可能发生高处坠落，导致人员伤害和设备损坏。 （2）转轮吊出时由于转轮与迷宫环或其他物体发生磕碰导致转轮损伤	重大	（1）转轮吊出前对所有参与工作的人员进行宣贯，使之明确转轮吊出步骤、危险点、应急处置措施。 （2）严禁人员站立在转轮下方，无关人员不得进入工作区域。 （3）做好对转轮组合面的保护，防止对转轮组合面的挤压和磕碰。 （4）转轮吊出应统一指挥；桥机司机无法直接接受指挥人员信号时，可设中间传递信号人员。 （5）转轮吊出过程中应由指挥人员统一控制起升速度和起升高度。 （6）转轮起吊时，应首先进行试行起吊，确认桥机无异常。 （7）桥机上设专人监护，并有防滑车的应急措施。 （8）严格执行管理人员到岗到位制度，管理人员到岗到位后应就现场存在的风险和预控措施逐项检查、落实，履行好自身应承担的职责

续表

序号	工作内容	存在风险	风险等级	应对措施
8	转轮回装	（1）转轮回装时可能发生高处坠落，导致人员伤害和设备损坏。 （2）转轮回装时由于转轮与迷宫环或其他物体发生磕碰导致转轮损伤	重大	（1）转轮回装前对所有参与工作的人员进行宣贯，使之明确转轮回装步骤、危险点、应急处置措施。 （2）严禁人员站立在转轮下方，无关人员不得进入工作区域。 （3）做好对转轮组合面的保护，防止对转轮组合面的挤压和磕碰。 （4）转轮回装应统一指挥；桥机司机无法直接接受指挥人员信号时，可设中间传递信号人员。 （5）转轮回装过程中应由指挥人员统一控制起升速度和起升高度。 （6）转轮起吊时，应首先进行试行起吊，确认桥机无异常。 （7）桥机上设专人监护，并有防滑车的应急措施。 （8）严格执行管理人员到岗到位制度，管理人员到岗到位后应就现场存在的风险和预控措施逐项检查、落实，履行好自身应承担的职责
9	水轮机轴与发电机轴的拆卸	大轴拆卸时存在主轴倾倒、坠落导致人员伤害和设备损坏的风险	重大	（1）拆卸前对所有参与工作的人员进行宣贯，使之明确拆卸步骤、危险点、应急处置措施。 （2）转轮下方应用楔子板塞实并点焊。 （3）严禁人员站立在工作面下方，无关人员不得进入工作区域。 （4）做好对法兰组合面的保护，防止对法兰组合面的挤压和磕碰。 （5）主轴拆卸应统一指挥。 （6）每个螺母受力应均匀，避免倾斜，液压千斤顶泄压应缓慢，不得骤然泄压，且每个液压千斤顶速度一致。 （7）严格执行管理人员到岗到位制度，管理人员到岗到位后应就现场存在的风险和预控措施逐项检查、落实，履行好自身应承担的职责

续表

序号	工作内容	存在风险	风险等级	应对措施
10	水轮机轴与发电机轴的连接	大轴连接时存在主轴倾倒、坠落导致人员伤害和设备损坏的风险	重大	（1）连接前对所有参与工作的人员进行宣贯，使之明确连接步骤、危险点、应急处置措施。 （2）严禁人员站立在工作面下方，无关人员不得进入工作区域。 （3）做好对法兰组合面的保护，防止对法兰组合面的挤压和磕碰。 （4）主轴连接应统一指挥。 （5）每个螺母受力应均匀，避免倾斜、液压千斤顶泄压应缓慢，不得骤然泄压，且每个液压千斤顶速度一致。 （6）严格执行管理人员到岗到位制度，管理人员到岗到位后应就现场存在的风险和预控措施逐项检查、落实，履行好自身应承担的职责
11	转轮与大轴连接螺栓的拆卸	拆卸转轮与大轴连接螺栓时可能发生机械伤人、设备吊装事故	重大	（1）转轮与大轴连接螺栓的拆卸前对所有参与工作的人员进行宣贯，使之明确转轮与大轴连接螺栓的拆卸步骤、危险点、应急处置措施。 （2）严禁无关人员进入工作区域。 （3）拆卸螺栓前用桥机可靠悬吊大轴，并用钢丝绳辅助调节好位置。 （4）螺栓拆卸所用起吊工器具在吊物前检查完好，螺栓吊运时，下方严禁人员停留、通行。 （5）拆卸热装螺栓时应做好隔热防护，避免被加热部件烫伤。 （6）严格执行管理人员到岗到位制度，管理人员到岗到位后应就现场存在的风险和预控措施逐项检查、落实，履行好自身应承担的职责

续表

序号	工作内容	存在风险	风险等级	应对措施
12	转轮与大轴连接螺栓的回装	回装转轮与大轴连接螺栓时可能发生机械伤人、设备吊装事故	重大	（1）转轮与大轴连接螺栓的回装前对所有参与工作的人员进行宣贯，使之明确转轮与大轴连接螺栓的回装步骤、危险点、应急处置措施。 （2）严禁无关人员进入工作区域。 （3）回装螺栓前用桥机可靠悬吊大轴，并用钢丝绳辅助调节好位置。 （4）螺栓回装所用起吊工器具在吊物前检查完好，螺栓吊运时，下方严禁人员停留、通行。 （5）回装热装螺栓时应做好隔热防护，避免被加热部件烫伤。 （6）严格执行管理人员到岗到位制度，管理人员到岗到位后应就现场存在的风险和预控措施逐项检查、落实，履行好自身应承担的职责
13	进水阀吊出	（1）进水阀吊出时可能发生高处坠落，导致人员伤害和设备损坏。 （2）进水阀吊出时进水阀本体或密封面与其他物体发生磕碰	重大	（1）进水阀吊出前对所有参与工作的人员进行宣贯，使之明确进水阀吊出步骤、危险点、应急处置措施。 （2）严禁人员站立在进水阀下方，无关人员不得进入工作区域。 （3）做好对进水阀密封面进行保护，防止对进水阀密封面的挤压和磕碰。 （4）进水阀吊出应统一指挥；桥机司机无法直接接受指挥人员信号时，可设中间传递信号人员。 （5）进水阀吊出过程中应由指挥人员统一控制起升速度和起升高度。 （6）进水阀起吊时，应首先进行试行起吊，确认桥机无异常。 （7）桥机上设专人监护，并有防滑车的应急措施。 （8）打开的吊物孔应设置安全围栏并设置适量的警告标识。 （9）严格执行管理人员到岗到位制度，管理人员到岗到位后应就现场存在的风险和预控措施逐项检查、落实，履行好自身应承担的职责

续表

序号	工作内容	存在风险	风险等级	应对措施
14	进水阀回装	（1）进水阀回装时可能发生高处坠落，导致人员伤害和设备损坏。 （2）进水阀回装时进水阀本体或密封面与其他物体发生磕碰	重大	（1）进水阀回装前对所有参与工作的人员进行宣贯，使之明确进水阀回装步骤、危险点、应急处置措施。 （2）严禁人员站立在进水阀下方，无关人员不得进入工作区域。 （3）做好对进水阀密封面进行保护，防止对进水阀密封面的挤压和磕碰。 （4）进水阀吊出应统一指挥；桥机司机无法直接接受指挥人员信号时，可设中间传递信号人员。 （5）进水阀吊出过程中应由指挥人员统一控制下降速度和下降高度。 （6）进水阀回装时，应首先进行试行起吊，确认桥机无异常。 （7）桥机上设专人监护，并有防滑车的应急措施。 （8）打开的吊物孔应设置安全围栏并设置适量的警告标识。 （9）严格执行管理人员到岗到位制度，管理人员到岗到位后应就现场存在的风险和预控措施逐项检查、落实，履行好自身应承担的职责
15	500kV主变压器钟罩或器身起吊	（1）起吊时产生变压器外壳与器身内设备碰撞导致器身内设备损坏。 （2）起吊过程中造成人身伤害	重大	（1）制定500kV主变压器钟罩或器身起吊方案，该方案应包括吊前、吊运过程中、吊运到位后的工作流程、指挥流程、吊运注意事项、人员职责及安排、应急处置措施等。 （2）500kV主变压器钟罩或器身起吊前对所有参与人员进行宣贯，使之明确吊运步骤、指挥流程、危险点、应急处置措施等。 （3）起吊钟罩或器身时，应分工明确，专人指挥，并有统一起吊信号。 （4）起吊前确保钢丝绳可靠，钢丝绳遇到棱角处时应加垫衬垫。 （5）起吊与空间限制需要停留空间时，应采取支撑等防止突然坠落的技术措施。 （6）做好防护措施，防止起吊过程中碰到变压器电气部件。 （7）起吊过程中禁止无关人员进入起吊区域，起吊物体下方严禁人员站立或行走。 （8）吊具装拆人员应系好安全带，防止人员高处坠落。 （9）严格执行管理人员到岗到位制度，管理人员到岗到位后应就现场存在的风险和预控措施逐项检查、落实，履行好自身应承担的职责

续表

序号	工作内容	存在风险	风险等级	应对措施
16	高度24m及以上的脚手架搭建	(1) 脚手架垮塌造成人身伤亡。 (2) 脚手架搭建过程中人员高处坠落或高处落物伤人	重大	(1) 制定脚手架搭建专项方案，该方案应包括搭建步骤、搭建工艺标准、验收流程及标准，搭建人员资质要求、搭建期间注意事项等，且必须满足建筑工程脚手架搭设规范要求。 (2) 对所有参与脚手架搭建的人员进行方案宣贯，使之明确搭建步骤、工作标准、工作中危险点、预控措施等。 (3) 脚手架搭建人员应具备相应资质，持证上岗。 (4) 搭建过程中，不得拆除脚手架的斜（横）支撑，不得改变脚手架的结构，防止脚手架倾覆。 (5) 脚手架禁止超设计载荷使用，搭设过程中应及时清理各类用具等，避免物品大量堆积超过脚手架承载能力。 (6) 每日开工前由工作负责人进行安全风险点和预控措施告知，并履行签字录音手续。 (7) 在脚手架搭建区域设置齐备的临时安全围栏和警示标识，安排专人负责监护，禁止无关人员进入。 (8) 脚手架搭建过程设置专责安全人员监护，发现违章行为及时纠正。 (9) 脚手架搭建验收人员应具有脚手架搭建资质并具有实际搭建经验；现场施工人员应配置并正确使用安全带等个人防护用具，工具、材料应放好并绑扎牢固，严禁上下抛物，防止发生高处坠落及高处落物伤人。 (10) 严格执行管理人员到岗到位制度，管理人员到岗到位后应就现场存在的风险和预控措施逐项检查、落实，履行好自身应承担的职责。 (11) 脚手架必须经验收合格后方可投入使用
17	高度24m及以上的脚手架拆除	(1) 脚手架垮塌造成人身伤亡。	重大	(1) 制定脚手架拆除专项方案，该方案应包括拆除步骤、验收及过程监督要求，拆除人员资质要求、拆除期间注意事项等。 (2) 对所有参与脚手架拆除的人员进行方案宣贯，使之明确拆除步骤、工作中危险点、预控措施等。

续表

序号	工作内容	存在风险	风险等级	应对措施
17	高度24m及以上的脚手架拆除	（2）脚手架拆除过程中人员高处坠落或高处落物伤人	重大	（3）每日开工前由工作负责人进行安全风险点和预控措施告知，并履行签字录音手续。 （4）在脚手架拆除区域设置临时安全围栏和警示标识，禁止无关人员进入。 （5）脚手架拆除过程设置专责安全人员监护；发现违章行为及时纠正。 （6）脚手架拆除验收人员应具有脚手架搭建资质并具有实际工作经验。 （7）现场施工人员应配置并正确使用个人防护用具，工具、材料应放好并绑扎牢固，防止发生高处坠落及高处落物伤人。 （8）脚手架拆除人员应具备相应资质，持证上岗。 （9）严格执行管理人员到岗到位制度，管理人员到岗到位后应就现场存在的风险和预控措施逐项检查、落实，履行好自身应承担的职责
18	特殊环境、有限空间的脚手架搭建	（1）脚手架垮塌造成人身伤亡。 （2）脚手架搭建过程中人员高处坠落或高处落物伤人	重大	（1）制定特殊环境、有限空间的脚手架搭建专项方案，该方案应包括搭建步骤、搭建工艺标准、验收流程及标准，搭建人员资质要求、搭建期间注意事项等；该方案应满足特殊环境、有限空间的脚手架搭建要求。 （2）对所有参与脚手架搭建的人员进行方案宣贯，使之明确搭建步骤、工作标准、工作中危险点、预控措施等。 （3）每日开工前由工作负责人进行安全风险点和预控措施告知，并履行签字录音手续。 （4）在脚手架搭建区域设置临时安全围栏和警示标识，禁止无关人员进入。 （5）脚手架搭建过程设置专责安全人员监护，发现违章行为及时纠正。 （6）脚手架搭建验收人员应具有脚手架搭建资质并具有实际搭建经验。 （7）现场施工人员应配置并正确使用个人防护用具，工具、材料应放好并绑扎牢固，防止发生高处坠落及高处落物伤人。 （8）脚手架搭建人员应具备相应资质，持证上岗。 （9）严格执行管理人员到岗到位制度，管理人员到岗到位后应就现场存在的风险和预控措施逐项检查、落实，履行好自身应承担的职责

续表

序号	工作内容	存在风险	风险等级	应对措施
19	特殊环境、有限空间的脚手架拆除	(1) 脚手架垮塌造成人身伤亡。 (2) 脚手架拆除过程中人员高处坠落或高处落物伤人	重大	(1) 制定特殊环境、有限空间的脚手架拆除专项方案，该方案应包括拆除步骤、拆除工艺标准、验收流程及标准，拆除人员资质要求、拆除期间注意事项等；该方案应满足特殊环境、有限空间的脚手架拆除要求。 (2) 对所有参与脚手架拆除的人员进行方案宣贯，使之明确拆除步骤、工作标准、工作中危险点、预控措施等。 (3) 每日开工前由工作负责人进行安全风险点和预控措施告知，并履行签字录音手续。 (4) 在脚手架拆除区域设置临时安全围栏和警示标识，禁止无关人员进入。 (5) 脚手架拆除过程设置专责安全人员监护，发现违章行为及时纠正。 (6) 脚手架拆除验收人员应具有脚手架搭建资质并具有实际拆除经验。 (7) 现场施工人员应配置并正确使用个人防护用具，工具、材料应放好并绑扎牢固，防止发生高处坠落及高处落物伤人。 (8) 脚手架拆除人员应具备相应资质，持证上岗。 (9) 严格执行管理人员到岗到位制度，管理人员到岗到位后应就现场存在的风险和预控措施逐项检查、落实，履行好自身应承担的职责
20	抽水蓄能电站引水道排水	排水速率过快造成引水道相关设备损坏	重大	(1) 制定引水道排水方案，该方案应包括排水条件、排水步骤、排水方法、注意事项、应急处置措施等。 (2) 引水道排水前对所有参与人员进行宣贯，使之明确排水步骤、排水方法、注意事项、应急处置措施等。 (3) 严格控制排水速率，避免过快排水。 (4) 排水过程中安排专人记录压力和时间并计算排水速率。 (5) 加强对各施工支洞、引水隧洞的渗压量和渗流量的监测。 (6) 严格执行管理人员到岗到位制度，管理人员到岗到位后应就现场存在的风险和预控措施逐项检查、落实，履行好自身应承担的职责

续表

序号	工作内容	存在风险	风险等级	应对措施
21	抽水蓄能电站引水道充水	充水速率过快造成引水道相关设备损坏	重大	（1）制定引水道充水方案，该方案应包括充水条件、充水步骤、充水方法、注意事项、应急处置措施等。 （2）引水道充水前对所有参与人员进行宣贯，使之明确充水步骤、充水方法、注意事项、应急处置措施等。 （3）严格控制充水速率，避免过快充水。 （4）充水过程中安排专人记录压力和时间并计算充水速率。 （5）加强对各施工支洞、引水隧洞的渗压量和渗流量的监测。 （6）严格执行管理人员到岗到位制度，管理人员到岗到位后应就现场存在的风险和预控措施逐项检查、落实，履行好自身应承担的职责
22	水下作业	（1）供氧不足，造成人员伤亡。 （2）被水下不明物体缠绕，造成人员伤亡。 （3）较大金属物体遗落，对发电设备造成损坏	重大	（1）使用空气压缩机供氧时应保证空气压缩机安全可靠运行。 （2）使用空气压缩机供氧时必须使用双级过滤器的空气净化装置。 （3）使用携带式气瓶供氧时，入水前应检查气瓶压力正常，各连接部分正常；在气瓶压力达到允许使用低限值前人员应及时出水。 （4）保证水下和水面的通信畅通。 （5）严禁自行解脱信号绳。 （6）发生物体缠绕时可以安排备用潜水员下水解救。 （7）水下作业需携带的物品应登记，较大金属物品应绑扎牢固，防止意外遗落进入流道。 （8）水下作业应严格按照人员下潜深度和下潜要求进行，严禁违规作业。 （9）作业区域若为进出水口区域，则水下作业应避开机组发电/抽水时段，并与运行值班人员保持通信畅通。 （10）严格执行管理人员到岗到位制度，管理人员到岗到位后应就现场存在的风险和预控措施逐项检查、落实，履行好自身应承担的职责

续表

序号	工作内容	存在风险	风险等级	应对措施
23	地下厂房各施工支洞顶部或大面积塌方处理	（1）施工支洞用装载机、自卸汽车进行石渣运输，顶部落石对人身和设备造成伤害。 （2）钢筋网制作和安装及挂网洞壁喷混凝土时发生触电及高处坠落	重大	（1）在塌方处理区域设置警戒线，禁止无关人员进入。 （2）崩塌处理过程中设置专责安全人员监护；如有落石或塌方危险时及时发出危险警示。 （3）每日开工前由工作负责人进行安全风险点和预控措施告知，并履行签字录音手续。 （4）塌方处理过程中对危险部位（有落石、再次发生大面积崩塌可能的部位）进行有效支护或防护；未进行有效支护或防护时禁止施工人员和施工机具进入危险部位施工。 （5）现场施工人员应配置并正确使用个人防护用具，防止发生触电及高处坠落。 （6）现场检修电源或临时电源应正确配置漏电保护器，做到“一机一闸一保护”；禁止随意拆接和更改电动器具的接地和保护。 （7）严格执行管理人员到岗到位制度，管理人员到岗到位后应就现场存在的风险和预控措施逐项检查、落实，履行好自身应承担的职责
24	高边坡崩塌处理	（1）利用施工机具或人工清理崩塌时出现滚石落下或大量土方崩塌造成人身伤害、机械设备损坏。 （2）崩塌处理过程中大型施工机具倾覆，造成人身伤害和施工机具损坏	重大	（1）在崩塌处理区域设置警戒线，禁止无关人员进入。 （2）崩塌处理过程中设置专责安全人员监护；如有落石或土方崩塌危险时及时发出危险警示；禁止施工人员和施工机具进入危险部位施工。 （3）崩塌处理过程中对危险部位（落石、再次发生大面积崩塌）进行有效支护或防护；未进行有效支护或防护时禁止施工人员和施工机具进入危险部位施工。 （4）每日开工前由工作负责人进行安全风险点和预控措施告知，并履行签字录音手续。 （5）现场施工人员应配置并正确使用个人防护用具，防止发生触电及高处坠落。 （6）现场检修电源或临时电源应正确配置漏电保护器，做到“一机一闸一保护”；禁止随意拆接和更改电动器具的接地和保护。 （7）严格执行管理人员到岗到位制度，管理人员到岗到位后应就现场存在的风险和预控措施逐项检查、落实，履行好自身应承担的职责
25	高空吊笼施工	（1）高空吊笼发生高处坠落，导致人员伤害。	重大	（1）吊笼操作人员必须经过培训合格后方可上岗。 （2）吊笼不得超载，保证每次起吊物件在额定重量范围以内，笼内载荷尽量保持均匀。

续表

序号	工作内容	存在风险	风险等级	应对措施
25	高空吊笼施工	（2）施工人员高处坠落，导致人员伤亡。 （3）吊笼内施工材料或工具掉落，导致下方人员伤亡	重大	（3）吊笼使用期间，应定期检查，若吊笼存在异音、变形、严重锈蚀、损坏，钢丝绳存在断股等现象，应立即停止使用，经整改并检查合格后方可投入使用。 （4）吊笼使用的电源应可靠，制动器应能正确可靠动作，具备防坠落功能。 （5）吊笼的电机、电缆等绝缘应合格，施工过程中注意保护电源电缆，避免因破损导致人员触电。 （6）装载运输货物时，物件宽度不得超出吊笼框以外。 （7）每次使用吊笼时，应检查吊笼护栏安全门完好，并能可靠锁闭。 （8）高处作业吊笼下方应设置警戒区域，设置齐全的警示标识，禁止人员通过，防止高处坠物。 （9）吊笼上端四角必须各有一个牢固且平衡的吊环，确保吊笼在空中处于水平状态。 （10）现场安全员全程监护吊笼使用情况，当风力达到5级时（或吊笼发生明显摆动），应立即停止作业。 （11）严格执行管理人员到岗到位制度，管理人员到岗到位后应就现场存在的风险和预控措施逐项检查、落实，履行好自身应承担的职责
26	爆破作业	造成人身伤亡或设备损坏	重大	（1）按照爆炸物使用方法、用量和使用注意事项，规范使用爆炸物。 （2）在爆炸可能影响区域设置警戒线，禁止无关人员进入。 （3）在爆炸正式起爆前再次检查爆炸区域内无关人员和可能受影响的设备已撤离至安全区域。 （4）在正式起爆前鸣响安全警报。 （5）在爆破作业过程中设置专责安全人员监护。 （6）起爆后在确保无再次发生爆炸危险后，得到爆破人员许可后才允许施工人员进入施工现场。 （7）严格执行管理人员到岗到位制度，管理人员到岗到位后应就现场存在的风险和预控措施逐项检查、落实，履行好自身应承担的职责

续表

序号	工作内容	存在风险	风险等级	应对措施
27	发电工况用100%负荷试验	(1)水车室油、水管路断裂。 (2)大轴、顶盖及油盆固定拉紧螺栓松动或脱落。 (3)风洞内发电机部件松动或断裂。 (4)试验期间，振动、摆度、温度异常增大。 (5)机组飞逸	重大	(1)制定机组发电工况用100%负荷试验方案，该方案应包括试验目的、试验步骤、试验注意事项、人员职责及安排、应急处置措施等。 (2)机组发电工况用100%负荷试验前对所有参与试验的人员进行宣贯，使之明确试验步骤、人员职责、危险点、应急处置措等。 (3)设置专人对发电机风洞、水车室设备进行监视，如试验期间有异常声响或味道，立即通知现场负责人，人为紧急停机，待停机后进行全面检查。 (4)试验前检查调速系统正常，过速保护系统正常，紧急停机设备正常。 (5)将与试验无关人员撤出地下厂房，无关人员禁止进入试验区域。 (6)严密监视机组各部位的振动、摆度、温度等数值和变化趋势，如有异常，应立即人为停机检查。 (7)甩负荷过程中若机组达到或超过飞逸转速，应立即人为紧急停机，待停机后进行全面检查。 (8)试验结束后，全面检查设备转动部件以及拉紧连接螺栓等部位。 (9)严格执行管理人员到岗到位制度，管理人员到岗到位后应就现场存在的风险和预控措施逐项检查、落实，履行好自身应承担的职责
28	动水关进水阀试验	(1)进水阀高低压侧连接法兰崩开或管路断裂，造成大量漏水或漏油。 (2)进水阀本体损坏	重大	(1)制定动水关进水阀试验方案，该方案应包括试验目的、试验步骤、试验注意事项、人员职责及安排、应急处置措施等。 (2)动水关进水阀试验前对所有参与试验的人员进行宣贯，使之明确试验步骤、人员职责、危险点、应急处置措等。 (3)设置专人对水轮机及进水阀设备进行监视，如试验期间出现异常立即通知现场试验负责人，人为紧急停机，待停机后进行相关检查。 (4)试验前检查调速系统正常，机组紧急停机设备正常。 (5)将与试验无关人员撤出地下厂房，无关人员禁止进入试验区域。 (6)试验结束后，全面检查进水阀及水轮机设备

续表

序号	工作内容	存在风险	风险等级	应对措施
29	机组过速保护试验	(1) 水车室关键管路断裂，造成大量漏水、漏油。 (2) 大轴、顶盖及油盆固定拉紧螺栓松动或脱落。 (3) 风洞内发电机部件松动或断裂。 (4) 试验期间，振动、摆度、温度异常增大。 (5) 机组飞逸	重大	(1) 制定过速保护试验方案，该方案应包括试验目的、试验步骤、试验注意事项、人员职责及安排、应急处置措施等。 (2) 机组过速保护试验前对所有参与试验的人员进行宣贯，使之明确试验步骤、人员职责、危险点、应急处置措等。 (3) 设置专人对发电机风洞、水车室设备进行监视，如试验期间出现异常立即通知现场负责人，人为紧急停机，待停机后进行全面检查。 (4) 试验前检查调速系统正常，过速保护系统正常，机组紧急停机设备正常。 (5) 将与试验无关人员撤出地下厂房，无关人员禁止进入试验区域。 (6) 严密监视机组各部位的振动、摆度、温度等数值和变化趋势，如有异常，应立即人为停机检查。 (7) 试验过程中若机组过速保护在达到过速整定值仍未动作时，应人为停机检查，重新整定设定值。 (8) 试验结束后，全面检查设备转动部件以及拉紧连接螺栓等部位。 (9) 严格执行管理人员到岗到位制度，管理人员到岗到位后应就现场存在的风险和预控措施逐项检查、落实，履行好自身应承担的职责

附录　某公司作业风险管控体系介绍

某公司针对现场作业安全风险的管控实行分级管理：根据安全风险的危害程度、影响范围等因素，将安全风险分为重大、较大、一般三种等级，分别实行不同的管控措施。重大安全风险实行安全风险预警机制，即发布风险预警通知单，要求各相关单位落实预控措施；较大安全风险作业，工作负责人应指定专责监护人，对作业现场进行监护，并在工作票中注明专责监护对象及内容；一般安全风险辨识及预控由工作负责人负责，作业前对工作班成员进行安全技术交底和危险点告知。风险预控措施实行“票、卡、单”制度，即工作票、危险点分析预控卡及日风险预控单，并确保落实到作业现场。

一、总体要求

（1）安全风险管控应全面覆盖运、维、修、试等现场作业。

（2）安全风险管控实行分级管理。根据安全风险的危害程度、影响范围等因素，将安全风险分为重大、较大、一般三种等级，分别实行不同的管控措施。

（3）重大安全风险实行安全风险预警机制。根据重大安全风险的不同启动条件，分别实行特别重大、重大、一般三个级别预警响应机制和不同的管控措施，发布相应安全风险预警通知单及解除单。

（4）所有安全风险预控措施实行“票、卡、单”制度，即工作票、危险点分析预控卡及日风险预控单，并确保落实到作业现场。

（5）典型安全风险库及预控措施实行动态管理，每年出具修订说明，每3～5年进行全面修编。

二、安全风险等级

安全风险分为重大、较大、一般安全风险三种等级。

（一）重大安全风险

包括但不限于以下内容：

（1）经评估存在Ⅰ、Ⅱ级重大事故隐患；经评估存在一般事故隐患，且暂未制定预控措施。

（2）发电厂大坝（防洪堤）出现重大险情，可能发生垮坝（决堤）事故；水库超防洪高水位（及以上）运行或防洪堤超设防水位（及以上）运行。

（3）气象部门发布雷雨大风橙色、红色预警，可能对电站造成严重影响。

（4）因设备故障、检修等原因，可能造成全厂厂用电消失。

（5）可能出现水淹厂房险情。

（6）可能造成较大火灾事故。

（7）可能造成压力容器、压力管道爆裂或有毒介质泄漏。

（8）可能造成起重机械倾覆或者起重机械主要受力结构件折断或者起升机构坠落。

（9）经评估存在重大安全风险的作业事项。

（10）可能造成100万元以上直接经济损失。

（11）其他可能发生概率较大的一般事故，或发生概率较小的重大及以上事故。

（二）较大安全风险

包括但不限于以下内容：

（1）可能造成人员重伤者。

（2）经评估存在较大风险的作业事项（如一级动火作业、主变压器或机组定子进行交流耐压试验等）。

（3）可能造成50万元以上100万元以下直接经济损失者。

（三）一般安全风险

重大、较大安全风险之外的其他安全风险。

三、安全风险分级管控

（一）重大安全风险实行安全风险预警机制

安全风险预警分特别重大、重大、一般三个级别。

1. 预警启动条件

（1）特别重大安全风险预警启动条件：经评估存在Ⅰ级重大事故隐患；发电厂大坝（防洪堤）出现重大险情，可能发生垮坝（决堤）事故；水库可能超校核洪水位运行或防洪堤可能超保证水位运行。

（2）重大安全风险预警启动条件：经评估存在Ⅱ级重大事故隐患；水库可能超设计洪水位运行或防洪堤可能超警戒水位运行；气象部门发布雷雨大风红色预警，可能对电站造成严重影响。

（3）一般安全风险预警启动条件：除以上（1）（2）条中所列条件外的其他重大安全风险。

2. 特别重大、重大安全风险预警工作流程

（1）风险评估。

电站班组应结合下一阶段（月、周、日）的工作任务安排，分析作业过程中可能存在的安全风险，对照公司安全风险等级定义及电站典型安全风险库，评估是否满足预警启动条件，提出重大安全风险作业事项及预控措施。

（2）预警发布。

电站运检部（生技部）会同安质部审核确认，经分管领导审批后上报公司运检部。公司运检部接收到电站报告后，组织编制安全风险预警通知单，经公司安质部审核会签，报公司分管领导签发后，由公司安质部录入安监一体化平台发布。

计划性工作，安全风险预警通知单应在工作实施前3个工作日发布；突发性情况，安全风险预警通知单需工作前发布。

（3）预警承办。

实行“谁签收、谁落实、谁反馈”原则。电站安质部负责签收公司发布的安全风险预警通知单，立即报告分管领导，并会同运检部（生技部）组织召开专题会议，迅速落实风险管控措施。

预警执行过程中，如设备设施、自然条件、电网状况等发生重大变化或出现突发事件，电站运检部（生技部）应立即报告公司运检部。

（4）管控要求。

公司通过安全生产早会对电站风险管控工作提出补充要求，电站负责分解落实。同时，公司运检部根据现场作业进展情况，通过软视频系统参加电站安全生产早会，提出补充要求，必要时到现场进行督查。

电站应执行管理人员到岗到位制度，具体事项由各电站自行明确并发布。现场站班会应全程录音录像。工作负责人不得参加工作班工作，应履行工作监护职责。作业面现场应进行全过程录像。

（5）预警解除。

实行“谁发布，谁解除”原则。预警解除由预警电站提出，公司运检部审核并组织编制安全风险预警解除通知单，公司安质部审核会签，报公司分管领导签发后，由公司安质部在安监一体化平台发布解除预警。

3. 一般安全风险预警工作流程

（1）风险评估。

电站班长或设备管理部门专工结合下一阶段（月、周、日）的工作任务安排，分析作业过程中可能存在的安全风险，对照公司安全风险等级定义及电站典型安全风险库，评估是否满足预警启动条件，提出重大安全风险作业事项及预控措施。

（2）预警发布。

电站运检部（生技部）会同安质部审核确认后，由运检部（生技部）安全专工组织编制安全风险预警通知单，经部门审核，分管领导签发后，由安质部录入安监一体化平台发布。

计划性工作，安全风险预警通知单在工作实施前 3 个工作日发布；突发性情况，安全风险预警通知单需工作前发布。

（3）预警承办。

实行“谁签收、谁落实、谁反馈”原则。有关部门（单位）签收后，应立即组织落实风险管控措施。

预警执行过程中，如设备设施、自然条件、电网状况等发生重大变化或出现突发事件，应立即报告电站安质部。

（4）管控要求。

公司通过安全生产早会对电站风险管控工作提出补充要求，电站负责分解落实。同时，公司运检部根据现场作业进展情况，通过软视频系统参加电站安全生产早会，提出补充要求，必要时到现场进行督查。

电站应执行管理人员到岗到位制度，具体事项由各电站自行明确并发布。站班会宜全程录音录像。工作负责人不得参加工作班工作，应履行工作监护职责。作业面现场应对关键环节进行录像，宜进行全过程录像。

（5）预警解除。

实行“谁发布，谁解除”原则。预警解除由电站运检部（生技部）提出，并编制安全风险预警解除通知单，经安质部会签、分管领导签发后，由安质部在安监一体化平台发布解除预警。

（二）较大安全风险实行专责监护制度

较大安全风险辨识及预控由电站班组负责，部门审核。电站分管领导应在安全生产早会上部署具体管控要求，由班组负责分解落实。

针对较大安全风险作业，工作负责人应指定专责监护人，对作业现场进行监护，并在工作票中注明专责监护对象及内容。专责监护人负责执行日风险预控单，并进行安全技术交底和危险点告知。

（三）一般安全风险实行提醒告知制度

一般安全风险辨识及预控由工作负责人负责，工作票签发人审核。作业前由工作负责人对工作班成员进行安全技术交底和危险点告知，履行提醒告知，并在危险点分析预控卡和日风险预控单中签字确认。

四、其他要求

（1）电站进行安全风险辨识时，应先从典型安全风险库中选择，并结合现场实际开展安全风险辨识，部署预控措施；同时应根据公司重大、较大安全风险定义，结合电站实际，组织编制电站的重大、较大典型安全风险库，并定期修编。

（2）电站应在每月 28 日前上报下月重大安全风险及预控措施；每周五上报下周重大安全风险及预控措施；并在作业结束当天回填安全风险解除时间。

（3）现场站班会采用全程录音录像并建立相关管理制度保障正常运转的电站，可替代纸质日风险预控单。

（4）安全风险管控重在落实。工作票许可后、开工前，工作负责人应按安规要求执行危险点分析预控卡。每日现场站班会，工作负责人（专责监护人）应执行一份日风险预控单。纸质日风险预控单及录音录像资料随同工作票一并保存，期限与工作票一致。

（5）电站应落实安全生产“月计划、周安排、日管控”要求，规范开好电站安全生产早会、班前班后会、现场站班会及检修协调会，充分发挥生产管理信息系统、安监一体化信息系统“两个平台”作用，确保各项风险管控措施得到有效落实。